畜禽产品安全生产综合配套技术丛书

鸡场环境控制与福利化养鸡关键技术

席　磊　范佳英　主编

中原农民出版社

·郑州·

图书在版编目(CIP)数据

鸡场环境控制与福利化养鸡关键技术/席磊,范佳英主编.—郑州:中原农民出版社,2017.1

(畜禽产品安全生产综合配套技术丛书)

ISBN 978-7-5542-1615-6

Ⅰ.①鸡… Ⅱ.①席… ②范… Ⅲ.①养鸡场-经营管理 ②鸡-饲养管理 Ⅳ.①S831.4

中国版本图书馆 CIP 数据核字(2017)第 019744 号

鸡场环境控制与福利化养鸡关键技术

席 磊 范佳英 主编

出版社:中原农民出版社

地址:河南省郑州市经五路 66 号　　**邮编:**450002

网址:http://www.zynm.com　　**电话:**0371-65788655

发行单位:全国新华书店　　**传真:**0371-65751257

承印单位:新乡豫北印务有限公司

投稿邮箱:1093999369@qq.com

交流 QQ:1093999369

邮购热线:0371-65788040

开本:710mm×1010mm 1/16

印张:17.25

字数:288 千字

版次:2017 年 6 月第 1 版　　**印次:**2017 年 6 月第 1 次印刷

书号:ISBN 978-7-5542-1615-6　　**定价:**35.00 元

畜禽产品安全生产综合配套技术丛书
编　委　会

本 书 作 者

主　编　席　磊　范佳英

副主编　石志芳　姬真真　程　璞　刘　健

参　编　张　震　任振东　孙爱萍　杨军峰

序

近年来，我国采取有力措施加快转变畜牧业发展方式，提高质量效益和竞争力，现代畜牧业建设取得明显进展。第一，转方式，调结构，畜牧业发展水平快速提升。持续推进畜禽标准化规模养殖，加快生产方式转变，深入开展畜禽养殖标准化示范创建，国家级畜禽标准化示范场累计超过4 000家，规模养殖水平保持快速增长。制定、发布《关于促进草食畜牧业发展的意见》，加快草食畜牧业转型升级，进一步优化畜禽生产结构。第二，强质量，抓安全，努力增强市场消费信心。坚持产管结合、源头治理，严格实施饲料和生鲜乳质量安全监测计划，严厉打击饲料和生鲜乳违禁添加等违法犯罪行为。切实抓好饲料和生鲜乳质量安全监管，保障了人民群众“舌尖上的安全”。畜牧业发展坚持“创新、协调、绿色、开放、共享”的发展理念，坚持保供给、保安全、保生态目标不动摇，加快转变生产方式，强化政策支持和法制保障，努力实现畜牧业在农业现代化进程中率先突破的目标任务。

随着互联网、云计算、物联网等信息技术渗透到畜牧业各个领域，越来越多的畜牧从业者开始体会到科技应用带来的巨变，并在实践中将这些先进技术运用到整条产业链中，利用传感器和软件通过移动平台或电脑平台对各环节进行控制，使传统畜牧业更具“智慧”。智慧畜牧业以互联网、云计算、物联网等技术为依托，以信息资源共享运用、信息技术高度集成为主要特征，全力发挥实时监控、视频会议、远程培训、远程诊疗、数字化生产和畜牧网上服务超市等功能，达到提升现代畜牧业智能化、装备化水平，以及提高行业产能和效率的目的。最终打造出集健康养殖、安全屠宰、无害处理、放心流通、绿色消费、追溯有源为一体的现代畜牧业发展模式。

同时，“十三五”进入全面建成小康社会的决胜阶段，保障肉蛋奶有效供给和质量安全、推动种养结合循环发展、促进养殖增收和草原增绿，任务繁重

而艰巨。实现畜牧业持续稳定发展,面临着一系列亟待解决的问题:畜产品消费增速放缓使增产和增收之间矛盾突出,资源环境约束趋紧对传统养殖方式形成了巨大挑战,廉价畜产品进口冲击对提升国内畜产品竞争力提出了迫切要求,食品安全关注度提高使饲料和生鲜乳质量安全监管面临着更大的压力。

"十三五"畜牧业发展,要更加注重产业结构和组织模式优化调整,引导产业专业化分工生产,提高生产效率;要加快现代畜禽牧草种业创新,强化政策支持和科技支撑,调动育种企业积极性,形成富有活力的自主育种机制,提升产业核心竞争力;要进一步推进标准化规模养殖,促进国内养殖水平上新台阶;要积极适应经济"新常态"变化,主动做好畜产品生产消费信息监测分析,加强畜产品质量安全宣传,引导生产者立足消费需求开展生产;要按照"提质增效转方式,稳粮增收可持续"的工作主线,推进供给侧结构性改革,加快转型升级,推行种养结合、绿色环保的高效生态养殖,进一步优化产业结构,完善组织模式,强化政策支持和法制保障,依靠创新驱动,不断提升综合生产能力、市场竞争能力和可持续发展能力,加快推进现代畜牧业建设;要充分发挥畜牧业带动能力强、增收见效快的优势,加快贫困地区特色畜牧业发展,促进精准扶贫、精准脱贫。

由张晓根教授组织编写的《畜禽产品安全生产综合配套技术丛书》涵盖了畜禽产品质量、生产、安全评价与检测技术,畜禽生产环境控制,畜禽场废弃物有效控制与综合利用,兽药规范化生产与合理使用,安全环保型饲料生产,饲料添加剂与高效利用技术,畜禽标准化健康养殖,畜禽疫病预警、诊断与综合防控等方面的内容。

丛书适应新阶段、新形势的要求,总结经验,勇于创新。除了进一步激发养殖业科技人员总结在实践中的创新经验外,无疑将对畜牧业从业者培训、促进产业转型发展、促进畜牧业在农业现代化进程中率先取得突破,起到强有力的推动作用。

中国工程院院士 张改平

2016年6月

前　言

本书上篇主要介绍了现代化鸡场环境控制关键技术，第一章介绍了我国养鸡业环境控制的现状与发展趋势；第二至第四章主要介绍了现代鸡场的建设及环境控制技术，包括现代鸡场的选址、规划与建筑，养鸡生产对环境的要求，现代养鸡场所需的生产设备与设施；第五至第六章依据现代化养殖业的要求，分别介绍了养鸡场污染物减排技术、消毒技术以及防疫技术等。下篇主要介绍了福利化养鸡的关键技术，第七至第八章从动物福利的由来与基本概念，福利养鸡的理论基础以及福利养鸡的现状，生物环境福利、非生物环境福利、营养、行为、社交与心理福利等方面进行了详细介绍；第九章根据福利的几个方面依次介绍了福利损害的表现与后果；第十章介绍了养鸡生产各个阶段的福利目标要点；第十一至第十二章介绍了福利养鸡新技术以及福利化养鸡的部分案例。

本书理论与实践并重，突出了现代福利养鸡的重要性和紧迫性，增加了新信息和实用新技术，可供专业养殖户、规模化养殖场、畜牧兽医基层技术推广人员参考使用，也可作为蛋鸡养殖企业员工技术培训或其他相关技术人员培训参考用书。

本书受国家星火计划项目(2015GA750005)资助，以示感谢！

编　者

2017年3月

目　录

第一章　我国养鸡业环境控制现状与发展趋势

随着集约化、规模化养禽业的快速发展，鸡舍内的各个因素和环节都成为影响鸡生长发育的重要因素，包括营养调控、饲养工艺、疾病防治、环境调控等。不良因素的发生会直接影响到鸡的生产性能，甚至导致鸡群疾病，因此调控好鸡舍内每个环节的环境，是鸡舍管理的根本问题。基于国内养殖业的现状，主要依靠人工养殖，这样的方法难以扩大规模，经济效益低。在世界各地肆虐的禽流感引起了各国的关注，严重打击了国内的养禽业及相关产业的发展，因此我们必须采取更为完善的措施，保证鸡群生活在更优良的环境下，使鸡场整体规划向着规范、舒适、用工少、便于操作及经久耐用等方面发展。

第一节　我国养鸡业环境控制的现状

随着近 30 年来规模化养鸡的快速发展，鸡的抗病能力和健康水平呈下降趋势，这就更加要求规模化养鸡的环境控制技术要不断跟上现代养鸡生产的需要，适时调整养鸡环境控制的目标和策略，不断研究开发与应用新型的鸡舍环境控制技术与装备，为现代养鸡业的健康安全生产提供保障和技术支撑。

一、环境控制的目标

(一)提高鸡群的生产性能

目前，养鸡环境控制的目标大多是从提高鸡群生产性能的角度，或者从小气候环境条件与鸡群生产性能的相互关系来确定较适宜的环境设计参数。例如，鸡舍的温度控制主要寻求在鸡体代谢的热中性范围或避免热应激为控制范围，并以此来设计配置通风、降温与供暖系统的设备容量等。鸡舍的光照控制更是以保持鸡群的高产为目标进行设计与运行管理；有害气体及湿度控制等也是以不影响鸡的生产性能来制定设计和运行标准。这种环境控制设计可保持鸡群的较高生产性能、降低饲料消耗，达到较高产出的目的。

但是，现代高产鸡的品种，对小气候环境参数的突然变化的适应力很弱，一些常规的环境控制措施，例如湿帘风机降温系统，在高温季节每天上午开水泵的瞬间即会降舍温 5℃以上，造成鸡的应激，反而影响了鸡的生产性能。这也是现代养鸡生产对环境控制技术提出的一些新要求。

(二)保障鸡群健康和减少排放

现代养鸡环境控制的目标除了传统的温度、湿度、光照、噪声等以外，特别加强了对有害气体的控制要求。同时，出于对防疫安全和减少交叉感染的考虑，不少大型养殖场又提出了对鸡舍图像的采集、传输与控制要求。

此外，从对鸡群健康的保障与锻炼角度出发，所谓“免(无)应激”的环境控制目标策略，不利于鸡群对环境的适应，而日常控制中可以采用“适量(少)应激”的环境参数控制标准。这种环境控制策略是从鸡群的健康养殖出发，以减少环境中的致病因素、增强鸡自身的免疫功能、有效抵御病毒侵害和保障鸡群健康为目标。

（三）追求高经济效益

养鸡环境调控的目标不应只是单纯追求高的生产性能，而更主要的是看投入产出比。尤其在畜产品市场价格不稳定、能源价格不断升高的今天，环境控制的目标更应该重视与经济效益的挂钩。追求节能型环境控制技术，确保鸡群健康和较高的生产性能，综合考虑投入与产出关系，调节环境控制参数，实现提高经济效益的目标。这也是现代养鸡企业借助于信息技术、生物技术、环境工程技术和经济管理技术等多学科综合才可能实现的环境控制目标。

二、环境调控的因素

（一）光环境

在现代养鸡生产中对光照的控制主要从光照时间、光照度、光的颜色（光谱质量）和光照均匀性几个方面考虑。其中，光照时间控制主要采用长日照方法。除了蛋鸡育成期采用 8 小时短日照光照调控外，其余的产蛋期大多采用 16 小时光照，肉子鸡则采用 23 小时光照制度。这种光照制度的应用，可以维持鸡较高的生产性能，但在节能控制方面考虑较少，见图 1－1。

图 1－1　鸡舍光环境

光照度方面，因鸡对光照比较敏感，在绝对值上没有高的要求，因此一般采用节能灯即可满足光照度的要求。但在光照均匀性方面，在生产实际中普遍反映有较大影响，同一栋舍，在光照较暗的地方如安装湿帘的位置、鸡笼的下层等，在生产性能方面不如其他光照充足的地方好。另外，光的颜色对鸡的产蛋率和蛋重方面在前人研究中发现有一定的影响，在生产实践中的特殊应用还较少。

（二）空气环境

空气环境（图1－2）对现代养鸡生产的影响因素主要包括空气温度、空气湿度、空气成分（氧气浓度、有害气体浓度、粉尘浓度）、气流速度等。

图1－2　鸡舍空气环境

空气温度在生产上应用也较直观，较容易控制；空气湿度的控制主要还是集中在冬季如何排出水汽，对于春、秋季等气候干燥季节的湿度控制目前重视不够。有迹象表明，春、秋季节鸡舍比较干燥，粉尘浓度普遍升高，导致春、秋季节是传染病控制的难点，尤其是空气传播途径主要是通过携带病原菌粉尘的传播。在空气成分方面，如何减少有害气体和粉尘的排放，提供足够的新鲜空气和实施清洁生产是关键。我国的养鸡设备和通风系统设计在解决舍内鸡群附近的新鲜空气需求方面考虑较少，有待进一步深入研究解决。

（三）水环境

水环境（图1－3）对规模化养鸡的影响目前主要注重在水的卫生学指标和供水量上，即主要关注水源状况。其他水环境因素，如水温、水分子簇结构、

图1－3　雏鸡饮水

水活性因子等对鸡体内代谢、饲料转化、鸡体健康及生产性能等影响的研究还比较少;通过磁化水、电解水等对鸡的应用和消毒方面的案例研究表明,今后水环境调控可能是鸡舍环境控制的潜力所在。

三、环境调控技术现状与成就

(一)环境调控技术现状

20 世纪 70 年代以前,我国养鸡业以农家、小农场传统散养方式为主。20 世纪 70 年代后期,北京成立了工厂化养鸡指挥部,发展工厂化养鸡,解决城市鸡蛋供应匮乏的问题。由于我国的环境控制技术研究较晚,在 20 世纪 80 年代,我国研究人员开始在吸收发达国家控制技术的基础上,掌握了少许的计算机控制技术,将此技术应用到鸡舍环境控制中,在此后的一段时间里,我国的养鸡业得到了迅速的发展。之后的 20 世纪 90 年代我国的控制技术陷入了一个低谷的阶段,到 20 世纪 90 年代中后期,在对国外技术进行研究的基础上,我国自主开发了一些环境控制系统,此后很多大学研究院校,成功研发了一些控制系统,在自动控制技术方面取得了一定的成果,20 世纪 90 年代末期,控制系统得到了进一步的发展和提高。

近几年来,我国在环境监测和控制方面开展了不少研究。江苏省农业科学院研制成功了“蛋鸡规模化养殖场生产管理系统”,蛋鸡企业通过信息管理系统的应用,大大提高了劳动生产率,使企业效益不断增加,规模日趋大型化。2004 ~ 2005 年,在中国农业大学和北京德青源科技有限公司的合作下,开发完成了一套集蛋鸡舍环境因素多信息综合监测技术和远程视频图像传输控制技术为一体的蛋鸡健康养殖饲养管理系统,在研究中,针对数据采集与控制系统发展的趋势采用了工业互联网的传输方式,开发了基于嵌入式 WEB 服务器的数据采集板,通过 TCP/IP 协议的裁剪,使其可以在单片机上运行,满足数据网络传输的功能。针对鸡舍内缺少直观的监控设备,课题组通过了解国内外现状,研究出一套视频监控体系在鸡舍内应用的方案,在完成视频和环境监控系统硬件布局后,采用基于虚拟专用网络(VPN)功能的路由设备,建立养殖场与公司总部的虚拟局域网,结合蛋鸡健康养殖管理软件系统实现养殖场信息与总部的共享。在“十五”期间已有成果的基础上,进一步开发、完善配套环境调控设施,真正实现家禽养殖领域的智能环境控制和生产管理,实现蛋鸡舍环境多因素综合的优化控制,达到提高设施生产的效率和经济效益的

最终目标。尤其注重在环境智能化控制系统的硬件设施和软件系统方面，选定具有发展前途和通用性，并可以方便地进行扩展和升级的技术方案，使得鸡舍环境智能控制技术的研究开发具有不断扩展、升级的良好基础。

（二）环境调控技术成就

1. 离地饲养技术

以笼养和网上平养为代表的离地饲养技术，有效解决了鸡与粪便的直接接触问题，大大减少了鸡与病原微生物的感染与传播机会，从工程设施上保障鸡群健康生活所需的空间环境和卫生防疫条件，为工厂化高密度养鸡创造了基本硬件支撑。

2. 光照调控技术

蛋鸡生产性能受光照影响大，光照会刺激鸡脑垂体释放促性腺激素，从而促进卵泡的成熟，并在促黄体生成素的作用下排卵。规模化养鸡场通过光环境的调控，打破了蛋鸡季节性生产的特性，实现了全年均衡生产。

3. 畜用大风机及纵向通风技术

畜用低压大流量风机的开发应用，不仅保障了高密度养鸡所需的大量新鲜空气的有效供给，且节约鸡舍通风能耗40% ~70%。鸡舍纵向通风技术的研究与推广应用，使得鸡舍内的风速更为均匀，减少了舍内的通风死角，达到了有效排除污浊气体、除湿和降温的目的，为鸡群创造了良好的舍内环境条件。

4. 湿帘蒸发降温技术

湿帘蒸发降温技术的开发应用，经济有效地解决了夏季炎热地区进行规模化养鸡的技术难题。湿帘蒸发降温加上纵向通风气流组织模式，普遍解决了夏季高温减产和死淘率增加的问题，这是现代养鸡环境调控技术的一项重要突破。

5. 简易节能鸡舍建设技术

简易节能鸡舍建设技术是具有我国特色的鸡舍建设技术，采用地窗的扫地风和檐口的亭檐效应，有效地组织了开放式鸡舍的夏季通风效果。这种经济节能型鸡舍的研究开发，加速了我国蛋鸡产业的发展，使现代蛋鸡生产技术快速推广到全国鸡场和农户。

6. 乳头饮水技术

乳头饮水器的研究开发，解决了规模化养鸡用水槽饮水所引发的交叉感染和减少用水量与污水排放量的问题，为保持舍内鸡粪干燥和维持舍内良好的空气质量环境起到了重要作用。

7. 粪污处理技术

鸡粪的有效收集、运输和无害化处理与利用问题，一直是规模化养鸡环节中未能圆满解决的关键技术难题。尽管在处理技术上进行了大棚发酵、高温干燥、沼气处理等多种模式和技术的研究开发，但基本还没有达到让规模化养鸡企业可以满意的成熟技术，其最终解决方案应该是走向生态型农牧结合的循环农业之路。

第二节 我国养鸡业环境控制存在的问题与发展趋势

改革开放以来，我国养鸡业发展迅速，鸡饲养量已连续多年居世界首位。但是，我国养鸡业总体水平低，如鸡群的生产性能差，疾病发生率高，死亡淘汰多，产品质量差等，其原因除品种质量外，主要是环境问题。

一、我国养鸡业环境控制存在的问题

（一）场区场舍环境污染严重

场区规划布局不合理，设计时未充分考虑场区绿化和粪尿处理，造成场区空气质量差，有害气体含量高，尘埃飞扬，粪便乱堆乱放，污水横流，土壤、水源严重污染，细菌、病毒、寄生虫卵和媒介虫类大量滋生，禽场居民点相互污染。

鸡舍内部环境条件恶劣，鸡长期生活在污秽的鸡舍中，健康得不到有效保证。粪便等废弃物得不到及时清理，鸡舍通风条件差，鸡舍内污秽不堪、尘埃满屋、臭气熏天，有害气体超标，鸡自身污染和交叉污染严重。

（二）舍内环境控制能力差

禽舍设计不科学，保温、隔热性能差，控温、通风等设备缺乏或不配套，造成舍内温度不稳定。夏季舍温过高，机体散热困难，热应激严重，导致鸡采食量少，营养供给不足，生产性能下降甚至死亡；冬季气温过低，湿度大，鸡不舒适，采食量多，同时由于通风困难，舍内空气污浊，诱发呼吸道疾病。鸡舍过于简陋或设计不合理，冬不能御寒，夏不能防暑，鸡饱受寒冷和酷热之苦。

禽舍相距太近，许多禽场禽舍间距只有 8～10 米，甚至有的只有 2～3 米，与卫生间距和通风间距要求相差很大，不能保证洁净、新鲜的空气进入禽舍。

禽舍间不能进行有效隔离，如果一栋禽舍发生疾病，则会很快波及所有禽舍的禽群。

（三）禽舍面积小

为了提高生产效率，降低生产成本，常采用高密度饲养方式。规模大、密度大是现代化养鸡生产的一个主要特点，在商品蛋鸡、蛋种鸡和肉种鸡笼养中表现尤为突出。在肉子鸡饲养中，也存在饲养拥挤问题。

一方面，生产环节增多，要进行免疫、断喙、转群、驱虫和更换饲料等；另一方面，鸡占有的空间很小，活动范围受到限制，严重影响鸡正常行为的表达，降低了机体的抵抗力，使鸡群产生较多的应激反应，甚至引发疾病。这些问题在笼养蛋鸡中表现突出。笼养蛋鸡上架后直到产蛋周期结束，就一直被关在狭小的鸡笼中，只能吃喝、下蛋，不能自由活动。虽然生产效率大幅度提高，但笼养带来的笼养工艺病，如笼养产蛋鸡疲劳症、脂肪肝综合征、啄癖和一些营养代谢病不断发生，危害严重。舍内高密度饲养能够把舍内小气候与环境大气候隔开，有利于舍内小气候的控制，但舍内高密度饲养方式需要大量的设施投入和较高管理技术水平，否则鸡的生产性能就难以发挥，鸡的健康就难以保证。虽然我国舍内笼养蛋鸡引入了优良的品种，但环境条件仍跟不上，不能满足鸡的需要。

（四）饲养管理方面

1. 饮水不洁

在养鸡生产中，鸡得不到清洁卫生的饮水情况比较突出。有的养鸡场户水质条件不达标，矿物质含量超标，微生物污染严重。鸡饮用了这些不洁的水，不仅影响鸡的健康，而且也直接威胁鸡产品的安全、卫生质量。

2. 限制饲喂

限饲在种鸡生产中，特别是肉种鸡生产中广泛采用，在商品蛋鸡生产中也采用一定程度的限饲。限饲可以防止蛋鸡、蛋种鸡和肉种鸡过肥、体重过大，提高繁殖性能，但同时也给鸡造成了极大的痛苦。肉种鸡在生长期时，口粮受到严格的限制，使肉种鸡饱受饥饿痛苦，导致沮丧和应激。商业化的限饲方案中，育成期肉种鸡的进食量仅为同期自由采食条件下的25%～33%。产蛋期的进食量严格限制在同期自由采食量的50%～90%。

3. 断喙、断趾

断喙是防止鸡群啄癖最常采用的一种方法，在我国养鸡生产中广泛采用。

断趾是为了减少配种时公鸡对母鸡背部的抓伤。断喙、断趾、剪冠会导致鸡非常剧烈的疼痛，给鸡造成比较大的痛苦。这些措施直接导致鸡丧失了免于伤害、恐惧和自然表现行为的福利。

二、我国养鸡环境调控技术的发展趋势

（一）加速我国特色的健康养鸡工程工艺模式的研究开发

我国在引进、消化、吸收世界先进养鸡技术方面进行了大量的工作，包括国外几乎所有先进品种的引进、饲料营养、兽药疫苗与防疫、环境控制、设施设备、饲养管理等各方面都有了长足的进步。但是针对我国自然条件和养鸡特色方面研究开发得还不够，尤其在规模化养鸡环境控制和我国特色的现代养鸡工程技术体系的标准化、成套化、系列化方面还基本没有形成，这与我国规模养鸡产业发展的大国地位不相匹配。尤其在我国当前加速新农村建设和城镇化发展的进程中，普遍面临的规模养鸡产业的格局变化和空间重新定位问题，急需研究开发新型的符合我国国情特色的健康养鸡清洁生产工程工艺模式。

从提升我国养鸡产业、保障国民对肉蛋膳食品位需求的角度出发，研究筛选和选育适合我国不同层次和区域产业发展需求的品种目标，并以相应品种特性为基础，研究开发标准化的我国特色健康养鸡环境控制与配套工程设施设备，真正推出具有我国品种特色的现代养鸡工程工艺模式。

（二）加强现代养鸡环境控制与节能减排技术的研究开发

在现代养鸡的环境控制技术方面，过去主要在鸡舍热环境的控制方面进行了一些研究，在节能技术方面还有很多工作要做。例如，我国目前用的风机主要适合低通风阻力条件下的墙排风，在较高的饲养密度和较多设备条件下，现行低压大流量风机的通风效率明显降低。因此，我国研究开发畜用风机方面与发达国家有明显差距。

据农业部设施农业生物环境工程重点开放实验室测试，至少有20%的通风系统节能潜力可挖。相关通风设备制造企业应该看到这方面的差距，并着力开发畜用节能风机系列。在畜舍进风口设备开发方面，我国也进展缓慢，结合我国的鸡舍建筑形式开发配套的可调控进风口，不仅有利于环境控制的节能，更可提高冬季通风系统的调控效果。

此外，在养鸡工程防疫技术研究开发方面还有待重视，这是鸡场疫病防控

的重要环节。例如,可利用新型中性电解水的高效广谱杀菌效果,研究开发鸡舍空气质量和微生物控制的新型消毒系统、车辆及人员消毒装置等。

(三)加强养鸡环境领域的基础研究及现代信息技术的应用研究开发

我国鸡舍的环境控制技术目前总体上还比较粗放,尤其是现代高产性能的鸡种,对环境变化的适应性很差,如舍内的温差变化等超过一定幅度,其高产性能就较难表现出来。对不同的环境参数进行综合调控,难度就更大。主要原因是我国长期以来缺少对畜禽环境的基础研究与相关环境数据库的建立。尤其是缺少针对我国特色鸡种的环境生物学基础研究,如这些鸡在不同环境条件下的生理反应、行为特性、应激机制及健康与生产性能的影响规律等。

因此,一方面急需加强现代引进鸡种在我国的环境适应性及在我国环境条件下的自身产热、产湿量等基础参数的研究测试,加强畜禽环境参数的基础数据库的研究与建立;另一方面,迫切需要加强对我国特色鸡种的环境参数研究测试,尤其是对鸡的环境生理、环境行为及环境健康等方面的研究。此外,要继续加强信息技术、网络技术等在养鸡环境控制中的应用研究,建立鸡的全程环境识别与控制模型,利用图像技术等尽量减少人员干扰,实现养鸡环境控制的精准化、高效化。

(四)福利化新型养殖模式的研究与推广

现行的养殖技术模式,是欧美发达国家于20世纪70年代形成的适于工业化生产管理的模式,动物一般是定位饲养,由设备进行自动化管理。由于现代畜禽育种技术的快速发展,畜禽新品种的生产性能较高,而抗病能力则不断降低,各种疫病时有发生。近年来,对动物福利的关注愈来愈强,欧盟国家及美国等还通过相关法律措施进行保障,致使福利化新型养殖模式不断涌现。在新型养殖装备技术方面不断开发和应用,带动了新一轮养殖模式与装备技术的改革发展,特别是蛋鸡的新型栖架式养殖等已有多种养殖装备的成套技术模式的开发应用。这些新的养殖工艺与装备,更加符合动物的行为需求,有利于动物健康水平和生产性能的提高,值得我国现代养鸡模式研究开发者借鉴。

第二章　现代鸡场的选址、规划与建筑

现代鸡场是应用现代科学技术和生产方式从事家禽养殖的场所，在这种大规模、高密度、高水平的生产过程中，只有采用现代环境管理技术，才能生产出优质合格的产品，获得较高的经济效益。科学地进行鸡场的选址和规划，是鸡场环境管理的核心。鸡群的健康是获得收益的保障，疫病是最主要的威胁。所以，减少疫病的传播，最大限度地保障鸡群健康，是进行场地规划和布局的重要任务和目的。在家禽生产中，能否形成高效的生产工艺，减轻劳动强度，提高劳动生产率，取得较大的生产效益和经济效益，在很大程度上取决于规划布局的合理性。因此，合理地进行鸡场的选址和规划，是发挥鸡的生产潜力、降低生产成本、进行鸡场卫生防疫的关键。

第一节　鸡场的分类与规模

一、养鸡场的分类与规模

（一）养鸡场的分类

按繁育体系分类，鸡场可以分为曾祖代场、祖代场、父母代场、商品代场和综合性鸡场。

1. 曾祖代场

曾祖代场又称原种场，任务是生产配套的品系，向外供应祖代种蛋和种鸡。这类鸡场在建设和管理上都要求极严，一般由专门育种机构承办。曾祖代场由于育种工作的严格要求，必须单独建场，不允许进行纯品系繁殖之外的任何其他生产活动。

2. 祖代场

祖代场的任务是运用从曾祖代场获得的祖代种蛋或种鸡，生产父母代种蛋和种鸡。这类鸡场的建设和管理也要求很严，一般由技术水平较高的业务单位开办。

3. 父母代场

父母代场的任务是利用从祖代场获得的父母代种蛋或种鸡，生产商品代种蛋和种鸡。

4. 商品代场

商品代场则是利用从父母代场中获得的商品代种蛋或种鸡，专门从事商品蛋的生产。

5. 综合性鸡场

祖代场、父母代场和商品代场往往以一业为主，兼营其他性质的生产活动。例如，有些祖代场在生产父母代种蛋、种鸡的同时，也生产一些商品鸡供应市场；商品代场为了解决本场所需的种源，往往也饲养相当数量的父母代鸡。这种以一业为主、兼营其他生产活动的鸡场，统称为综合性鸡场。

（二）养鸡场的规模

确定鸡场规模时，应首先考虑市场需求，其次考虑技术水平、投资能力及其他条件。根据我国工厂化养鸡生产的现状和生产水平，我国养鸡场主要分

为小型场、中型场和大型场，见表 2－1。

表 2－1　养鸡场种类及规模划分

类别			大型场	中型场	小型场
种鸡场	祖代场		≥1.0	<1.0，≥0.5	<0.5
	父母代	蛋鸡场	≥3.0	<3.0，≥1.0	<1.0
		肉鸡场	≥5.0	<5.0，≥1.0	<1.0
蛋鸡场			≥20.0	<20.0，≥5.0	<5.0
肉鸡场			≥100.0	<100.0，≥50.0	<50.0

注：规模单位为万只，万鸡位；肉鸡规模为年出栏数，其余鸡场规模系成年母鸡鸡位。

新建一个鸡场，可直接确定鸡的饲养量，然后依次计算出每年可上市的蛋或鸡的数量，计算本场鸡每年需要更新的羽数，最后计算出每年需要引进的种蛋或雏鸡数量，也可根据产品的年需求量，依次推算出所需的母鸡饲养量。例如，建 1 个年供应父母代母雏 20 万只的祖代鸡场，按每只祖代母鸡每年生产 85 只母雏计，全场应有祖代母鸡 2 353 只，应有祖代公鸡（按 1∶5计）470 只。又例如，假设肉子鸡在 56 日龄上市，然后利用 17 天左右对鸡舍进行彻底清扫、消毒和空置，则肉鸡舍的利用周期为 73 天/批，每年可以生产 5 批肉子鸡。那么一个年上市 10 万只肉子鸡的商品肉鸡场，需配置 20 000 个鸡位。1 只父母代肉种鸡一年可产 150 枚种蛋，按健康出雏率 90% 计，则需要由 740 只母鸡来供应。在自然交配条件下，需要 74 只公鸡来配套，基本形成了公∶母∶子 = 1∶10∶1 350 的数量关系。

二、养鸡场的饲养方式

（一）鸡群组成与周转

习惯上，种鸡和蛋鸡的饲养阶段通常是根据鸡的周龄进行划分的（表 2－2）。

表 2－2　蛋鸡场主要工艺参数

指标	参数	指标	参数
一、轻型/中型蛋鸡体重及耗料			
1. 雏鸡（0～6 周龄或 7 周龄）		（2）7 周龄成活率（%）	93～95
（1）7 周龄体重（克/只）	515～530	（3）1～7 周龄日耗料量（克/只）	10～12 渐增至 43

续表

指标	参数	指标	参数
(4)1～7 周龄总耗料量（克/只）	1 316～1 365	3. 产蛋鸡（21～72 周龄）	
2. 育成鸡（8～18 周龄或 19 周龄）		(1)21～40 周龄日耗料量（克/只）	77～91 渐增至 114～127
(1)18 周龄体重（克/只）	1 270/未统计	(2)21～40 周龄总耗料量（克/只）	15.2～16.4
(2)18 周龄成活率（%）	97～99	100 渐增至 104	
(3)8～18 周龄日耗料量（克/只）	46～48 渐增至 75～83	(4)41～72 周龄总耗料量（克/只）	22.9/未统计
(4)8～18 周龄总耗料量（克/只）	4 550～5 180		
二、轻型和中型蛋鸡生产性能			
1. 21～30 周入舍鸡产蛋率（%）	10 渐增至 90.7	5. 饲养日平均产蛋率（%）	78.0
2. 31～60 周入舍鸡产蛋率（%）	90 渐减至 71.5	6. 入舍鸡产蛋数（枚/只）	288.9
3. 61～76 周入舍鸡产蛋率（%）	70.9 渐减至 62.1	7. 入舍鸡平均产蛋率（%）	73.7
4. 饲养日产蛋数（枚/只）	305.8	8. 平均月死淘率（%）	1 以下
三、轻型蛋用型种鸡（来航）体重、耗料及生产性能			
1. 雏鸡（0～6 周龄或 7 周龄）		(1)25 周龄体重（克/只）	1 550
(1)7 周龄体重（克/只）	480～560	(2)19～25 周总耗料量（克/只）	3 820
(2)1～7 周龄总耗料量（克/只）	1 120～1 274	(3)40 周龄体重（克/只）	1 640
2. 育成鸡（8～18 周龄或 19 周龄，9～15 周龄限饲）		(4)26～40 周总耗料量（克/只）	11 200
(1)18 周龄体重（克/只）	1 135～1 270	(5)60 周龄体重（克/只）	1 730
(2)8～18 周龄总耗料量（克/只）	3 941～5 026	(6)41～60 周总耗料量（克/只）	14 600
3. 产蛋鸡（21～72 周龄）		(7)72 周龄体重（克/只）	1 780

续表

指标	参数	指标	参数
(8)61~72 周总耗料量（克/只）	8 300	(3)种蛋率(%)	84.1
4. 22~73 周龄生产性能		(4)累计入舍鸡产种蛋数（枚/只）	211
(1)平均饲养日产蛋率(%)	73.1	(5)入孵蛋总孵化率(%)	84.9
(2)累计入舍鸡产蛋数（枚/只）	267	(6)累计入舍产母雏数（只/只）	89.7

一般,0~6 周龄为育雏期,饲养的鸡称雏鸡;7~20 周龄为育成期,饲养的鸡称育成鸡;21 周龄直至淘汰为产蛋期,饲养的鸡称成鸡。也有的将 0~20 周龄的鸡统称为后备鸡,根据生理特点、环境要求和营养需要,将后备鸡又划分为两阶段或三阶段。两阶段的划分:0~6 周龄为雏鸡,7~20 周龄为育成鸡。三阶段的划分:0~6 周龄为雏鸡,7~14 周龄为中雏,15~20 周龄为大雏。

肉子鸡的饲养一般都不分阶段(表 2-3),整个饲养期为 1 日龄直至上市。

表 2-3　肉鸡生产鸡群及饲养阶段划分

鸡种	育雏期	育成期	种鸡
肉种鸡	0~4 周	5~17 周	18 周至淘汰
鸡种	育雏期	中期	后期
肉子鸡	0~21 天	22~37 天	38 天至上市

(二)鸡的生产工艺流程

鸡的生产工艺流程是根据鸡的不同饲养阶段确定的。由于鸡的生理状况不同,对环境、设备、饲养管理、技术水平等方面在不同阶段都有不同的要求。此外,不同性质的鸡场,其工艺流程也有所不同(图 2-1)。因此,鸡场应分别建立不同类型的鸡舍,以满足鸡群生理、行为及生产等的要求,最大限度地发挥鸡群的生产潜能。

(三)养鸡工艺模式

根据鸡的生理阶段的不同,养鸡场要分别建立不同的鸡舍。把鸡的一生分为四个阶段,从而形成了一段式、两段式、三段式和四段式饲养工艺模式(表 2-4)。

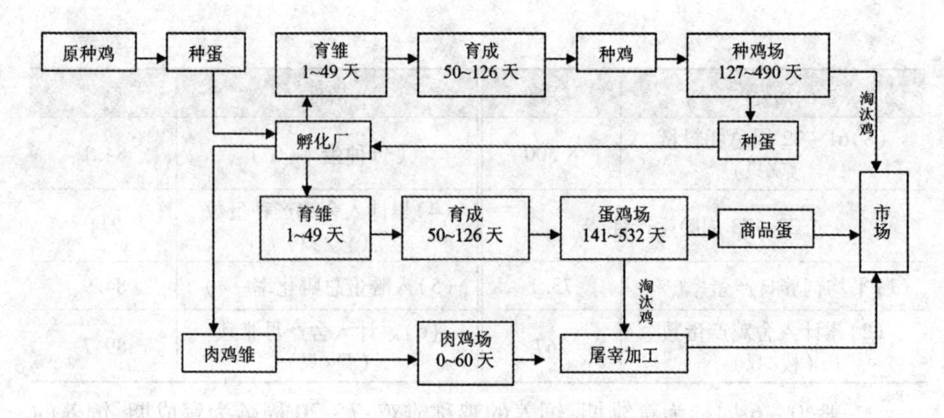

图 2-1　各种鸡场的生产工艺流程

表 2-4　几种养鸡工艺模式的比较

饲养工艺模式	一段式	两段式	三段式	四段式
鸡舍种类	一种鸡舍	育雏育成舍、成鸡舍	育雏舍、育成舍、产蛋鸡舍	育雏舍、育成舍、产蛋前期鸡舍、产蛋后期鸡舍
转群次数	不转群	1	2	3
鸡舍及设备利用效率	500 天一周期	一般	高	最高
鸡舍及设备的合理性	不合理	一般	较合理	合理
操作管理等方面	简单	一般	一般	复杂
能耗	大	较大	节能	节能
饲养密度	小	小	适中	最大
应激程度	无	很小	有,影响不大	较大
劳动强度	小	较小	较大	大
防疫	不利	不利	较易	有利
环境控制	难	较难	便利	便利

1. 一段式饲养

一段式饲养是指鸡由出壳到上市或淘汰都养在一栋鸡舍里。产蛋鸡很少采用这种方法,多为两段式或三段式。

2. 两段式饲养

两段式饲养是指将 0 ~ 20 周龄的鸡养在育雏育成鸡舍内(第一段),多为

网上平养，中间仅仅更换水槽与料槽。也有笼养的，头几周养在上两层笼子里，随着鸡龄的增加再向下层疏散。网上平养的网高离地面70厘米，在设计鸡舍时应按照20周龄时每平方米养鸡15只左右确定一栋鸡舍的面积。一般幼雏期每平方米可饲养30~40只，因此育雏初期只要1/3的面积即可，开始育维的室温达30℃以上，各种季节都要供暖，由于是一栋鸡舍，处于闲置状态那一部分鸡舍仍然供暖，造成了热能的浪费。而达到了8周龄以后鸡舍不需供暖，但是还占据着具有采暖设备的鸡舍。21周龄（第二段）后转入产蛋鸡舍直至76周龄（至少养至72周龄）淘汰，或视产蛋率情况和鸡群周转情况淘汰时间可延长到76周龄。这种方式另一个缺点是群体太大，无法做到按体重分别饲养，也容易造成应激反应和疫病的流行，如葡萄球菌病的流行就很难控制。但是这种雏鸡育成方式具有一次清理粪便、减轻劳动强度和鸡的应激（减少一次转群）等优点。

3. 三段式饲养

三段式和两段式主要差别是把0~20周的育雏育成期分为两个阶段，即将两段式饲养中的育雏阶段（0~7周龄）和育成阶段（8~20周龄）的鸡分别在育雏舍和育成舍饲养，21~76周龄为产蛋期，放在产蛋舍中饲养。每一阶段采用的笼具不同，0~7周龄，初生雏鸡第一需要较高的环境温度，第二饲养密度可以加大，尤其在笼养条件下，密度更大，因此这一阶段需要的房舍面积较小，使这些面积的温度达到育雏的标准温度，可以减少热能的消耗，如一个20万只蛋鸡场的育雏场只需要0.5~1吨的锅炉即可满足需要，而两段式则需安装2~4吨的采暖锅炉。第二阶段由8周龄开始，蛋用雏鸡在7~8周时青年羽长成，调节体温的能力完善，通常在7~8周实行离温。按照鸡的适温要求，7~8周龄的雏鸡环境温度应在15℃以上。

4. 四段式饲养

四段式饲养的前两段同三段式饲养是一样的，只是把三段式饲养的第三阶段再细分成两个阶段，即产蛋前期和产蛋后期，但在现实中采用这种饲养方式的不多。

5. 几种养鸡工艺模式的比较

一段式饲养多用于肉鸡的饲养，蛋鸡一般不采用这种方式。两段式饲养在美国、加拿大等国家采用得比较多，这些国家养鸡集约化程度很高，能源便宜，鸡场的规模很大，一个鸡场饲养几十万只甚至数百万只，为了节省劳动力，必须实行高度机械化，减少一次转群意义很大。然而在日本，养鸡业比较分

散，讲究精细饲养，三段式饲养较多，甚至有采用四段式饲养的。三段式饲养的好处是节省能源，节约育雏育成鸡舍的面积。雏鸡在专用育雏舍养育到6～7周龄，转到育成舍以后，马上清洗消毒，空闲2周，以便饲养下一批鸡，因此可以做到节约鸡舍面积，提高饲养率。由雏鸡舍转到育成舍需要抓鸡运输，需要劳动力，而且也造成一定的应激，可能影响短时间的增重，但对蛋用鸡来说关系不大，虽多用一些劳力，但这正是我国的优势，所以三段式饲养可以节省育雏育成鸡舍的建筑面积，可以节省能耗，稍微增加劳力消耗，符合我国的国情。在日本，讲究精细饲养，还采用四段式饲养模式，即将产蛋期分成产蛋前期和产蛋后期。

(四)鸡饲养方式

1. 蛋鸡饲养方式

(1)立体笼养育雏　就是把鸡关在多层笼的笼内饲养。笼养育雏分为一段式和两段式。一段式是将1日龄雏鸡一直饲养到17～18周龄育成结束；两段式是0～8周龄和8～17周龄或18周龄。笼养提高了饲养密度，改善了饲养员工作条件，改善了卫生条件，减少了疾病的发生，但一次性投资高，且育雏上下笼温度有差异。

(2)地面平养　就是把雏鸡放到铺有垫料的地面上饲养，地面根据鸡舍的不同，有水泥地面、砖地面、灰沙土地面。在地面上放置食槽、水槽、饮水器及保温设备。此方法节省劳力，投资少，但占地面积大，管理不方便，且卫生条件差。

(3)网上平养　就是将鸡养在特制的铁丝网上面，铁丝网由网片和框架及围网构成。网面离地面50～60厘米，网片的孔眼规格为200毫米×80毫米。这种方式提高了饲养密度，有利于舍内清洁和带鸡消毒，但一次性投资大，网床工艺必须过关，且舍内供水系统必须完善。

2. 肉鸡饲养方式

由于肉子鸡的生物学特性与蛋鸡有比较大的差异，如飞跳能力差，性情温驯，生长快，容易发生骨骼外伤和胸、脚病等。因此，在选择饲养方式时应充分考虑这些特性。

(1)厚垫料地面平养　这是目前最普遍的肉鸡饲养方法，即在鸡舍内地面上铺设一定厚度的垫料，垫料要求松软、吸水性强、新鲜、高燥、不发霉，将肉子鸡饲养在垫料上，任其自由活动。

(2)网上平养　网上平养与肉种鸡的网上饲养方法相似，也是将鸡养在

特别的网架网床上面。

3. 笼养

笼养是将肉子鸡从出壳到出售一直饲养在笼内。肉鸡笼本身有增加饲养密度、减少球虫病发生、提高劳动效率、便于公母分群饲养等优点，但因网底硬，肉鸡胸囊肿严重，导致商品合格率低。

4. 笼养与散养相结合

笼养与散养相结合方式适用于小型的肉子鸡养殖户。不少地区的肉鸡饲养户，在育雏取暖阶段，即3～4周龄以前采用笼养，然后转群改为地面厚垫料散养。这种方式由于前期在笼养阶段体重小，胸囊肿发生率也低，具有一定可取之处，但要求以一个饲养户为单位采取“全进全出”方式却难以做到。

第二节　鸡场的选址与规划

一、鸡场的选址

鸡场的场址选择是否合理，不仅直接关系到畜禽场的卫生防疫及饲养人员的工作效率，也必然直接影响畜禽产品的数量和质量，从而影响畜禽养殖企业的经济效益和畜禽场本身和周围的环境。如果场址选择不当，将对畜禽的健康状况、生产性能以及生产效率产生不利影响，致使整个畜禽场在运营过程中不但得不到理想的经济效益，还使周围的环境受到严重的影响。

（一）鸡场场址选择的原则

1. 有利于保证生物安全性

保证养鸡场的生物安全性，是预防病原微生物的传播，做到防疫安全，最终生产出安全、优质产品的关键。因此，从场址的选择就应注意考虑到鸡场的相对隔离，切断疫病的传播途径（包括人员传播、交通工具传播、动物传播、空气传播、土壤传播、水源传播等），减少疫病发生。

2. 有利于生产的高效性

建设养鸡场的目的就是要进行高效生产，因此在场址选择上就要考虑到养鸡场以后生产与运营的需要。例如，交通要相对便利，方便物资、产品运输，能够加强信息交流，降低运输成本等。

3. 有利于环境保护

由于养殖污染日益严重，国家对养殖污染治理的力度也不断加大，环境保

护问题已经成为养畜禽企业能否可持续发展甚至能否存在的决定性因素，因此在场址选择上要考虑到环境保护的需要。

4. 有利于降低建场费用

盈利是企业追求的最终目标，所以在选址、规划和布局中要能体现经济性，如在防疫安全的基础上尽可能节约用地，合理利用地形地势，减少建场投资。

(二)场址选择应考虑的自然条件

1. 地形地势

应选择地势高燥、背风向阳、平坦开阔、通风良好的地方建场，地下水位应在2米以下。应避开低洼潮湿或容易积水的地方，因为这些地方通常潮湿泥泞，夏季通风不良，空气闷热，有利于蚊蝇和微生物滋生，而冬季相对阴冷。低洼潮湿还会降低鸡舍保温隔热性能和使用年限。

平原地区一般场地比较平坦、开阔，应注意选择在比周围地段稍高的地方，以利排水，地下水位要低于建筑物地基深度0.5米以下为宜。山区建场应选在稍平缓的向阳坡面，一般总相对坡度不超过8%，建筑区相对坡度在2.5%以内。坡度过大，不但在施工中需要大量填挖土方，增加基建投资，而且建成投产后也会给场内运输和管理工作造成不便。山区建场还要注意地质构造情况，避开断层、滑坡、塌方的地段，也要避开坡底和谷地以及风口，以免受山洪和暴风雪的袭击。坡底和谷地还易出现上部逆温层，使场内污浊空气无法进行扩散稀释，长时间滞留在场内，因此选址时应尽量避开。

在地形上要求开阔整齐，最好是正方形，不要过于狭长或边角太多。地形开阔是指场地上原有房屋、树木、河流、沟坎等地物要少，可减少施工前清理场地的工作量或填挖土方量。地形整齐有利于建筑物的合理布局，并可充分利用场地。地形狭长会拉长生产作业线和各种管线，不利于场区规划、布局和生产联系；而边角太多，使建筑物布局零乱，降低对场地的利用率，增加场界防护设施的投资，不利于机械化设备作业和卫生防疫。场地面积应根据规模、饲养管理方式、集约化程度和饲料供应情况等确定。另外，应根据场区规划，留有发展余地。

2. 水源水质

建设一个现代化的养鸡场，必须要有可靠的水源保证。养鸡场水源要求水量充足，水质良好，便于取用和进行卫生防护。水量充足是指能满足场内人禽饮用和其他生产、生活用水的需要。水质的好坏直接影响人、禽健康和禽产

品质量。目前,养鸡场的水源一般来自地面水和地下水,地面水由于水面暴露,污染机会多,特别是工业废水和生活污水排入水体,易造成疫病传播和药物、重金属中毒,故选用地面水做养鸡场水源时,应用自来水厂处理好的水而不自行处理;地下水指井水和泉水,一般水质清洁,水量充足,特别是深层地下水是养鸡场的理想水源。无论采用哪种水源,水质应符合《无公害食品 畜禽饮用水水质》(NY/T 5027)标准的要求。

3. 土壤地质

土壤状况对家禽的健康、管理和生产性能有很大影响。土壤还影响到场区的空气、水质和植被的化学成分及生长状态,而且影响土壤的净化作用。如果土壤的透气性和透水性不良、吸湿性大,受到粪尿等有机物污染后,往往会发生厌氧分解,产生氨气和硫化氢等有害气体,污染场区空气。潮湿的土壤还容易使病原微生物、寄生虫卵以及蝇蛆等存活和滋生,从而对家禽健康带来不良影响。土壤质地对养鸡场建筑使用年限也有影响,吸湿性强、含水量大的土壤,因抗压性低,易使建筑物的基础变形,缩短建筑物的使用寿命,同时也会降低鸡舍的保温隔热性能。

土壤质地可分为黏土、壤土和沙土三大类。黏土颗粒细小,其热容量大,温度状况良好,但透气、透水性差,一般持水力和毛细管作用强,易造成场地积水、潮湿泥泞,使场区空气湿度大,有利于微生物和寄生虫滋生。黏土一般抗压能力较小,加之潮湿易受冻胀,故需加大基础设计强度。与之相反,沙土透气、透水性好,一般持水力和毛细管作用较差,不潮湿,易干燥,受污染后污染物容易氧化分解而达到自净,场区卫生状况较好,但其导热性能较强,热容量较小,场区日夜温差较大,其抗压能力一般较大,且不易受冻胀,建筑物也不易受潮。壤土的各种特性介于沙土和黏土之间,这种土壤透气、透水性好,地温稳定,抗压性好,持水性小,雨后不泥泞,易保持适当的干燥,是建养鸡场最适合的土壤。但是一定地区内,由于客观条件的限制,选择最理想的土壤是不易实现的。这就要在养鸡场设计、施工、使用和日常管理上,设法弥补当地土壤的缺陷,同时由于土壤污染后污染物不易彻底清除与消毒,故选址时应避免选在被疫病和毒物污染过的地方。

另外,对场地施工地段的地质状况应进行全面了解,收集当地附近地质勘查资料、地层的构造状况,如断层、陷落、塌方及地下泥沼地层,需谨慎选择。要了解土层状况,如土层土壤的承载力,是不是膨胀土、回填土等。膨胀土遇水后会膨胀,导致基础破坏,不能直接作为建筑物基础的受力层;回填土土质

松紧不匀,会造成建筑物基础不均匀沉降,使建筑物倾斜或遭破坏。遇到这样的土层,需做加固处理,不便处理的或投资过大的应放弃选用。

4. 气候因素

气候因素主要指造成养鸡场小气候及与建筑设计有关的气候气象资料。要了解待选地的常年平均气温、最高温度、最低温度、常年主导风向、风频率和日照情况等。气温资料不但在进行禽舍热工设计时有需要,对养鸡场采取防暑防寒管理也有作用;风力、风向、日照情况与禽舍的朝向、间距、排列等均有关系。

(三)场址选择应考虑的社会条件

1. 交通运输条件

养鸡场应选择交通便利的地方,方便饲料、产品等物资的运输。但交通干线又往往是疫病传播的途径,因此,在选择场址时,既要考虑到交通方便,又要使牧场与交通干线保持适当的卫生间距。为了防疫要求,鸡场应远离铁路、交通要道、车辆来往频繁的地方。鸡场距离干线公路1 000米以上,距离村、镇居民点至少1 000米。一般应修建专用道路与主要公路相连。为了减少道路修建成本,应选择地势平坦、距离主要公路不太远的地方。

2. 电力供应

现代化养鸡离不开稳定的电力供应。鸡舍照明、种蛋孵化、饲料生产、育雏供暖、机械通风、饮水供应以及生活等都离不开电,因此选择场址必须考虑供电条件。为了保证生产的正常进行,减少供电投资,应尽量靠近原有输电线路,缩短新线架设距离,因此须了解供电源的位置,与养鸡场的距离,最大供电允许量,是否经常停电,有无可能双路供电等,通常建设养鸡场要求有Ⅱ级供电电源,场内还要有自备发电机,以保证场内供电的稳定可靠。

3. 卫生防疫要求

为防止养鸡场的生物安全性,不要在土质被传染病或寄生虫、病原体所污染的地方和旧鸡场上建场或扩建。场址应与集贸市场、兽医院、屠宰场、畜禽养殖场距离3 000米以上。原种鸡场、祖代种鸡场、父母代种鸡场、孵化场和商品(肉、蛋)鸡场以及育雏、育成车间(场)必须严格分开,相距500米以上,并要有隔离林带。

4. 土地征用

选择的场址也要满足生产发展的要求,符合企业和业主的意愿。必须遵守十分珍惜和合理利用土地的原则,不得占用基本农田,尽量利用荒地和劣地

建场。大型畜牧企业分期建设时,场址选择应一次完成,分期征地。近期工程应集中布置,征用土地满足本期工程所需面积。远期工程可预留用地,随建随征。征用土地可按场区总平面设计图计算实际占地面积。

5. 城乡建设规划

场址选择应考虑本地区农牧业发展总体规划、当地土地利用发展计划和村镇建设发展计划,在开始建设以前,应获得市政、建设、环保等有关部门的批准,还必须取得使用法规的施工许可证。不要在城镇建设发展方向上选址,以免影响城镇居民生活环境,造成频繁的搬迁和重建。

6. 周边环境

场址的选择必须维护社会公共卫生准则。鸡场选地应参照国家有关标准的规定,避开水源防护区、风景名胜区、人口密集区等环境敏感地区,远离村镇、城市边缘。应注意鸡粪和养殖废弃物的就地处理和利用,防止污染周边环境。

第三节　鸡场的总体平面设计

保证鸡场的生物安全性及减少对外部环境的污染是现代化鸡场规划建设与生产经营需要解决的关键问题。因此,合理地进行鸡场总体设计至关重要。鸡场设计与建设得好坏将直接影响投产后鸡生产性能的发挥、生产资料的消耗量和工作人员的劳动强度。因此,必须根据鸡场的性质、规模的大小、投资的多少、环境条件等,认真筹划和设计鸡场建设和配套设备。鸡场总体平面设计的主要内容是分区和布局问题,只有分区和布局合理才能有利于疫病的控制。养鸡场场址选定之后,须根据该场地的地形、地势和当地主风向,计划和安排鸡场不同建筑功能区、道路、排水、绿化等地的位置,这就是鸡场分区。根据鸡场分区和生产工艺设计对各种建筑物的要求,合理安排每幢建筑物和每种设施的位置和朝向,称为鸡场建筑物布局。鸡场分区和建筑物布局应结合进行,综合考虑。通常要根据养鸡场生产工艺流程和各种房舍的使用功能及其相互关系做好功能分析;还要注意防疫卫生、提高功效、缩短线路等方面。

一、现代鸡场功能分区

具有一定规模的养鸡场,一般可分为生产区、生产辅助区、生活管理区及隔离区。

(一)生活管理区

此区也可以细分为两个区，即职工生活区和生产技术管理区。职工生活区主要布置职工的宿舍、浴室、娱乐室、医务室以及食堂等建筑。生产技术管理区布置包括办公室、接待室、会议室、技术资料室、化验室、职工值班宿舍、厕所、传达室、警卫值班室以及围墙和大门，外来人员更衣消毒室和车辆消毒设施等办公管理用房。

(二)生产辅助区

主要是由饲料库、饲料加工车间和供水、供电、供热、维修、仓库等建筑设施组成。很多鸡场都设有自己的饲料加工厂，一些鸡场还设有产品加工企业。这些企业如果规模较大时，应在保证与各场联系方便的情况下，独立组成生产区。

(三)生产区

生产区是养鸡场的核心，因此，对生产区的规划、布局应给予全面、细致的研究。生产区主要布置不同类型的鸡舍及蛋库、孵化厅等。

(四)隔离区

隔离区主要包括养鸡场病鸡舍、粪便处理设施等。

二、现代鸡场的总平面布局

在进行鸡场总体平面布局规划时，应根据鸡场的生产性质(育种场、种禽场、商品场和综合性养禽场)、生产任务以及生产规模等不同情况，合理进行规划设计。主要考虑卫生防疫和工艺流程两大因素，即从有利于防疫、有利于组织安全生产出发，根据地势的高低、水流方向和主导风向，将各种房舍和建筑设施按其环境卫生条件的需要顺序给予排列。

(一)鸡场各功能区的平面布局

在进行场地规划时，主要考虑人、鸡卫生防疫和工作方便，根据场地地势和当地常年主风向，顺序安排以上各区，如图2-2所示。

生活管理区应设在生产区的上风向，地势也要高于生产区。此区中的职工生活区应占全场上风和地势较高的地段；生产辅助区，由于此区同时担负着鸡场的经营管理和对外联系的功能，故应设在与外界联系方便的位置；生产区应设置围墙，形成独立的体系，入口处设置消毒设施，如车辆消毒池、洗澡更衣间、人员消毒池等。生产区内的布局要考虑各阶段鸡群的抗病能力、粪便排泄量、病原体排出量，一般要求按照地势高低、风向从上到下依次为雏鸡区、青年

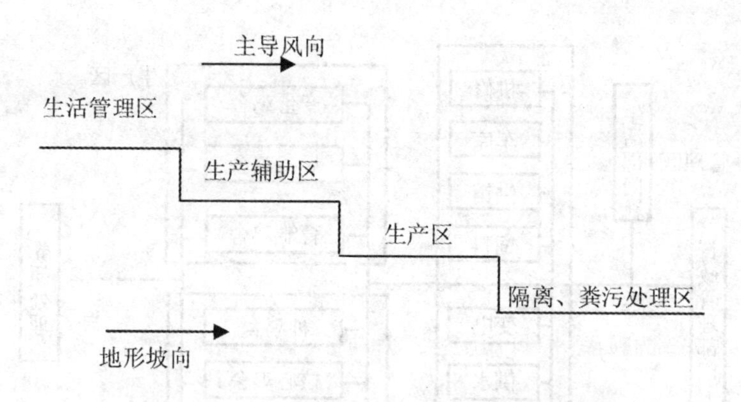

图 2－2　根据地势、风向的分区规划示意图

鸡区、种鸡区。如果是一个较大的综合性养鸡场，种鸡舍应该建在商品的较高地势和上风处。生产区中要有净道和污道的划分，污道区域进行粪便清运、病死鸡处理，净道进行饲料、产品的运输。兽医室、污物处理区，是卫生防疫和环境保护工作的重点，该区应设在全场的下风向和地势最低处。

鸡场的供销运输与社会的联系十分频繁，极易造成疾病的传播，故场外运输应严格与场内运输分开。负责场外运输的车辆严禁进入生产区，其车棚、车库也应设在生活管理区，生活管理区与生产区应加以隔离。外来人员只能在生活管理区活动，不得随意进入生产区，故对此应通过规划布局以及采取相应的措施加以保证。生产区与其他功能区的卫生间距宜不小于 50 米。储粪场的设置既应考虑鸡粪便于由鸡舍运出，又应便于运出场区。病鸡隔离舍应尽可能与外界隔绝，且其四周应有天然的或人工的隔离屏障（如界沟、围墙、栅栏或浓密的乔湾木混合林等），设单独的通路与出入口。病鸡隔离舍及处理病死鸡的尸坑或焚尸炉等设施，应距鸡舍 300～500 米，且后者的隔离更应严密。

无论对养鸡场各功能区域的安排还是对生产区内各种鸡舍的配置，场地地势与当地主风向恰好一致时较易处理，但这种情况并不多见，往往出现地势高处正是下风向的情况，此时，可以利用与主风向垂直的对角线上的两个"安全角"来安置防疫要求较高的建筑。例如，主风向为西北而地势南高北低时，场地的东南角和西北角均是安全角。也可以以风向为主，对因地势造成水流方向的不适宜，可用沟渠改变流水方向，避免污染鸡舍。

鸡场各分区及建筑的功能关系示意图如图 2－3 所示。

综合性鸡场尤应注意鸡群的防疫环境。各个鸡群之间还应分成小区饲养，并有一定隔离设施。在进行规划布局时应综合考虑风向和地势，通过鸡场

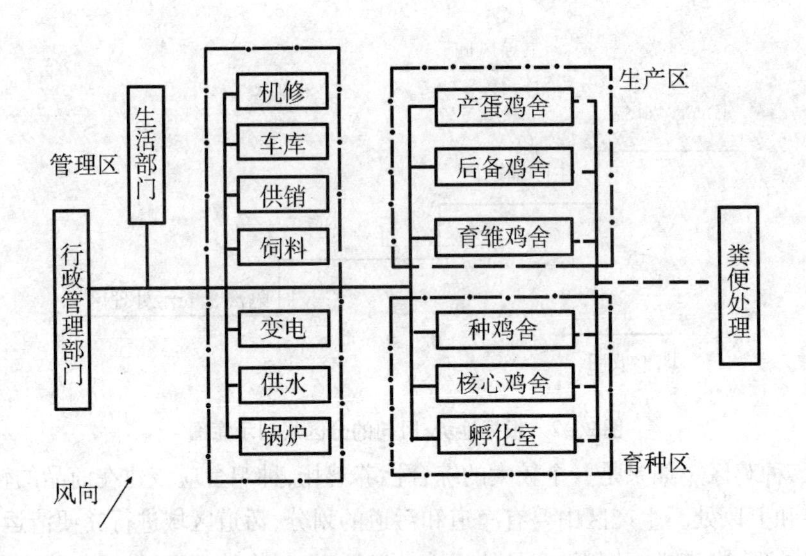

图 2-3　养鸡场的各分区及建筑的功能关系示意图

内各建筑物的合理布局来减少疫病的发生和有效控制疫病。在满足卫生防疫等条件下,建筑紧凑;在节约土地、满足当前生产需要的同时,综合考虑将来扩建和改建的可能性。大型综合性养鸡场可分成生活管理区、生产区、生产辅助区和粪污处理与隔离区,根据它们之间的功能关系合理进行规划布局。综合性养鸡场鸡群组成比较复杂,新老鸡群极易造成交叉感染,因此可以根据现有条件在生产区内进行分区或分片,把日龄相近或商品性能相同的鸡群安排在同一小区内,以便实施整进或整片"全进全出"。各小区内的饲养管理人员、运输车辆、设备和使用工具要严格控制,防止互串。各个小区之间既要联系方便,又要有防疫隔离的条件。有条件的地方,综合性鸡场内各个小区可以拉大距离,形成各个专业性的分场(图 2-4),便于控制疫病。对分场之间有一定的防疫距离(图 2-5),还可用树林形成隔离带,各个分场实行"全进全出"制。

为保证防疫安全,鸡舍的布局应根据主风方向与地势,按下列顺序配置,即:孵化室、幼雏舍、中雏舍、后备鸡舍、成鸡舍,也即孵化室在上风向,成鸡舍在下风向。这样能使幼雏舍得到新鲜的空气,减少发病机会,同时也能避免由成鸡舍排出的污浊空气造成疫病传播。孵化室与场外联系较多,宜建在靠近场前区的入口处。孵化室还是一个主要的污染源,应与其他鸡舍保持一定距离或有明显分区。大型综合养鸡场最好单设孵化场,宜设在整个养鸡场专用道路的入口处。并将种鸡、雏鸡与生产鸡群分开,设在不同区域饲养。种鸡区

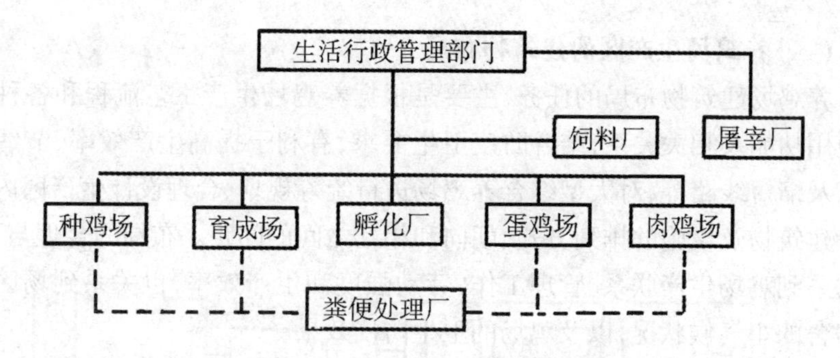

图2-4　大型综合性养鸡场各分场的关系示意图

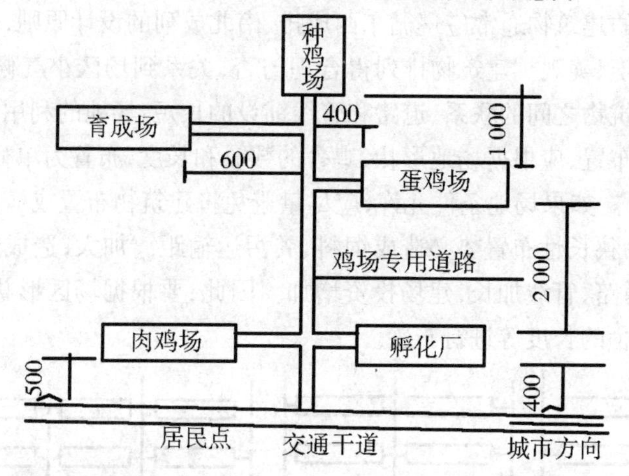

图2-5　大型综合性养鸡场各场(区)平面布局示意图(单位:米)

应放在防疫上的最优位置,两个小区中的育雏育成鸡舍要优于成年鸡的位置,而且育雏育成鸡舍与成年鸡舍的间距要大于本群鸡舍的间距,并设沟、渠、墙或绿化带等隔离障,以确保育雏育成鸡群的防疫安全。综合养鸡场与雏鸡舍功能相同、设备相同时,可放在同一区域内培育,做到"全进全出"。

小型养鸡场也应在孵化室周围设围墙或隔离绿化带。育雏区(或分场)与成年鸡区应有一定的距离,在有条件时,最好另设分场,专养幼雏,以防交叉感染。

专业性养鸡场(如原种鸡场、种鸡场、肉鸡场、育雏育成鸡场)由于任务单一,鸡舍类型不多,容易做好卫生防疫工作,总平面布置遇到的问题较少,安排布置也较简单,只要根据卫生防疫和尽可能地提高劳动生产率的要求把分区规划搞好即可。

(二)养鸡场生产区的建筑物布局

养鸡场建筑物布局的任务,主要是根据养鸡场生产工艺流程和各种房舍的使用功能及相关关系,结合防疫卫生要求,有利于提高生产效率、节约劳动力以及缩短线路等,对大型综合养鸡场进行统筹规划、合理设计生产区内各种鸡舍建筑物及设施的排列方式、朝向和相互之间的间距。布局的合理与否,不仅关系到鸡场生产联系、管理工作、劳动强度和生产效率,也关系到场区和每幢房舍的小气候状况,以及鸡场的卫生防疫效果。

1. 鸡舍的排列

养鸡场的建筑物通常应遵循东西成排、南北成列的设计原则,尽量做到合理、整齐、紧凑、美观。建筑物排列得合理与否,关系到场区小气候、鸡舍的光照、通风、建筑物之间的联系、道路和管线铺设的长短、场地的利用率等。生产区内鸡舍的布置,应根据场地形状、鸡舍的数量和长度,布置为单列、双列或多列(图2－6)。如果场地条件允许,应尽量避免将建筑物布置成横向狭长或竖向狭长,因为狭长性布置势必造成饲料、粪污运输距离加大,造成管理和工作联系不便,道路、管线加长,建场投资增加。因此,要根据场区形状、鸡舍的数量和每栋鸡舍的长度等进行布置。

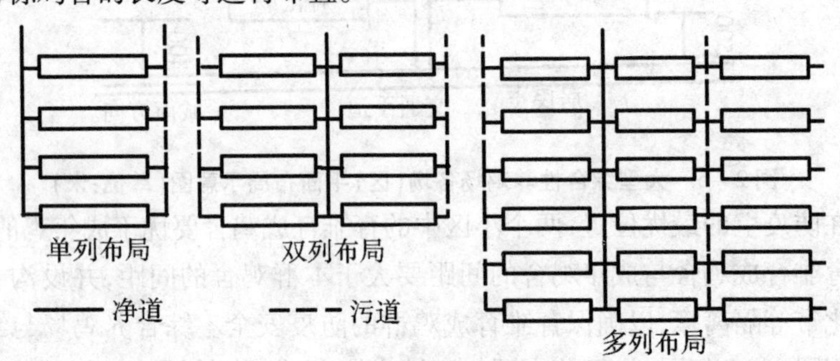

图2－6 鸡舍排列布置模式图

如果鸡舍群按标准的行列式排列与鸡场地形地势、当地的气候条件、鸡舍的朝向选择等发生矛盾时,也可以将鸡舍左右错开、上下错开排列,但仍要注意平行的原则,不要造成各个鸡舍相互交错。例如,当鸡舍长轴必须与夏季主风向垂直时,上风行鸡舍与下风行鸡舍应左右错开呈"品"字形排列,这就等于加大了鸡舍间距,有利于鸡舍的通风;若鸡舍长轴与夏季主风方向所成角度较小,左右列应前后错开,即顺气流方向逐列后错一定距离,也有利于通风。

2. 鸡舍的朝向

鸡舍建筑一般为长方形。鸡舍的朝向应根据当地的地理位置、气候环境等来确定，适宜的朝向要满足鸡舍日照、温度和通风的要求。适宜的朝向一方面可以合理地利用太阳辐射能，避免夏季过多的热量进入舍内，而冬季则最大限度地允许太阳辐射能进入舍内以提高舍温；另一方面可以合理利用主导风向，改善通风条件，从而为获得良好的鸡舍环境提供可能。

首先，要根据日照确定鸡舍朝向。合理的鸡舍朝向可以使自然光照得到合理利用，改善舍内的光温条件，并能起到一定的杀菌作用，利于舍内小气候环境的净化。根据日照来确定鸡舍朝向时，可向当地气象部门了解本地日辐射总量变化图，结合当地防寒防暑要求，确定日照所需适宜朝向。我国鸡舍宜采用南向或南偏东、偏西45°以内为宜。由于我国太阳高度角（太阳光线与地平面间的夹角）冬季小、夏季大，故鸡舍应采取南向（即鸡舍长轴与纬度平行）。这样，冬季南墙及屋顶可被利用最大限度地收集太阳辐射以利防寒保温，有窗式或开放式鸡舍还可以利用进入鸡舍的直射光杀菌；而夏季则避免过多地接受太阳辐射热，引起舍内温度增高。如冬冷夏热的上海地区，冬季正南向墙面上太阳辐射强度最大，夏季恰又是辐射热量最小的，因此正南是最好的朝向。炎热的广州地区，夏季东西向墙面上太阳辐射强度最大，是应该避免的朝向。北京市夏季太阳辐射也以西墙最大，冬季以南墙最大，故北京地区鸡舍的朝向选择仍以南向为主，可向东或西偏45°，以南向偏东45°的朝向最佳。

其次，要根据通风确定朝向。鸡舍布置与场区所处地区的主导风向关系密切。如果采用自然通风系统，主导风向直接影响冬季鸡舍的热量损耗和夏季鸡舍内和场区的通风。合理的朝向，在夏季不但可以改善舍内气流分布的均匀性，提高通风效果，并能使舍内有害气体顺利排出。在冬季也可以减少舍内热量散失，增强鸡舍的防寒能力。因此，考虑鸡舍通风的要求来确定朝向时，可向当地气象部门了解本地风向频率图，结合防寒防暑要求，确定通风所需适宜朝向。

因此，鸡舍朝向要求综合考虑当地的气象、地形等特点，抓住主要矛盾，兼顾次要矛盾和其他因素，来合理确定。如果同时考虑当地地形、主风向以及其他条件的变化，南向鸡舍允许做一些朝向上的调整，向东或向西偏转15°配置。南方地区从防暑考虑，以向东偏转为好。我国北方地区朝向偏转的自由度可稍大些。

3. 鸡舍的间距

两幢相邻建筑物之间的距离称为间距。鸡舍间距是鸡场总平面布置的重要内容,它关系着鸡场占地面积,对防疫、排污、防火的关系非常大,需根据我国国情及土地资源状况加以认真考虑。确定鸡舍间距主要考虑日照、通风、防疫、防火和节约用地,须根据当地地理位置、气候、场地的地形地势等来确定适当的间距。

第一,满足防疫间距的要求。鸡群以鸡舍分群,鸡舍是鸡群的隔离条件,可以起到避免直接感染的作用。通过对空气中微生物的实际测量证明,距鸡舍排风口10米处,每立方米空气中细菌含量在4 000个以上,而20~30米处为800~500个,减少87.5%~80%。鸡舍排出气中还含有大量的有害物质,如氨、硫化氢、尘粒等,威胁着相邻的鸡舍。鸡舍的卫生防疫间距与风向对鸡舍的入射角度有关,为了使前排鸡舍排出的污浊空气不进入后排鸡舍,在确定间距时就应取最不利的情况,即风向与鸡舍相垂直,此时鸡舍背面的涡风区最大(见图2-7)。防疫间距除了与风向对鸡舍的入射角度有关外,在确定防疫间距时,还和鸡群种类有关,不同鸡群鸡舍间的防疫间距要求不一样(表2-5),但多取不低于鸡舍檐下高度(H)的3~5倍。开放式鸡舍的卫生防疫间距为3~5H,封闭式鸡舍因相邻鸡舍多为一侧相向机械排气或进气,短时间的垂直风向对进气影响不大,一般3~5H也可满足要求。

表2-5 不同鸡舍间防疫间距要求(单位:米)

类别		同类鸡舍	不同类鸡舍	距孵化场
祖代场	种鸡舍	30~40	40~50	100
	育雏、育成舍	20~30	40~50	50以上
父母代场	种鸡舍	15~20	30~40	100
	育雏、育成舍	15~20	30~40	50以上
商品代场	蛋鸡舍	10~15	15~20	300以上
	肉鸡舍	10~15	15~20	300以上

第二,防火间距。鸡舍的防火间距取决于建筑物的材料、结构和使用特点,可参照我国民用建筑防火规范。民用建筑取10~20米的防火间距,鸡舍多为砖混结构,混凝土屋顶或木质屋顶并做吊顶,耐火等级为二级或三级,10米即可满足防火有需要,相当于2~8H。

第三,日照间距。如前所述,我国大部分地区的鸡舍朝向一般应为南向或

南偏东、偏西一定角度。根据日照决定鸡舍间距(日照间距)时,应使南排鸡舍在冬季不遮挡北排鸡舍的日照,具体计算时一般以保证在冬至上午9点至下午3点这6小时内,北排鸡舍南墙有满日照,这就要求南、北两排鸡舍间距不小于南排鸡舍的阴影长度。经测算,当南排鸡舍高为 H 时,为满足北排鸡舍的上述日照要求,在北京地区,鸡舍间距约需 $2.5H$,黑龙江的齐齐哈尔则需 $3.7H$,我国大部分地区取 $1.5 \sim 2H$ 便可满足光照度的需要。

第四,通风间距。根据鸡舍的通风要求来确定鸡舍间适宜间距时,应注意不同的通风方式。若鸡舍采用自然通风,且鸡舍纵墙垂直于夏季主风向(因夏季鸡舍需要通风以加强散热),根据图2-7气流曲线,气流在受到障碍物阻挡之后会上升,并越过障碍物前进,经过比障碍物高度4~5倍的距离才能恢复到原来的气流状态。如果两排鸡舍间距太近,则下风向的鸡舍处于相邻上风向鸡舍的涡风区内,这样既不利于下风向鸡舍的通风,又受到上风向鸡舍排出的污浊空气的污染,不利于卫生防疫。如果风向与鸡舍纵墙有一定的夹角(30°~45°),则涡风区缩小。由此可见,鸡舍的间距取 $3 \sim 5H$ 时,既可满足下风向鸡舍的通风需要(通风间距),又可满足卫生防疫的要求。如果鸡舍采用横向机械通风,其间距因防疫需要也不应低于 $3H$;若采用纵向机械通风,鸡舍间距可以适当缩小,$1 \sim 1.5H$ 即可。

由上述可知,鸡舍间距 $3 \sim 5H$ 时,可以基本满足日照、通风、卫生防疫、防火等要求。当然,鸡舍间距越大越能满足卫生防疫、通风等要求,但我国人口多,耕地少,在这种情况下,单纯追求扩大间距是不现实的,特别是在农区或城郊建场,土地价格昂贵,更需要考虑节约用地。鸡场建设用地不能单纯强调防疫间距,而忽略我国土地资源不足的国情。应该尽量利用沙荒、坡地建场,万不得已也应少占耕地,不占良田,节约土地。因此,鸡舍间距乃至整个养鸡场的建筑设计都需要根据当地土地资源和气候条件的特点,用一些经济技术指标来规范。

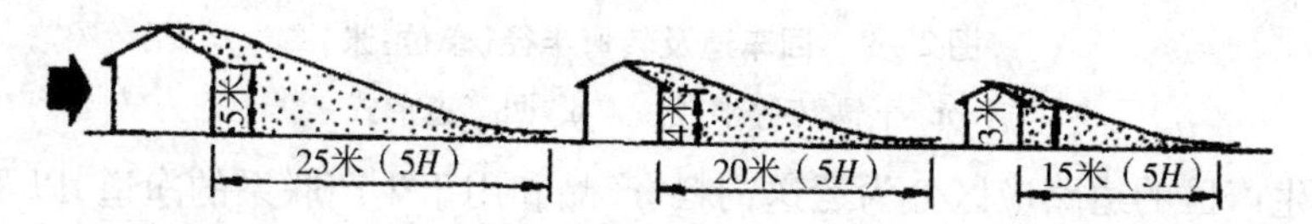

图2-7 风向垂直于纵墙时鸡舍高度与舍后涡风区的关系示意图

(三)场区道路与绿化

鸡场道路规划应按养鸡饲养工艺流程进行,饲料—鸡舍—粪污,三者之间

尽量以直线往返，便于机械作业为前提。在以人工操作为主的鸡场，对于劳动强度大、劳动时间长的生产环节，如饲料运输、粪污清理等作业，要考虑机械化、车子化的条件。在设置道路时，要缩短距离。道路宽度根据用途和车宽决定。主干道路，因与场外运输线路连接，其宽度应能保证顺利错车，为5.5～6.5米(图2-8)；支干道与鸡舍、饲料库、产品库、储粪场等连接，宽度一般为2～3.5米；只考虑单向行驶时，可取其较小值，但需考虑回车道、回车半径、反转弯半径(图2-9)。

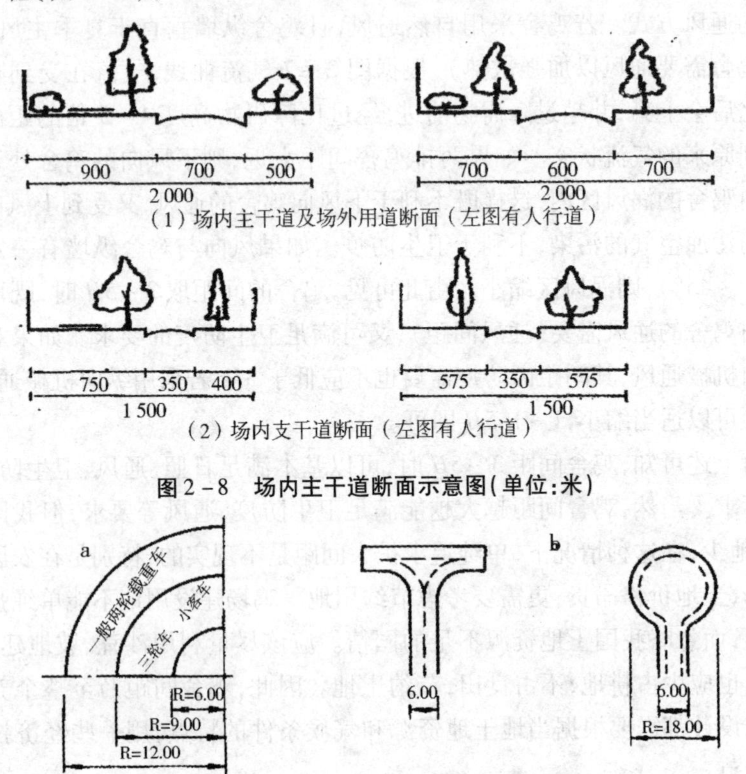

（1）场内主干道及场外用道断面（左图有人行道）

（2）场内支干道断面（左图有人行道）

图2-8　场内主干道断面示意图(单位:米)

图2-9　回车道及转弯半径(单位:米)

a. 车辆转弯半径　　b. 回车道形式

生产区的道路应区分为运送饲料、产品和用于生产联系的净道，以及运送粪便污物、病鸡、死鸡的污道。净道和污道绝不能混用或交叉，场外的道路也绝不能与生产区的道路直接相通，以利卫生防疫。生活管理与隔离区应分别设与场外相通的道路。场内道路应不透水，路面断面的坡度一般为1%～3%，路面材料可根据具体条件修为柏油、混凝土、砖、石或焦渣路面。路面要

坚实，平坦，不滑不陷，以硬路面为宜，并做成中间高两边低的弧度，以利排水，道路两侧应设排水明沟，并应植树。

场区绿化是鸡场规划建设的重要内容，要结合区与区之间、舍与舍之间的距离、遮阳及防风等需要进行。如迎风处设防护林带，路边设行道树并植（条植）花丛和花坛，所有土地均应植草坪。

可根据当地实际种植能美化环境、净化空气的树种和花草，但不宜种植有毒、飞絮的植物。养鸡场植树、种草绿化，对改善场区小气候、净化空气和水质、降低噪声等有重要意义。有资料表明，养鸡场绿化可使恶臭强度降低50%，有害气体减少25%，尘埃减少35%～67%，空气中细菌数减少22%～79%，噪声强度降低25%。阔叶林还可大量吸收二氧化碳并放出氧气；此外，绿化还可在树高10倍的距离内降低风速75%～80%，从而有效地控制有害气体的扩散，也阻挡了大风对鸡场的吹袭。

因此，在进行养鸡场规划时，必须规划出绿化地，其中包括防风林（在多风、风大地区）、隔离林、行道绿化、遮阳绿化、绿地等。

防风林应设在冬季主风的上风向，沿围墙内外设置，最好是落叶树和常绿树搭配，高矮树种搭配，植树密度可稍大些（图2－10）。

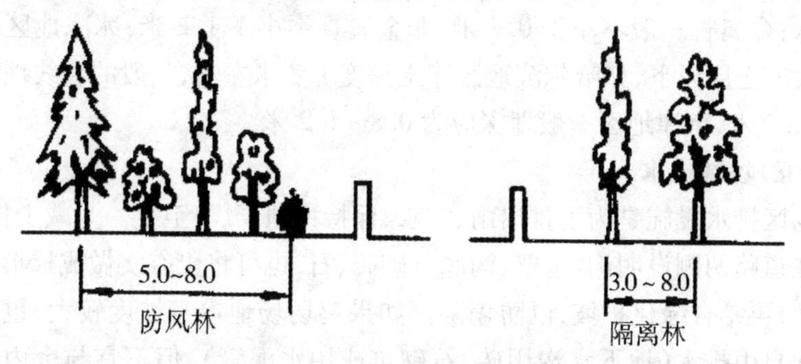

图2－10　防风林和隔离林（单位：米）

隔离林主要设在各场区之间及围墙内外，应选择树干高、树冠大的乔木。行道绿化是指道路两旁和排水沟边的绿化，起到路面遮阳和排水沟护坡的作用。凡工程防疫需要设置林带者，林带宽度不宜小于6米，植树4行，各行间株位交错栽植。

遮阳绿化一般设于鸡舍南侧和西侧，起到为鸡舍墙、屋顶、门窗遮阳的作用。绿地绿化是指鸡场内裸露地面的绿化，可植树、种花、种草，也可种植有饲用价值或经济价值的植物，如果树、苜蓿、草坪、草皮等，将绿化与养鸡场的经

济效益结合起来。

养鸡场植树造林应注意树种的选择，杨树、柳树等树种在吐絮扬花时产生大量的茸毛，易造成防鸟网的堵塞及通风口的不通畅，降低风机的通风效率，对净化环境和防疫不利。

值得注意的是，国内外一些集约化的养殖场尤其是种畜种禽场为了确保卫生防疫安全有效，往往整个场区内不种一棵树，其目的是不给飞翔的鸟儿有栖息之处，以防病原微生物通过鸟类等杂物在场内传播，继而引起传染病。场区内除道路及建筑物之外全部铺种草坪，仍可起到调节场区内小气候、净化环境的作用。

（四）场内管线布置

场内管线布置包括给排水管线、供电线路等的铺设，是鸡场建设的重要内容，要以节省材料、节约资金、方便选用为原则。这些管线的设计直接受房舍的排列和场地规划的影响。集中式供水方式是利用供水管将清洁的水由统一的水源送往各个鸡舍，在进行场区规划时，必须同时考虑供水管线的合理配置。供水管线应力求路线短而直，尽量沿道路铺设在地下通向各舍。布置管线时应避开露天堆场和拟建地段，其埋置深度与地区气候有关，非冰冻地区管道埋深：金属管一般不小于 0.7 米，非金属管不小于 1.2 米；冰冻地区则应埋在最大冻土层以下，如哈尔滨地区冻土深度 1.8 米左右，一般的管线埋深应在 2.0～2.5 米，京津地区一般埋深应为 0.8～1.2 米。

（五）场区排水

场区排水设施是为了排出雨、雪水，保持场地干燥、卫生。为减少投资，一般可在道路两侧设明沟，沟壁、沟底可砌砖、石，也可将土夯实做成梯形或三角形断面，再结合绿化护坡，以防塌陷。如果鸡场场地本身坡度较大，也可以采取地面自由排水（地下水沟用砖、石砌筑或用水泥管），但不宜与舍内排水系统的管沟通用，以防泥沙淤塞影响舍内排污及加大污水净化处理负荷，并防止雨季污水池满溢，污染周围环境。隔离区要有单独的下水道将污水排至场外的污水处理设施。

图 2－11 为大型综合性鸡场的总平面布局示意图。

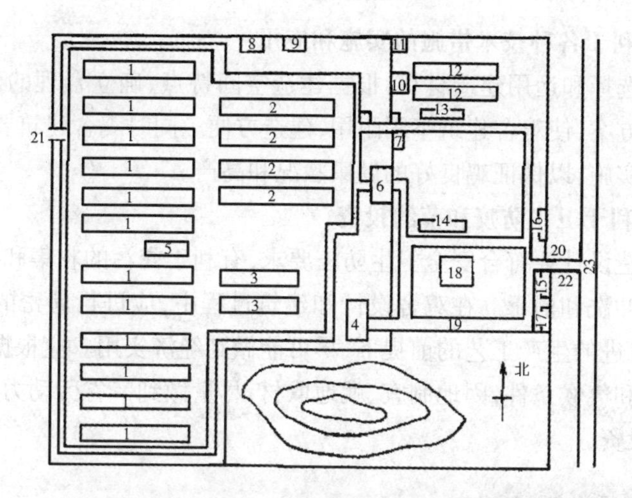

图 2－11　大型综合性鸡场的总平面布局示意图

1. 种鸡舍　2. 育成鸡舍　3. 育雏舍　4. 孵化室　5. 人工授精室　6. 饲料库　7. 职工消毒更衣室　8. 病鸡隔离室　9. 化验室　10. 水塔　11. 锅炉室　12. 宿舍　13. 食堂　14. 办公室　15. 门卫室　16. 车库　17. 配电房　18. 花园　19. 场内道路　20. 场门　21. 清粪出口　22. 进场道路　23. 场外公路

第四节　鸡舍的设计与建造

一、鸡舍建筑设计的基本要求

鸡舍设计与建造合理与否，不仅关系到鸡舍的安全和使用年限，对鸡生产潜力的发挥、舍内小气候状况、鸡场工程投资等也具有重要影响。鸡舍建筑设计应满足以下要求：

（一）符合家禽生产工艺需要

现代化鸡场通常按照流水式生产工艺流程，进行高效率、高密度、高品质生产，鸡舍建筑设计应符合家禽生产工艺要求，便于生产操作及提高劳动生产率，利于集约化经营与管理，满足机械化、自动化所需条件和留有发展余地。首先在卫生防疫上要能确保本场人禽安全，避免外界的干扰和污染，同时也不会污染和影响周围环境；其次要求场内各功能区划分和布局合理，各种建筑物位置恰当，便于组织生产；再次要求鸡场总体设计与鸡舍单体设计相配套，鸡舍单体设计与建造符合鸡的卫生要求和设备安装的要求；最后要求按照“全进全出”的生产工艺组织商品化生产。

(二) 有利于各种技术措施的实施和应用

应正确选择和运用建造材料，根据建造空间特点，确立合理的建造形式、构造和施工方案，使鸡舍建筑坚固耐用，建造方便。同时鸡舍建筑要利于环境调控技术的实施，以保证鸡良好的健康状况和高产。

(三) 有利于卫生防疫和节约投资

鸡舍建造设计要符合安全卫生防疫要求，有利于粪污的收集和处理，便于进行彻底的冲洗和消毒。在鸡舍设计和建筑过程中，应进行周密的计划和核算，在满足先进的生产工艺的前提下，尽可能做到经济实用。应根据当地的技术经济条件和气候条件，因地制宜、就地取材，尽量做到节省劳动力、节约建筑材料、减少投资。

二、鸡舍的类型

(一) 开放式

开放式鸡舍是指舍内与外部相通，可利用光、风等自然能源进行自然光照、自然通风，建筑投资低。但开放式鸡舍易受外界不良气候的影响，为了满足鸡适宜的环境条件，需要投入较多的资金辅以人工调控。开放式鸡舍主要有以下 3 种形式：

1. 全开敞式

全开敞式又称棚舍，即四周无墙壁，用竹竿或拱形钢筋混凝土柱做屋架，使用塑料膜等材料作为屋顶材料。棚式鸡舍由于屋顶材料薄，对外界高温和低温的缓解能力较差，棚内环境容易受外环境的影响。冬季为了保温而减少通风常常会造成棚内有害气体的积聚，也容易导致棚内湿度过大。有些棚式鸡舍为了提高冬季的保温性能或夏季的隔热性能，屋顶由内向外依次使用塑料薄膜、草秸和油毡做隔热材料。全开敞式鸡舍基建投资运行费用少，但环境不易调控，多用于我国南方地区，也可用于其他地区肉鸡的季节性生产。

2. 半开敞式

半开敞式鸡舍通常是前墙和后墙上部敞开，一般敞开 1/2 ~ 2/3，敞开的面积取决于气候条件及鸡舍种类。敞开部分可以装上卷帘，卷帘能在不同的高度卷起和闭合。夏季炎热可以全部敞开以便通风，冬季寒冷可以封闭进行保温。

3. 有窗封闭式

有窗封闭式鸡舍四周用围墙封闭，南、北两侧墙上设窗户作为进风口，通

过开窗机构来调节窗的开启程度。在气候适宜的季节里依靠自然通风,不必开动风机;在气候不利的情况下则关闭南、北两侧墙上的大窗,开启一侧山墙的进风口,并开动另一侧山墙上的风机实行机械通风。这种鸡舍既能充分利用自然资源进行自然通风和采光,又能在恶劣的气候条件下实行人工调控舍内环境,兼有密闭式和开放式鸡舍的优点,在我国的南、北方无论是高热地区还是寒冷地区都可以采用。

(二)密闭式

密闭式鸡舍除鸡舍两端的门外,在两侧墙上仅有少数的应急窗,平时被完全封闭。屋顶和四周墙壁隔热性能良好,舍内通风、光照、温度和湿度等都靠机械设备进行控制,舍内环境条件受外界气候条件变化的影响相对较小。这种鸡舍能给鸡群提供适宜的生长环境,鸡群成活率高,可加大密度饲养,但建筑和设备投资高,运行成本较高,对电力依赖性很大,饲养管理技术要求高,一般适用于我国北方寒冷地区或大型机械化鸡场和育成公司。

(三)联栋式

联栋式鸡舍实质上是将若干个鸡舍连在一起建造,相邻的两个鸡舍共用一堵侧墙。这种鸡舍形式的建筑成本略低,能够有效利用土地,适用于同一批次饲养量大的生产方式。这种鸡舍节省土地、建筑费用低、保温隔热性能好、建场投资低,但如果相连的鸡舍内饲养不同批次的鸡则容易造成相互之间的不良影响。

三、鸡舍的建造设计

(一)鸡舍规格设计

1. 鸡舍长度设计

鸡舍长度主要受场地的限制,也受通风方式和鸡舍内鸡容量的影响。地势狭窄的地方鸡舍的长度受场地的影响比较大,在地势开阔的地方建造鸡舍,场区内鸡舍的布局也会影响鸡舍的长度。通风方式对鸡舍长度的影响主要发生在采用负压纵向通风时,如果鸡舍的长度超过 80 米,风机在拉动舍内气流流动时所受的阻力大,影响通风效率。采用自然通风时,气流横向穿越鸡舍,通风效率受鸡舍跨度的影响大而基本不受长度的影响。在集约化养鸡场内,每栋鸡舍内鸡的容量都比较多,在 5 000 ~ 20 000 只,这样的鸡舍长度一般比较长;而在小型养鸡场或养殖户,每栋鸡舍的容量比较小,一般在 1 500 ~ 3 500只,鸡舍的长度通常比较短。

目前,蛋鸡舍的长度短的有20米左右,长的有70米或更长。一般房子的开间长度为3米或3.3米,鸡舍的总长度是开间长度的倍数。若采用纵向通风方式,鸡舍的长度以60~70米为宜。舍内每列鸡笼的数量确定要考虑鸡笼两端留的通道宽度,靠前端宽度在2.0~2.5米,末端宽度在1.5米左右。通常产蛋鸡笼的长度为1.95米。如一个长度51米(17间房)的产蛋鸡舍,舍内的净长度为50.5米,每列放置24组鸡笼(长度为46.8米),靠前端走道宽度留2.2米,末端走道1.5米。

2. 鸡舍跨度设计

通风方式是影响鸡舍跨度的重要因素之一。采用自然通风方式的鸡舍其跨度不宜超过6米,否则会造成通风不畅、舍内气流分布不均匀等问题;采用横向机械通风方式的鸡舍其跨度在5~7米都是适宜的;采用纵向机械通风方式的鸡舍则可以采用更大的跨度。采用自然通风或横向通风时是否设置天窗也会影响鸡舍跨度的设计,如果安装天窗则可以适当增加鸡舍的跨度。

鸡舍内鸡笼的规格和排列方式也会影响鸡舍的跨度。不同的鸡笼其宽度不同,如采用三层全阶梯全架鸡笼其宽度为2.18米,采用三层半阶梯全架鸡笼其宽度为1.68米,采用半架鸡笼其宽度比全架鸡笼宽度的一半多5厘米。鸡笼在舍内的排列方式有多种,一般在考虑鸡笼宽度的同时,要考虑走道的宽度,走道宽度在0.8~1.0米。如果使用三层全阶梯全架鸡笼,采用2列3走道排列方式,2列鸡笼的宽度为2.18米+2.18米(4.36米),3个走道的宽度为2.4~3米,鸡舍内净跨度为6.8~7米;如果采用4列3走道排列方式,两侧靠墙放置半架鸡笼,中间放置2列全架鸡笼,则鸡笼的总宽度为6.64米,3条走道的宽度2.4~3米,鸡舍内的净宽度为9.1~9.5米。

鸡舍结构和所使用的建筑材料对鸡舍跨度的影响也很大。鸡舍的屋顶结构有“人”字形、拱形、平顶、波形等多种,“人”字形屋顶的鸡舍不适宜跨度大;鸡舍的宽度还受屋顶建筑材料的影响,屋顶为木质结构时宽度不宜超过7米,否则需要的材料规格太大,成本高、牢固度低;使用轻钢结构或钢筋混凝土结构则可以使鸡舍的跨度加大。

3. 鸡舍高度设计

影响鸡舍高度的因素主要有屋顶类型、鸡群饲养方式、鸡舍通风方式、鸡舍清粪方式等。采用“人”字形屋顶或拱形屋顶时,梁上到屋顶下的空间比较大,梁下的高度可以适当减小,而采用平顶屋顶结构则梁下的高度要适当增加。采用“人”字形屋顶时,笼具设备的顶部与横梁之间的距离为0.7米左

右;采用平顶结构则应有1米以上距离。采用地面平养方式的鸡舍其梁下高度最低,网上平养方式次之,笼养方式要求梁下高度最大。采用自然通风方式要求鸡舍的高度要大些,采用机械通风则鸡舍高度可以小些。采用半高床或高床饲养方式,平时的鸡粪堆积在鸡笼下面,要求鸡舍的高度要高些;采用机械刮板清粪方式则鸡舍的高度不需要额外增高。

(二)鸡舍结构设计

鸡舍的主要结构包括基础、墙、屋顶、地面、门窗等。根据鸡舍主要结构的形式和材料不同,可分为砖结构、木结构、钢筋混凝土结构和混合结构。

1. 地基和基础

地基和基础是房舍的承重构件,共同保证房舍的坚固、耐久和安全。因此,要求其必须具备足够的强度和稳定性,防止房舍因沉降过度和不均匀沉降而引起裂缝和倾斜。

(1)地基　地基是指房舍最下面承受荷载的那部分土层,有天然地基和人工地基之分。总荷载较小的简易鸡舍或小型鸡舍可直接建在天然地基上,但做鸡舍天然地基的土层必须具备足够的承重能力,足够的厚度,且组成一致、压缩性(下沉度)小而匀(不超过3厘米)、抗冲刷力强、膨胀性、地下水位在2米以下,且无侵蚀作用。

常用的天然地基有沙砾、碎石、岩性土层以及有足够厚度且不受地下水冲刷的沙质土层。黏土、黄土含水多时压缩性很大,且冬季膨胀性也大,如不能保证干燥,不适于做天然地基。富含植物有机质土层、填土不适于做天然地基。

土层在施工前经过人工处理加固的称为人工地基。鸡舍一般应尽量选用天然地基,为了选准地基,在建筑鸡舍之前,应确切地掌握有关土层的组成情况、厚度及地下水位等资料,只有这样,才能保证选择的正确性。

(2)基础　基础是鸡舍地面以下承受鸡舍的各种荷载并将其传给地基的构件。它的作用是将鸡舍本身的重量、舍内固定在地面和墙上的设备、活动在舍内的活动荷载、屋顶积雪及鸡舍等承受的其他所有全部荷载传给地基。墙和整个鸡舍的坚固与稳定状况取决于基础。故基础应具备坚固、耐久、抗机械作用能力及防潮、抗震、抗冻能力。如条形基础一般由垫层、大放脚(墙以下的加宽部分)和基础墙组成。砖基础每层放脚宽度一般宽出墙60毫米,有时也可为120毫米。

一般中小型鸡舍用作基础的材料除机制砖外,还有碎砖三合土、灰土、毛

石等,在大型鸡舍或地基条件不够好的情况下也常采用钢筋混凝土基础。灰土基础的主要优点是经济、实用,适用于地下水位低、地基条件较好的地区;毛石基础适用于盛产石头的山区。

基础的底面宽度和埋置深度应根据鸡舍的总荷载、地基的承载力、土层的冻胀程度及地下水位高低等情况计算确定。北方地区在膨胀土层上修建鸡舍时,应将基础埋置在土层最大冻结深度以下。基础受潮是引起墙壁潮湿及舍内湿度大的原因之一,故应注意基础防潮、防水。基础的防潮层设在基础墙的顶部,舍内地坪以下 60 毫米。基础应尽量避免埋置在地下水中。加强基础的保温对改善鸡舍环境有重要意义。

2. 地面

地面通常也叫地平,指单层房舍的地表构造部分;多层房舍的水平分隔层称为楼面。因为鸡大多时间直接在鸡舍地面上生活,所以鸡舍地面质量好坏,不仅可影响舍内小气候与卫生状况,还会影响鸡本身及产品的质量。

鸡舍地面应具备的基本要求:坚实、致密、平坦、有弹性、不硬、不滑;有利于消毒排污;保温、不渗水、不潮湿;经济适用。鸡舍一般采用混凝土地面,它除了保温性能差外,其他性能均较好。土地面、三合土地面、砖地面、木地面等,保温性能虽好于混凝土地面,但不坚固、易吸水、不便于清洗和消毒。沥青混凝土地面保温隔热较好,其他性能也较理想,但因含有危害畜禽健康的有毒有害物质,现已禁止在鸡舍内使用。

地面的保温隔热性能对鸡舍小气候的影响很大。如果在选用材料及结构上能有保证,不仅有利于地面保温,而且有利于舍温调节。地面的防水、隔潮性能对地面本身的导热性和舍内小气候状况、卫生状况的影响也很大。地面隔潮防水不好是地面潮湿、鸡舍空气湿度大的原因之一。地面透水,粪水及洗涤水会渗入地面下土层。这样,使地面导热能力增强,同时微生物容易繁殖,污水腐败分解也易使空气污染。地面平坦、有弹性且不滑,在畜牧生产上是一项重要的环境卫生学要求。如卵石地面等,易积水,且不便清扫、消毒。地面与排污沟应有适当坡度,以保证洗涤水及粪水顺利排走。

修建符合要求的鸡舍地面必须采用合适的材料,舍内地面一般要高出舍外地面 30 厘米,潮湿或地下水位高的地区应 50 厘米以上。表面坚固无缝隙,多采用混凝土铺平,虽造价较高,但便于清洗消毒,还能防潮保持鸡舍干燥。笼养鸡舍地面设浅粪沟,比地面深 15 ~20 厘米。

3. 墙

墙是基础以上露出地面的部分，是承接屋顶的荷载并传给基础的承重构件，也是将鸡舍与外部空间隔开的外围护结构，是鸡舍的主要结构。以砖墙为例，墙的重量占鸡舍建筑物总重量的40%～65%，造价占总造价的30%～40%。同时，墙体也在鸡舍结构中占有特殊的地位，据测定，冬季通过墙的热量占整个鸡舍总失热量的35%～40%。舍内的湿度、通风、采光也要通过窗户来调节，因此墙对鸡舍内温、湿状况的保持起着重要作用。

墙有不同的功能，承受屋顶荷载的墙称为承重墙；分隔舍内房间的墙称为隔墙。直接与外界接触的墙统称外墙，不与外界接触的墙称为内墙。外墙中两面长墙叫纵墙或主墙，两短墙叫端墙或山墙。由于各种墙的功能不同，故在设计与施工中的要求也不同。墙体必须具备：坚固、耐久、抗震、保温、防火、抗冻；结构简单、便于清扫、消毒；同时应有良好的保温与隔热性能。墙体的保温、隔热能力取决于所采用的建筑材料的特性与厚度。尽可能选用性能好的材料，保证最好的隔热设计，采取在经济上最有力的措施。受潮不仅可使墙的导热加快，造成舍内潮湿，而且会影响墙体寿命，所以必须对墙采取严格的防潮、防水措施。防潮措施有：用防水好且耐久的材料抹面以保护墙面不受雨雪的侵蚀；沿外墙四周做好散水或排水沟；墙内表面一般用白灰水泥砂浆粉刷，墙裙高1.0～1.5米；生活办公用房踢脚高0.15米、散水宽0.6～0.8米、相对坡度2%、勒脚高约为0.5米等。这些措施对于加强墙的坚固性、防止水汽渗入墙体、提高墙的保温性均有重要作用。

常用的墙体材料主要有砖、石、土、混凝土等，在鸡舍建筑中，也有采用双层钢板中间夹聚苯板或岩棉等保温材料的板块，即彩钢复合板作为墙体，效果较好。

4. 屋顶和天棚

（1）屋顶　屋顶是鸡舍顶部的承重构件和围护构件，主要作用是承重、保温隔热和防水。它是由支承结构和屋面组成。支承结构承受着鸡舍顶部包括自重在内的全部荷载，并将其传给墙或柱；屋面起围护作用，可以抵御降水和风沙的侵袭，以及隔绝太阳辐射等，以满足生产需要。屋顶对于鸡舍的冬季保温和夏季隔热都有重要意义。屋顶的保温与隔热的作用比墙重要，因为鸡舍内上部空气温度高，屋顶内外实际温差总是大于外墙内外温差。屋顶除了要求防水、保温、承重外，还要求不透气、光滑、耐久、耐火、结构轻便、简单、造价便宜。任何一种材料不可能兼有防水、保温、承重3种功能，所以正确选择屋

顶、处理好三方面的关系，对于鸡舍环境的控制极为重要。

(2)天棚　天棚又名顶棚、吊顶、天花板，是将鸡舍与屋顶下空间隔开的结构。天棚对鸡舍环境控制具有重要意义，其功能主要在于加强鸡舍冬季的保温和夏季的防热，同时也有利于通风换气。天棚必须具备保温、隔热、不透水、不透气、坚固、耐久、防潮、耐火、光滑、结构轻便、简单的特点。无论在寒冷的北方或炎热的南方，天棚与屋顶间形成封闭空间，其间不流动的空气就是很好的隔热层，因此结构严密（不透水、不透气）是保温隔热的重要保证。如果在天棚上铺设足够厚度的保温层（或隔热层），将大大加强天棚的保温隔热作用。

鸡舍内的高度通常以净高表示。净高指舍内地面至天棚的高，无天棚时指室内地面至屋架下弦的高。在寒冷地区，适当降低净高有利于保温；而在炎热地区，加大净高则是加强通风、缓和高温影响的有力措施。

5. 门窗

门窗均属非承重的建筑配件。门主要作用是交通和分隔房间，有时兼有采光和通风作用；窗户的主要作用是采光和通风，同时还具有分隔和围护作用。

(1)门　鸡舍门有外门与内门之分，舍内分间的门和鸡舍附属建筑通向舍内的门叫内门，鸡舍通向舍外的门叫外门。鸡舍内专供人出入的门一般高度为2.0～2.4米，宽度为0.9～1.0米；供人、手推车出入的门一般高2.0～2.4米，宽1.4～2.0米；供鸡出入的圈栏门取决于隔栏高度，对于鸡，宽度一般为0.25～0.3米。门的位置可根据鸡舍的长度和跨度确定，一般设在两端墙和纵墙上，若在纵墙上设门，最好设在向阳背风的一侧。在寒冷地区为加强门的保温，通常设门斗以防冷空气侵入，并可缓和舍内热能和外流。门斗的深度应不小于2米，宽度应比门大出1.0～1.2米。鸡舍门应向外开，门上不应有尖锐突出物，不应有木槛，不应有台阶。但为了防止雨雪水淌入舍内，鸡舍地面应高出舍外20～30厘米。舍内外以坡道相联系。

(2)窗　鸡舍窗户可为木窗、钢窗和铝合金窗，形式多为外开平开窗，也可用悬窗。由于窗户多设在墙或屋顶上，是墙与屋顶失热的重要部分，因此窗的面积、位置、形状和数量等，应根据不同的气候条件和鸡舍的要求，合理进行设计。考虑到采光、通风与保温的矛盾，在寒冷地区窗的设置必须统筹兼顾。

对于采用自然通风的鸡舍，有些在屋顶设置有天窗，一般每间隔1～2间房设置1个天窗。天窗的作用在于使室内上部的热空气从其中逸出。天窗必

须有遮雨的顶罩，有防止鸟雀进入的金属网。

采用地面平养方式的鸡舍可以设置地窗，供鸡出入鸡舍。地窗的高度要高于鸡站立时头顶的高度，一般为0.5～0.8米，宽度0.5～0.7米。对于一些采用自然通风方式的鸡舍也有设置地窗的，地窗的规格略小。地窗一般设置在窗户的下面，每间房设置1个。

6. 其他结构和配件

过梁是设在门窗洞口上的构件，起承受洞口以上构件的重量的作用，有砖过梁（砖拱）、钢筋砖过梁和钢筋混凝土过梁。圈梁是加强房舍整体稳定性的构件，设在墙顶部或中部，或地基上。鸡舍一般不高，圈梁可设于墙顶部（檐下），沿内外墙交圈制作。采用钢筋砖圈梁和钢筋混凝土圈梁。一般地说，砖过梁高度为24厘米；钢筋砖过梁和钢筋砖圈梁高度为30～42厘米，钢筋混凝土圈梁高度为18～24厘米。过梁和圈梁的宽度一般与墙厚等同。

四、鸡舍的特殊构造

（一）粪槽

1. 机械清粪粪沟设计

在鸡笼的下面设置粪沟，将专门的清粪机刮板安装在粪沟内，通过电动机和缆绳将刮板拉动的同时将粪沟内的粪便推向鸡舍的末端，并通过粪沟末端的出口把粪便推出舍外。粪沟的宽度一般为1.8米，从鸡舍内笼列的前端到末端有4%的相对坡度，以利于刮板前进时把粪便推向鸡舍末端。

2. 深沟粪槽的设计

在鸡舍内笼列的下面设置深度约1.2米的粪沟，鸡群日常排泄的粪便落入沟内，定期用推车将粪沟内的积粪清理，运送到粪便堆积处理场。粪沟的宽度约为1.78米，鸡笼的支架能够跨在粪沟的两侧。粪沟要进行硬化处理并用水泥抹光。粪沟从笼列前端到末端要有0.5%的坡度，使粪便能够自然地由前向后移（流）动。有的鸡舍在设计时，粪沟末端与鸡舍外的粪池相连。粪池的宽度及长度为2～6米，深度约为2米。上面用水泥预制板覆盖，清理粪便时移开预制板。

（二）孵化场

孵化场是养鸡场中最易被污染又最怕被污染的地方，一般应将孵化场作为一个独立的隔离场所，与居民点、其他禽场间隔1 000米以上的距离。若在鸡场生产区建孵化厅，应设在下风向。孵化场应尽可能靠近交通干线，以利于

种蛋、雏鸡运输，但必须保持不少于500米的距离，以利防疫。

1. 孵化场工艺流程及布局

孵化场布局须严格遵守孵化场生产工艺流程（图2－12），不能逆转。一般小型孵化场可采用长条形流程布局；大型场则以孵化室和出雏室为中心，根据流程要求及服务项目加以确定（图2－13）。合理的孵化场布局应满足运输距离短、人员往来少、建筑物利用率高、不妨碍通风换气的组织的要求。

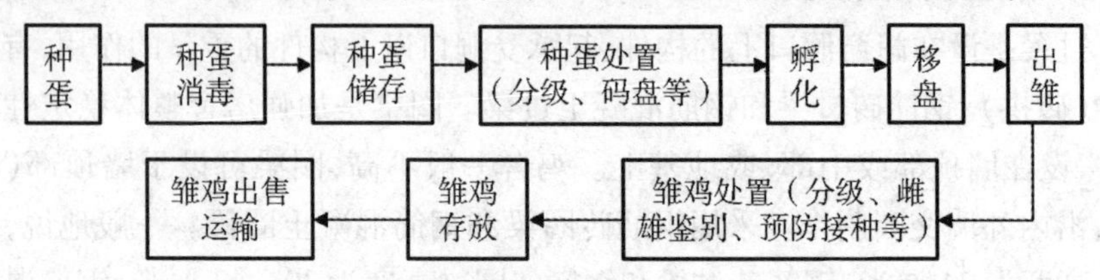

图2－12 孵化场生产工艺流程

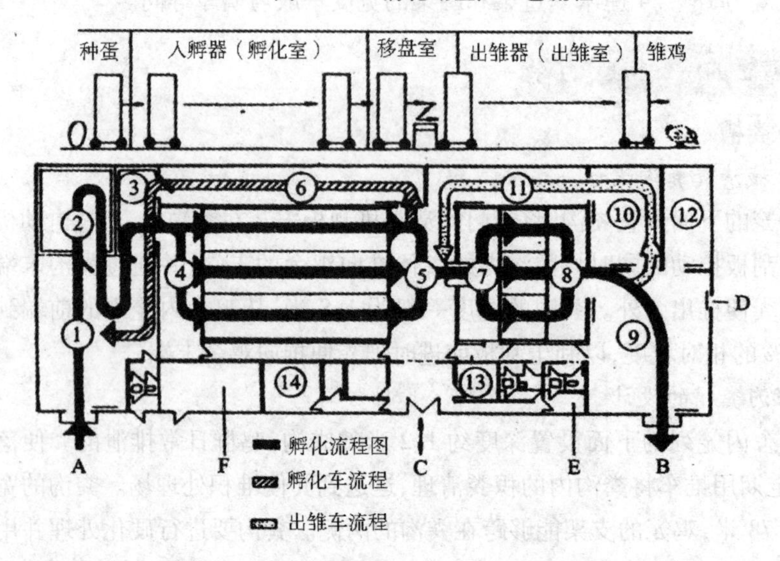

图2－13 孵化场工艺流程及布局

1. 种蛋处置室 2. 种蛋储存室 3. 种蛋消毒室 4. 孵化室入口 5. 移盘室 6. 孵化用具清洗室 7. 出雏室入口 8. 出雏室 9. 雏鸡处置室 10. 洗涤室 11. 出雏设备清洗室 12. 雏盒室 13、14. 办公用房

A. 种蛋入口 B. 雏鸡出口 C. 工作人员入口 D. 废弃物出口 E. 淋浴更衣室 F. 餐厅

2. 孵化场规模及建筑面积

孵化场规模及建筑面积配置应根据其服务对象及范围来确定，步骤为：

第一，建场前应对种蛋来源、数量、雏鸡需求量认真调查，以便确定雏鸡销

售量。

第二，根据销量确定孵化批次、孵化间隔、每批入孵种蛋数量。

第三，选择孵化机、出雏机类型、尺寸、台数。

第四，根据孵化机、出雏机的规格确定孵化室、出雏室面积。

第五，确定收蛋室、储蛋室、雏鸡室、洗涤室、出雏设备存放室等配套房间的面积，可按表2－6确定，确保有足够的操作面积。

表2－6　孵化场各室使用面积（每周出雏2次）（单位：米^2）

计算基数	收蛋室	储蛋室	出雏设备存放室	洗涤室	雏禽室
孵化、出雏分开（1 000枚需要）	0.19	0.03	0.37	0.07	0.07
每入孵300枚蛋	0.33	0.05	0.67	0.13	0.12
每次出雏量（每1 000只混合雏）	1.39	0.23	2.79	0.55	0.49

注：储蛋室面积以蛋箱叠数4层计算。

3. 建筑要求

孵化场生产建筑各房间的墙、天花板、地面，应选用防火、防潮及便于冲洗、消毒的材料。房间内部结构应考虑机器安装位置、操作管理方便等，尽可能采用无柱结构，特别是孵化室、出雏室。采用密封性能好的推拉门，门的尺寸为高2.4米，宽1.2～1.5米，屋内净高3.4～3.8米或孵化机顶距天花板1.2～1.5米。孵化室、出雏室之间应设缓冲间，各房间都要设下水道。对孵化场各房间的具体要求如下：①种蛋验收分装室（收蛋室）外面应搭建凉棚，种蛋由收蛋窗口送入，面积以种蛋高峰期能存放足够数量蛋盘和操作方便为准，室温15～20℃。②消毒室要求结构严密，设有排气装置，面积根据高峰期种蛋数量及蛋架大小和操作方便而定。③储蛋室要有良好的保温隔热、降温条件，室温10～20℃。④预热室保持室温26～29℃，使种蛋入孵前得到充分预热，达到温度要求。预热也可设在孵化室内进行。⑤孵化室面积按孵化量及孵化机规格而定。要求结构设计合理，具有良好的保温隔热性能和通风降温条件，墙、地面光洁，设下水道，室温22～24℃。⑥出雏室除具备孵化室的要求外，还要便于清洁卫生和清扫消毒。⑦雏鸡处理室室温30℃左右，鉴别室墙、地不反光，配置专门的鉴别室灯具，使灯光达到规定要求。使用伸缩可拉动灯具，确保雏鸡移动时的操作方便。⑧照蛋室达到暗室要求，室温25℃。⑨发苗室设雏鸡出售窗口，室温30℃，室外有保温长廊。

（三）通风洞

鸡舍通风洞口设置应使自然气流通过鸡的饲养层面。平养鸡舍的进风口

下标高应与网面相平或略高于网面；笼养鸡舍为 0.3 ~0.5 米，上标高最好高出笼架。

五、常用建筑材料

建筑材料是建造各种建筑物和构筑物所用材料的总称，它是一切工程建设的物质基础。建筑材料种类繁多，它们用在建筑物的不同部位就要承受不同的作用，因此分类方法也很多。根据建筑材料在建筑工程中所起的作用可分为两大类：结构性材料和功能性材料。结构性材料要承受一定的外力作用，是建筑物的骨架；功能性材料是保证建筑物的各种使用功能而必不可少的材料，如：防水材料要受到水的渗透、侵蚀作用；保温材料要起到保持温度、减少热量传递的作用等。根据化学成分可将建筑材料分为三大类：无机材料、有机材料和复合材料。

建筑材料会因受到各种外界因素的影响而改变自身的性能，如温度、湿度、化学侵蚀等。为了使建筑物安全、适用、耐久而又经济，这就要求在建筑工程的设计和施工中能正确选择和合理使用各种建筑材料。

（一）水泥

水泥呈粉末状，是一种水硬性胶凝材料。它与适量的水混合后，经过物理和化学过程能由可塑性浆体变成坚硬的石状体，并能将散粒状材料胶结成整体。水泥是最重要的建筑材料之一，广泛应用于工业和民用建筑、农业、水利、铁路、公路、海港和国防建设等工程，用以制造各种形式的混凝土、钢筋混凝土及预应力混凝土构件和构筑物。

在我国建筑工程中，目前常用的水泥主要有硅酸盐水泥、普通硅酸盐水泥、矿渣硅酸盐水泥、火山灰质硅酸盐水泥和粉煤灰硅酸盐水泥。在一些特殊工程中还用到一些具有特殊性能的水泥，如硅酸盐水泥、高铝水泥、白色硅酸盐水泥、彩色硅酸盐水泥、膨胀水泥和低热水泥等。在众多的水泥品种里，硅酸盐水泥是最基本也是最重要的一种。

常用 5 种水泥的特性和应用如表 2 – 7 所示：

表2－7　5种水泥的特性和应用范围

名称	硅酸盐水泥	普通水泥	矿渣水泥	火山灰水泥	粉煤灰水泥
主要特性	硬化快、强度高；水化热高；耐冻性好；耐热性差；耐腐蚀性差；干缩性较小	早期强度较高；水化热较高；耐冻性较好；耐热性较差；耐腐蚀性较差；干缩性较小	早期强度低，后期强度增长较快；水化热较低；耐热性较好；耐腐蚀性较好；干缩性较大；抗冻性较差；抗渗性差	早期强度低，后期强度增长较快；水化热较低；耐热性较差；耐腐蚀性较好；干缩性较大；抗冻性较差；抗渗性较好	早期强度低，后期强度增长较快；水化热较低；耐热性较差；耐腐蚀性较好；干缩性较小；抗冻性较差
适用范围	配制地上地下及水中混凝土；钢筋混凝土及预应力混凝土结构，包括受循环冻融的结构及早期强度要求较高的工程；配制建筑砂浆	与硅酸盐水泥基本相同	大体积工程；高温车间和有耐热耐火要求的混凝土结构；蒸汽养护的构件；一般地上、地下和水中的混凝土及钢筋混凝土；有抗腐蚀性要求的工程；配制建筑砂浆	地下和水中大体积混凝土；有抗渗要求的工程；有抗腐蚀性要求的工程；一般混凝土工程；配制建筑砂浆	地上、地下、水中和大体积混凝土；抗裂性要求较高的构件；抗腐蚀性要求的工程；一般混凝土工程；配制建筑砂浆

（二）混凝土

混凝土是由胶凝材料、水和粗、细骨料按适当比例配合、拌制而成的混合物，经一定时间硬化而成的人造石材。混凝土种类很多，工程上所说的混凝土通常是指普通混凝土，是以水泥、石子、沙子和水按适当比例配制而成。在混凝土中，水泥浆的作用是包裹在骨料表面并填充骨料的空隙，作为骨料之间润滑剂，使尚未凝固的混凝土拌和物具有流动性，并通过水泥浆的凝结硬化将骨料胶结成整体。石子和沙起骨架作用，称为“骨料”。沙子填充石子空隙，沙石构成的骨架可抑制由于水泥浆硬化和水泥石干燥而产生的收缩。为了保证混凝土的质量，对所用材料必须满足一定的技术质量要求。

（三）建筑砂浆

建筑砂浆是一种广泛应用的建筑材料，它是由胶凝材料、沙或轻质骨料及水按一定比例配制而成的浆状混合物。建筑砂浆根据用途可以分为砌筑砂浆、抹面砂浆及特性砂浆。

砌筑砂浆是指将砖、石、砌块等黏结成砌体的砂浆，包括水泥砂浆、混合砂浆和石灰砂浆。抹面砂浆抹于建筑物的表面，用以保护墙体、柱面等，并有装饰作用。

抹面砂浆一般分底层砂浆和表层砂浆。底层砂浆起初步找平和黏结作用，有较好的和易性。砖墙底层可用石灰砂浆，混凝土底可用混合砂浆或水泥砂浆，板条墙及金属网基层采用麻刀石灰砂浆、纸筋石灰砂浆或混合砂浆。对有防潮要求的结构物应采用水泥砂浆。表层砂浆主要起装饰作用，应采用较细的骨料，使表面平滑细腻。

特种砂浆又可分为防水砂浆、保温吸声砂浆、耐腐蚀砂浆等。防水砂浆用于制作刚性防水层，分为掺防水剂的防水砂浆和膨胀水泥防水砂浆。保温吸声砂浆是用膨胀珍珠岩和膨胀蛭石等为骨料配制的轻质砂浆，此类砂浆表观密度小，导热系数低，吸声效果好，适于做屋面、内墙和管道抹灰工程。耐腐蚀砂浆是指以耐腐蚀胶结料、耐酸粉料和骨料配制的具有耐酸碱等化学腐蚀功能的砂浆，分为硫黄砂浆、氯丁胶乳水泥砂浆、水玻璃砂浆、树脂砂浆。

（四）砌体材料

在建筑工程中能够用来作为砌体材料的建筑材料很多，如：石材、砖、混凝土砌块等。

建筑石材按其表观密度大小分为重石和轻石两大类。表观密度大于1 800千克/米^3 者为重石，表观密度小于1 800 千克/米^3 者为轻石。重石主要用于建筑物的结构部位，如建筑物基础、桥墩及水工构筑物、砌体材料等，还可用于墙面、地面装饰；轻石可用于配制轻骨料混凝土及采暖房外墙。毛石是石材中最常见的材料，它是由爆破直接获得的石块，依其平整程度又可分为乱毛石和平毛石两类。乱毛石是形状不规则的石料，一般在一个方向的尺寸达30～40 厘米，块重 20～30 千克，主要用于砌筑基础、勒脚、墙身、堤坝、挡土墙等，也可做毛石混凝土的骨料。平毛石是乱毛石经加工而成，形状较乱毛石整齐，其形状基本上有6个面，但表面粗糙，中部厚度不小于20 厘米，常用于砌筑基础、墙身、勒脚、桥墩、涵洞等。

烧结普通黏土砖的外形为直角六面体，尺寸为240 毫米×115 毫米×53 毫米，通常用来砌筑砖基础和墙体。随着建筑工艺的发展及社会资源的限制，作为砌体材料的砖由最初的普通黏土砖已发展到了很多品种，如：多孔砖、空心砖及特种砖等。多孔砖、空心砖都有节约土壤、重量轻的特点，主要用于建筑物非主要承重部位的砌筑。

建筑中常用的砌块主要有普通混凝土小型空心砖、轻骨料混凝土小型空心砌砖、蒸压加气混凝土砌块、粉煤灰砌块、装饰混凝土砌块、石膏砌块、混凝土路面砖、粉煤灰小型空心砌砖。这些砌块普遍都具有重量轻的特点,但不同的砌块又具有不同的其他性质。据此,它们就有了不同的用途:砌筑非承重砌筑物、砌筑墙面用以装饰、砌铺路面等。

(五)建筑钢材

建筑钢材是指用于工程建设和各种钢材,包括各种型钢、钢板、钢筋和钢丝等。作为建筑材料,钢材具有品质均匀致密、抗拉和抗压强度高、塑性和韧性好等许多优点,其缺点是容易锈蚀,维修费用高,维修周期短,生产能耗大,成本高。

(六)木材

在建筑工程中木材是主要的建筑材料之一,如门窗、屋架、梁、柱、支撑、模板、地板、隔墙、天棚等都需要用木材来制作。木材具有很多独特的优良性能,如:轻质高强,较高的弹性和韧性,耐冲击和震动,容易加工,不易传热,保温性能好,具有良好的装饰性等。但另一方面,木材本身也存在一些缺点,如木材组织构造不均匀,物理、力学性能各向异性,木材中含水量易随环境湿度的变化而变化,易燃烧等,温度长期在 50 ℃以上的部位,不宜采用木结构。

木材除了用于门窗、屋架、梁、柱、支撑、模板、地板、隔墙、天棚等外,利用木材的边角废料可生产各种人造板:胶合板、纤维板、刨花板、木丝板、木屑板等,这些材料已经广泛地应用于我们的日常生活中。

第五节　生态养鸡规划设计

生态养鸡就是按照生态学和生态经济学原理,依据"整体、协调、循环、再生"原则,因地制宜地规划、设计、组织、调整和管理家禽生产,使农、林、牧等各产业之间相互支持,既能合理地利用自然资源发展养禽业,又能在大力发展养殖业的同时,保护自然资源,维护生态平衡,保证养殖业资源的持续利用,实现养殖业生产的可持续发展,并能提高养殖业产品的品质。

一、生态养鸡的规划设计要求

(一)满足鸡生物学习性

生态养鸡最关键的环节就是让鸡生活得舒服,满足鸡生物学习性是生态

养鸡的重要特征。这些生物学习性包括多个方面，如栖高习性、沙土浴习性、怕潮湿习性、杂食习性、相互嬉戏习性、运动习性等。满足不了鸡的生物学习性就会影响到鸡的某些生理机能，从而对鸡的健康和生产造成不良影响。

（二）为鸡群提供一个干净的生活环境

生态养鸡的重要内容就是为鸡群提供一个干净的生活环境，使鸡在生活过程中所接触到的空气、饲料、饮水、设备、土壤等都没有受到污染，只有这样鸡的健康才能得到保证，鸡蛋和鸡肉的安全质量才能可靠。

（三）环境友好

生态养鸡的过程中要考虑生态环境的保护，即控制单位面积放养场地的载鸡量不会对场地的植被造成严重破坏。

（四）充分利用自然资源

生态养鸡就是要体现鸡群与自然生态环境的和谐，可以相互利用，如在树林里放养鸡群，树林里的杂草、草籽、虫子为鸡群提供天然的饲料，鸡群的粪便为树林的生长提供良好的有机肥，鸡吃虫子后减少了树林的病虫害，减少了喷洒农药的成本和对环境的污染。同样，在果园内养鸡也能得到相同的效果，而且也能为生产无公害水果提供条件。

（五）能提供符合无公害或绿色食品标准的鸡肉、鸡蛋产品

目前，很多消费者对于集约化生产的鸡蛋和鸡肉质量有顾虑，认为笼养鸡所产鸡蛋味道差、药物残留多、质量不可靠等，而生态养鸡能够为鸡群提供舒适的生活环境，使其保持健康的体质，疾病发生少，药物使用自然也少，肉和蛋的卫生质量安全问题就能够得到很好解决。同时，鸡采食大量的天然饲料，与土壤经常接触，补饲的配合饲料少，所生产的蛋和肉的风味也好。

二、果园生态养鸡规划

（一）鸡品种的选择

果园养鸡主要是利用林下空地为鸡群提供开阔的活动空间，空地上滋生的杂草和虫子为鸡群提供天然的饲料。但是，在生态养鸡过程中还必须要注意防止鸡损坏水果，要尽可能避免鸡飞到树上。因此，果园放养鸡要根据果树的类型选择合适的鸡品种。低矮乔木型果园树干分叉较早，树枝离地面距离小，果子离地面近，鸡容易跳上树枝，甚至在地面也能啄食到果子，因此适宜放养体形较大、腿较短、跳跃能力差的品种，如AA肉鸡、艾维茵肉鸡、科宝肉鸡、丝羽乌骨鸡、农大3号矮小型蛋鸡等；高大乔木型果园果树的树干高，果子离

地面距离大,不容易被鸡啄食,园内各种品种的蛋鸡和肉鸡都可以饲养。

(二)基本设施和环境控制

1. 鸡舍

在果树林地边,选择地势高燥的地方,搭建鸡舍,主要提供鸡群在夜间和不适宜到室外活动的时间休息和生活。鸡舍要求坐北朝南,雏鸡阶段鸡舍中要有加温设施。鸡舍建设应尽量降低成本,北方地区要注意保温性能。鸡舍高度2.5~3.0米,四周设置栖架,方便夜间栖高休息。鸡舍大小根据饲养量而定,一般按每平方米饲养10~15只。

2. 产蛋窝

供鸡群产蛋用,可以设置或安放在果园内不同的地方。

3. 饲喂设备

补饲用的料桶或料槽可以放置在鸡舍和鸡舍前面的空地上;饮水器既要在鸡舍内放置,又要在果园内分散放置。

4. 防鸡群逃离设施

在果园周边要有隔离设施,防止鸡到果园以外活动而走失,同时起到与外界隔离作用,有利于防病。果园四周可以建造围墙或设置篱笆,也可以选择尼龙网、镀塑铁丝网或竹围,高度1.5米以上,防止鸡飞出。围栏面积根据饲养数量而定,一般每亩果园放养80~100只。

三、树林生态养鸡规划

(一)鸡品种的选择

林地养鸡在品种选择上应选择适宜放养、抗病力强的土鸡或土杂鸡,如漯河麻鸡、石歧杂鸡、白耳黄鸡等地方优良品种及其杂交鸡。它们耐粗饲,抗病力强,虽然生长速度较慢,饲料报酬低,但肉质鲜美,价格高,利润大。

(二)基本设施和环境控制

1. 场址选择

林地生态养鸡场址选择应遵循:既有利于防疫,又要交通方便;场地宜选在高燥、干爽、排水良好的地方;场地内要有遮阳设备;场地要有水源和电源;场地能够圈住,以防鸡走失和带进病菌;选择避风向阳、地势较平坦、不积水的草坡。

2. 搭建棚舍

棚舍设计要求通风、干爽、冬暖夏凉,宜坐北朝南。一般棚舍宽4~5米,

长 7 ~ 9 米，中间高度 1.7 ~ 1.8 米，两侧高 0.8 ~ 0.9 米。通常由内向外用油毡、稻草、薄膜三层盖顶，以防水保温。在棚顶的两侧及一头用砖石沙土把薄膜油毡压住，另一头开一个出入口，以利饲养人员及鸡群进入。

3. 设置围网

围网可采用网目为 2 厘米 ×2 厘米的尼龙网，网高1.5 ~ 2 米。

四、山地生态养鸡规划

（一）场地的选择

山地放养应选择在地势相对平坦、不积水的草山草坡，旁边应有树林、果园，以便鸡群在中午前后到树荫下乘凉。还要有一片比较开阔的地带进行补饲，让鸡自由啄食。

（二）搭建棚舍

在放养区找一背风向阳的平地搭建棚舍。棚舍能保温、挡风、遮雨、不积水即可。棚舍一般宽 4 ~ 5 米，长 7 ~ 9 米，中间高度 1.7 ~ 1.8 米，两侧高 0.8 ~0.9 米。

（三）放养规模和季节

放养规模以每群 1 500 ~2 000 只为宜，放养密度以每亩 150 羽为宜。放养的适宜季节为晚春到中秋，其他时间气温低，虫草减少，不适合放养。

第三章　现代化养鸡生产对环境的要求

随着20世纪50年代在美国首先研究开发与推广应用了规模化、机械化、工厂化和集约化的现代养鸡新工艺模式以来,世界各国相继研发出了不同的工厂化养鸡生产工艺模式和成套的饲养设备,并围绕各国和各地不同的区域气候特点,逐步形成了密闭式、半开放式和开放式等不同类型的鸡舍,以及相关的环境调控技术。至20世纪70年代末和80年代初,美国农业工程师学会(ASAE)已形成了比较完整的畜禽养殖相关技术标准,并编写和出版了畜禽舍建筑与设备的相关设计系列手册,对畜禽养殖业向专业化和标准化的方向发展起到了积极的促进作用。我国自20世纪70年代末开始,以北京红星鸡场的建设为标志,开始大力发展规模化养鸡产业。经过30多年的发展,已形成了适用于南北方不同气候区的多种养鸡工艺模式以及配套的环境调控技术和设备。

第一节　养鸡生产对温度的要求

一、温度对鸡的影响

（一）温度对鸡行为的影响

环境温度对鸡行为的影响主要表现在采食量、饮水量、水分排出量的变化。由表3－1中的数字可以看出，随温度的升高采食量减少、饮水量增加，产粪量减少而呼吸产出的水分增加，造成总的排出水量大幅度增加。排出过多的水分会增加鸡舍的湿度，鸡感觉更热。

表3－1　不同环境温度下鸡的采食量、饮水量和水排出量（100只来航鸡　1天）

项目	鸡舍温度（℃）						
	4.3	10.0	15.0	21.1	26.7	32.2	37.8
耗料量（千克）	11.8	11.6	11.0	10.0	8.7	7.0	4.8
饮水量（千克）	1.3	1.4	1.6	2.0	2.9	4.8	8.4
饮水量（升）	15.5	16.3	17.8	20.1	25.4	33.7	40.9
产粪量（千克）	16.6	16.2	15.3	14.0	12.1	9.7	6.7
粪中含水量（千克）	13.1	13.0	12.4	11.5	10.1	8.2	5.7
呼出水量（千克）	2.1	2.9	5.1	8.8	15.3	25.5	34.5
粪便和呼出的水（千克）	15.2	15.9	17.5	20.3	25.4	33.7	40.2

（二）温度对鸡生长的影响

鸡在不同的阶段，有最适宜的生长温度，在这种温度下，生长最快，饲料利用率最高，生长效果最好，饲养成本最低。这个温度一般认为在鸡的等热区内。当气温高于临界温度时，由于散热困难，引起鸡体温升高和采食量下降，生长速率亦伴随下降，有时虽然饲料利用率也可稍有提高，但还是得不偿失。气温低于临界温度，鸡的代谢率提高，采食量增加，饲料消化率和利用率下降。即适当的低温对鸡的生长、育肥没有影响，但饲料利用率会下降，使饲养成本提高，这是高温和低温对鸡生长影响的一般规律。

1. 蛋雏鸡

温度是育雏成败的首要条件，必须严格正确地掌握。生产中较有利于雏鸡生长发育的温度，见表3－2。

表 3-2　育雏期的适宜温度及其高低极限值

周龄		0	1~3 天	2	3	4	5	6
适宜温度(℃)		35~33	33~30	30~28	28~26	26~24	24~21	21~18
极限值	高温	38.5	37	34.5	33	31	30	29.5
	低温	27.5	21	17	14.5	12	10	8.5

生产中,为防止初生雏鸡发生鸡白痢,常将 0~3 天的温度控制在 37~38℃,4~7 天的温度控制在 36~37℃,以后每周降 2~3℃,降温速度取决于雏鸡的健康情况和季节,鸡健壮,外界温度较高,降温可快些,否则,应慢些。

2. 肉鸡

肉鸡有 1/3 的时间需要供暖,因此控制适宜的温度非常重要,它能有效地提高其成活率、生长速度和饲料报酬。

肉鸡的理想温度,入舍 1~2 天 33℃,3~7 天 30~32℃,第二周 27~29℃,第三周 24~26℃,第四周 21~23℃,此后以 8~21℃为好。

与蛋鸡比较,肉鸡对温度的要求有两个特点:一是肉鸡应有适当的温差,特别是前期。适当的低温可以刺激食欲,提高采食量,从而促进生长,试验表明,第一周保持恒定的 32℃不如 30~33℃变动温度生长好,而要造成适当的温差,可用保温伞取暖,雏鸡可以在伞下和伞外自由进出,选择适宜的温度,在同一时间有温差可选;也可在用热风炉或烟道供暖时,在不同时间造成适宜的温差;二是脱温后舍内温度要求较为严格,宜保持在 20℃左右。因为温度在 20℃以下,温度越低,维持需要的能量消耗越大,饲料效率越低;温度在 20℃以上,温度越高,采食量越少,饮水量越多(见表 3-3),增重速度降低。

表 3-3　室温与饮水量、采食量的关系

室温(℃)	4	10	16	21	27	38
饮水量对采食量的比率	1.7	1.7	1.8	2.0	2.8	4.5

(三)温度对产蛋量和蛋的品质影响

在一般饲养管理条件下,各种家禽产蛋的最适温度为 12~23℃,高温可使产蛋量、蛋重和蛋壳质量下降,尤其是当气温持续在 29℃以上时,对产蛋量、蛋的大小和蛋壳品质都有不良影响。例如,白来航鸡分别饲养在气温为 21℃、32℃和 38℃环境中,其产蛋率分别为 79%、72%和 41%。高温时,合理搭配日粮可避免产蛋量下降,如提高日粮的能量、氨基酸、维生素、矿物质和微量元素等各种营养成分的浓度,保证家禽在高温下的营养供给,可使轻型品种

的鸡在30℃高温中保持正常的产蛋量，同时还能提高产蛋的饲料利用率。低温持续在7℃以下，对产蛋量和饲料利用率都有不良影响。为有利于禽产蛋，同时也便于生产中控制，可将产蛋的生产环境界限温度确定为7～32℃。

二、鸡舍温度的调控方法

1. 加强鸡舍外围护结构的隔热设计

在高温季节，导致鸡舍内过热的原因：一方面是大气温度高、太阳辐射强烈，鸡舍外部大量的热量进入鸡舍内，另一方面是鸡自身产生的热量通过空气对流和辐射散失量减少，热量在鸡舍内大量积累。对多数不设空调的建筑，夏季主要是隔绝太阳辐射的影响，使内表面温度不高于室外空气温度，并且使室内热量能很快地散发出去。对于设有通风降温设备的鸡舍，为了减少夏季机械通风的负荷，要求屋顶要有较高的隔热能力。因此，通过加强屋顶、墙壁等外围护结构的隔热设计，可以有效地防止或减弱太阳辐射热和高气温综合效应所引起的鸡舍内温度升高。

(1)屋顶的隔热构造(图3－1)　鸡舍屋顶建造应选择多种建筑材料，按照最下层铺设导热系数较小的材料，中间层为蓄热系数较大材料，最上层是导热系数大的建筑材料的原则进行铺设。这样的多层结构的优点是，当屋面受太阳照射变热后，热传导蓄热系数大的材料层而蓄积起来，而下层由于传热系数较小、热阻较大，使热传导受到阻抑，缓和了热量向舍内的传播。当夜晚来临，被蓄积的热又通过其上导热性较大的材料层迅速散失，从而避免舍内白天升温而过热。屋顶除了具有良好的隔热结构外，也必须有足够的厚度。

图3－1　鸡舍屋顶隔热结构

（2）浅色外墙（图3－2） 目的是为了减少太阳辐射热。舍外表面的颜色深浅和光滑程度，决定其对太阳辐射热的吸收与反射能力。色浅而平滑的表面对辐射热吸收少而反射多；反之则吸收多而反射少。若是深黑色、粗糙的油毡屋顶，对太阳辐射热的吸收系数值为0.86；若是红瓦屋顶和水泥粉刷的浅灰色光平面为0.56；而白色石膏粉刷的光平面仅为0.26。由此可见，采用白色或浅色、光平面屋顶，可减少太阳辐射热向鸡舍内传递，是有效的隔热措施。

图3－2 鸡舍的外围墙

（3）墙壁隔热设计 要使墙壁具有一定的隔热能力，宜采用热惰性指标较大、热稳定性较好的材料，如聚氨酯夹芯板，并保持适当的厚度。另外，在满足生产管理的前提下，适当降低墙壁高度和墙壁上的窗户面积，也有较好的隔热效果。

2. 遮阳

遮阳是指一切可以遮断太阳辐射的设施与措施。可在鸡舍顶、门口窗口上搭建遮阳棚或遮阳网，以降低周围地面温度，形成阴凉小气候。另外还可以采取加宽屋檐，设置整体卷帘，屋顶（特别是石棉瓦屋顶）加盖稻草或草帘，阻隔阳光直射，降低舍内温度。

3. 绿化（图3－3）

绿化是指栽树、种植牧草和饲料作物以覆盖裸露地面，吸收太阳辐射，降低鸡场空气环境温度。绿化除具有净化空气、防风、改善小气候状况、美化环境等作用外，还具有吸收太阳辐射、降低环境温度的重要作用。

图3-3 鸡场绿化

4. 通风

通风对任何条件下的家禽都有益处,它可以将污浊的空气和水汽排出,同时补充新鲜空气,而且一定的风速可以降低鸡舍的温度。环境控制鸡舍必须安装机械通风,以提供鸡群适当的空气运动,并通过对流进行降温。

5. 蒸发降温

在低湿度条件下使用水蒸发降低空气温度很有效。这种方法主要通过湿垫降温系统实现。有一点必须注意:虽然空气温度能够下降,但是水蒸气和湿度增加,因而湿球温度下降有限。蒸发降温有几种方法:房舍外喷水;降低进入鸡舍空气的温度;使用风机进行负压通风使空气通过湿垫进入鸡舍;良好的鸡舍低压或高压喷雾系统形成均匀分布的水蒸气。开放式鸡舍可以在鸡舍的阳面悬挂湿布帘或湿麻袋包。

6. 降低鸡群密度和提供足够饮水器

减少单位面积的存栏数能降低环境温度;提供足够的饮水器和尽可能凉的饮水也是简单实用的方法。

7. 屋顶喷水

屋顶喷水可以起到降温效果,但浪费水严重,不适合大型鸡场。

三、温度应激对鸡生产的影响

(一)热应激对鸡生产的影响

1. 热应激对鸡的急性危害

由于环境温度过高,体热难以散发,或者肌肉剧烈活动产热过多,导致体

温剧烈上升，代谢率急剧上升，肝糖原迅速耗尽，心力衰竭，肺充血，进而肺水肿。这些情况在鸡场比较少见，因此其危害性远低于热应激的慢性危害。

2. 热应激对鸡的慢性危害

在长期的非致命的高热环境影响下，鸡为了生存适应，发生了一系列的生理生化与行为机能上的适应性强制改变，而这种改变对鸡的生产、生长性能会产生多方面的负面影响，主要表现为繁殖性能下降，生长受阻，料重比上升，行为紊乱和免疫力下降，感染性疾病的发病率升高等。

（二）冷应激对鸡生产的影响

1. 冷应激对鸡健康与成活率的影响

低温能导致鸡抗病力降低，易发生传染病，同时由于呼吸道、消化道的抵抗力降低，常发生气管炎、支气管炎等，低温高湿还常造成肌肉风湿、关节炎等。低温对雏鸡的影响更为严重，在低温环境下，雏鸡出生后机械性死亡的比例大幅度增加，如冻死、压死、饿死、病死，雏鸡健康和生长均会受影响。

2. 冷应激对鸡饲料消化率的影响

饲料消化率与其在鸡消化道中的停留时间成正比，饲料在鸡消化道中停留时间越长，其消化率越高；反之则消化率越低。鸡在低温环境中，胃肠蠕动加强，食物在消化道停留时间短，消化率降低。

3. 冷应激对鸡增重及饲料利用率的影响

鸡在低温环境中，机体散热量大大增加，为保持体温恒定，机体必须加快体内代谢以提高机体产热量，这样鸡的维持需要也明显增加，虽然采食量上升，但用于生长的能量仍有限，生长和增重会下降，因而饲料的利用率明显降低。

4. 冷应激对鸡场日常管理的影响

冬季冰雪环境下，不利于鸡转群和各种运输，同时低温会造成消毒效果降低等。

四、温度应激的调控措施

（一）热应激的应对措施

消除热应激的基本原则是尽量消减环境热应激的负面影响为第一性，生理功能调节应该同步。以下是应对热应激的一些具体措施。

1. 降低鸡舍小环境的温度

最大限度地增加通风与对流（机械、自然），加快体表散热速度，在实践中，增加地窗数量是增加自然通风对流的好办法；搞好鸡场绿化，调节小环境，

减少热辐射,鸡舍东、南、西三面种植冬天落叶的树木(青桐、法桐、泡桐或速生杨树等),树叶遮阳可以减少约60%的太阳热辐射;舍顶增设防晒网或搭建遮阳棚,可避免阳光直射,有效降低室温;采用湿帘－风机降温系统可降低栏舍内温度4～7℃(平均4.8℃),并可改善湿度、空气质量等环境条件;增加冲洗地坪次数,辅助降温。

2. 改进管理,避免人为热应激

保证鸡体表干净、保证充足的饮水,且水温尽量保持凉快;把干料改为湿料,调整饲喂时间(早上提前喂料、下午推后喂料,尽量避开天气炎热时投料),增加饲喂次数(夜间加喂1次),可增加鸡采食量,但要保证饲料质量,防止发生霉变;注射疫苗和鸡转群,应安排在早、晚进行;经常保持舍内清洁卫生,加强鸡舍冲洗消毒。

3. 合理调整饲料配方,适当提高饲料营养浓度

高温条件下,鸡为了减少体增热,减少散热负担,势必会减少采食量,造成能量、蛋白质等营养物质摄入不足,从而影响生长发育。对饲料配方做必要的调整,已成为克服热应激的有效措施之一。

4. 添加抗应激剂,增强适应性和抵抗热应激的能力

饲料添加或饮水投入电解质,为体内缓冲系统提供“原料”,加强体内缓冲系统的平衡能力,稳定血液pH,维持细胞渗透压等,以恢复原有的动态平衡;添加应激生理调控剂,提高应激阈值,降低机体对应激原的敏感性,提高抵抗热应激的能力;添加具有开胃健脾、清热消暑、保护肠道健康、促进消化功能的饲料添加剂,提高采食量,促进消化吸收。

(二)冷应激的应对措施

1. 加强科学饲养

加强鸡营养,增加能量饲料在日粮中所占的比例。

2. 加强日常管理

由于冬季温度较低,鸡易出现拥挤、扎堆的现象,在日常管理中要注意观察,避免鸡拥挤、滑倒。切不可单纯为了保温,不进行通风换气,应保持舍内一定的气流速度,一般认为冬季鸡舍内气流速度应在0.1～0.2米/秒,方可使舍内氨气浓度不超标。

3. 增强抗冷应激的能力

冬季要时刻注意天气变化,在寒流到来之前就采取适当的措施,尽量减少冷应激。

总之,在防治鸡温度应激的过程中,要从实际出发,当环境条件发生变化时,包括生物、物理、化学、特种心理或管理的条件等的变化,鸡场的工作人员必须采取相应的措施,给鸡生产和生长创造一个适宜生长的环境,最大限度地挖掘鸡生产潜力,在多种制约因素中寻求最佳的平衡点。

五、鸡舍温度的测量方法

(一)常见的温度测量仪器

温度是畜禽热湿环境检测中最基本、最为常用的参数。检测环境温度最常用的仪器是温度计,鸡舍中最常用的温度计有玻璃体温度计、指针式温度计、数字温度计等。

1. 玻璃体温度计

玻璃体温度计是利用热胀冷缩的原理实现环境温度的检测。优点是结构简单,价格低廉,使用较为方便,测量精度相对较高。缺点是易碎。常见的玻璃体温度计主要有煤油温度计、酒精温度计、水银温度计。玻璃棒式温度计通常为直型(图 3-4),也可根据用户的需要制作各种角度。以有机液体为感温液的玻璃温度计可以测量 -100 ~ 200 ℃的温度,而水银温度计可以测量 -30 ~ 600 ℃的温度。使用玻璃水银温度计测量空气温度时,应选择刻度最小分度值不大于 0.2 ℃、测量精度在 ±0.5 ℃的温度计进行。

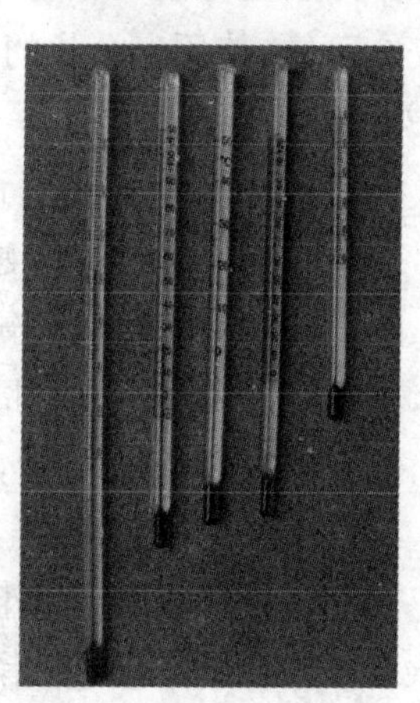

a

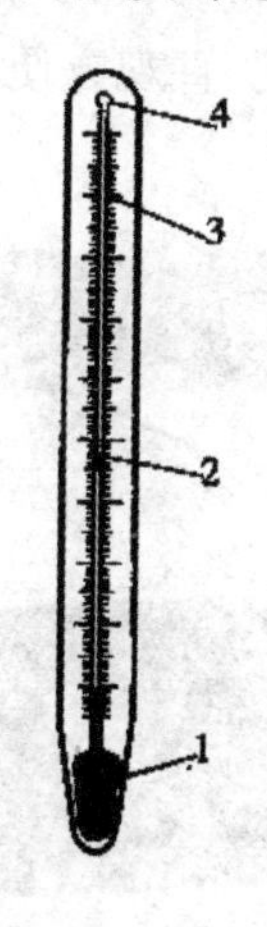

b

图 3-4 玻璃体温度计

a. 玻璃体温度计 b. 玻璃体温度计构造示意图

1. 玻璃感温包 2. 毛细管 3. 刻度尺 4. 安全包

玻璃体温度计测温时的注意事项:①按所测温度范围和精度要求选择相应的温度计,并进行校验。如所测温度不明,宜用较高测温范围的温度计进行测量,密切注视液柱的变化,从而确定被测温度范围,再选择合适的温度计。②温度计一般应置于被测环境中10~15分后进行读数。③观测温度时,人体应离开温度计,更不要对着感温包呼气,读数时应屏住呼吸。拿温度计时,要拿温度计的上部。④为了消除人体温度对测温的影响,读数要快,而且要先读取小数,后读取大数。另外,读数时应使眼睛、刻度线和水银液面保持在一水平线上。

2. 指针式温度计

指针式温度计外形像仪表盘(图3-5),也称寒暑表,是用金属的热胀冷缩原理制成的。它以双金属片作为感温元件,用来控制指针。双金属片通常是用两种膨胀系数不同的金属铆在一起。当温度升高时,膨胀系数大的金属牵拉双金属片弯曲,指针在双金属片的带动下就偏转而指向高温;反之,温度变低,指针在双金属片的带动下就偏转而指向低温。指针式温度计可以用来直接测量畜禽舍内外等各种热湿环境中的温度。具有测量范围宽,现场指针显示温度,直观方便,安全可靠,使用寿命长的优点。

图3-5　指针式温度计

3. 数字式温度计

图3-6　数字式温度计

数字式温度计采用温度敏感元件也就是温度传感器(如铂电阻、热电偶、半导体、热敏电阻等),将温度的变化转换成电信号的变化,然后再转换为数字信号,再通过LED、LCD或者电脑屏幕等将温度显示出来。数显温度计可以准确地测量温度,以数字显示,而非指针或水银显示,故称数字式温度计或数字温度表(图3-6)。使用数字式温度计检测空气温度时,应选择最小分辨率为0.1℃、测量范围为0~50℃、测量精度为±0.5℃的数字式温度计。

数字式温度计在使用过程中常常需要校正，方法为：将欲校正的数字温度计感温元件与标准温度计一并插入冰点槽中，校正零点，经5～10分后记录读数。再将欲校正的数字温度计或感温元件与校准温度计一并插入恒温浴槽中，分别在10 ℃、20 ℃、30 ℃、40 ℃、50 ℃时进行测量读数，即可得到相应的校正温度值。

（二）舍内温度的检测方法

1. 舍内温度检测点的布置

舍内温度检测点的布置可根据舍面积大小进行确定。如室内面积小于16米^2，测室内中央一点，取室内对角线中点（见图3－7a）。室内面积大于16米^2，但不足30米^{2}测2点。将室内对角线3等分，取其中2个等分点作为检测点：1，3或2，4两点均可（见图3－7b）。室内面积30米^{2}以上，但不足60米^{2}测3点。将室内对角线4等分，取其中3个等分点作为检测点：1. 2. 3，2. 3. 4，3. 4. 1，2. 1. 4点均可（见图3－7c）。室内面积60米^{2}以上的测5点。按舍内两对角线上梅花设点：D，1，2，3，4（见图3－7d）。

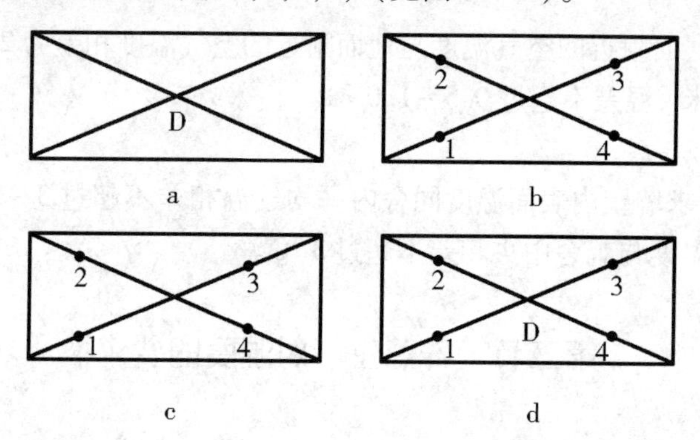

图3－7　舍内温度检测点的布置

2. 检测点的选择要求

除室内中央一点外，其余各点距离墙面应不少于0.5米。每个点又可设垂直方向3个点，即距离地面0.1米、1/2鸡舍高度和天棚下0.2米三处。

注意：测量仪表应放置在不受阳光、火炉或其他热源影响的地方，距离各类热源不应小于0.5米。

3. 检测时间

观测时间为每天的凌晨2点、上午8点、下午2点、晚上8点。

4. 检测步骤

①检测仪器根据室内面积不同按要求进行摆放，在等待 5 ~ 10 分温度稳定后进行读数，玻璃水银温度计按凸出弯月面的最高点读数；数字式温度计可直接读出数值。②读数应快速准确，以免人的呼吸和体热辐射影响读数的准确性。

5. 平均温度的计算

①舍内平均温度：各点的同一时刻的温度加在一起除以观测点数。②日平均温度：将同一点的凌晨 2 点、上午 8 点、下午 2 点、晚上 8 点的 4 个温度值相加除以 4 即是。③月平均温度：将每天的日平均温度相加除以本月天数即可得到。

(三)舍内温度分布状况评价

把测量得到的温度数据进行比较，对鸡舍的保温与隔热状况以以下标准进行评价：

1. 垂直方向

天棚和层面附近的空气温度与地面附近的空气温度相差为 2.5 ~3.0 ℃；或每升高 1 米，温差不超过 0.5 ~1.0 ℃。

2. 水平方向

冬季，要求墙壁内表面温度同舍内平均气温相差不超过 3 ~5 ℃，或墙壁附近的空气温度与鸡舍中央相差不超过 3 ℃。

第二节　养鸡生产对湿度的要求

一、湿度对鸡的影响

1. 繁殖

在适宜温度或低温环境中，空气湿度对鸡的繁殖活动影响很小。在高温环境中，增加空气湿度，不利于鸡的繁殖活动。

2. 生长和育肥

湿度对鸡的生长有一定影响，但单独评价它对育肥的影响是困难的，因为它往往是与环境温度共同作用的结果。气温、湿度过低对雏鸡羽毛生长不利。

3. 产蛋量

在适宜温度或低温环境中，空气湿度对产蛋量无显著影响。而在高温环

境中,空气相对湿度大,对产蛋量有不良的影响。冬季相对湿度80%以上,对产蛋有不良影响。产蛋鸡在生产中所能耐受的最高温度,随湿度的增加而下降。如相对湿度在75%和50%时,产蛋鸡耐受的最高温度分别为28 ℃和31 ℃。

二、鸡舍中空气湿度的来源与分布

鸡舍中空气的湿度是多变的,通常大大超过外界空气的湿度。密闭式鸡舍中的空气湿度常比大气中高很多。在夏季,舍内外空气交换较充分,湿度相差相对较小。鸡舍中空气湿度的来源主要有以下几个途径:鸡舍中的水汽主要来自口、体表面和呼吸道蒸发的水汽,这一部分占总量的70% ~75%;暴露水面和潮湿表面(潮湿的墙壁、垫草和堆积的粪污等),这一部分占总量的20% ~25%;通风换气过程中带入的大气当中的水分占总量的10% ~15%。

在标准状态下,干燥空气与水汽的密度比为1∶0.623,水汽的密度较空气小。在密闭式鸡舍的上部和下部空气湿度均较高。下部地面水分和鸡体表面的水分不断蒸发,轻暖的水汽很快上升,聚集在鸡舍上部。当舍内温度下降低于露点时,空气中的水汽会在墙壁、地面等物体上凝结,并深入进去,使得建筑物和用具变潮,保温性能进一步降低;温度升高后,这些水分从物体中蒸发出来,使空气湿度增高。鸡舍的天棚和墙壁长期潮湿,墙壁表面会生长绿霉,水泥墙灰会脱落,影响建筑物的使用寿命,增加维修保养的成本。

三、鸡舍内空气湿度的调控

在养鸡生产中,人们较为关注的环境因素有温度、空气质量、密度等,而湿度一般不被人们重视。事实上,鸡舍的湿度与鸡的健康和疫病的防止有着至关重要的联系。从动物的生理机能来说,50% ~70%的相对湿度是比较适宜的,但要保持这样的湿度水平较困难。因此,给出一个较宽泛的范围,以便于实际生产中进行控制。但鸡舍中的雏鸡舍的湿度易偏低,而若湿度过低,则对雏鸡影响较大,因而雏鸡舍的相对湿度标准范围较窄,一般为60% ~75%。

一般空气湿度对鸡生产的影响,主要是鸡舍防潮问题,特别是在冬季,是一个比较困难而又十分重要的工作。生产中,可结合下列这些措施,来减少舍内湿度。

1. 加大通风

只有通风才可以把舍内水汽排出,通风是减小湿度最好的办法;但如何通

风，则应根据不同鸡舍的条件采取相应措施，以下是几种加大通风的措施：

(1)增大窗户面积　使舍内与舍外通风量增加。

(2)加开地窗　相对于上面窗户通风，地窗效果更明显，因为通过地窗的风直接吹到地面，更容易使水分蒸发。

(3)使用风扇　风扇可使空气流动加强。

2. 减少用水

在对潮湿敏感的鸡舍(如产房、保育前阶段)，应控制用水，特别是尽可能减少地面积水。

3. 铺垫草

可以吸收大量水分，是防止舍内潮湿的一项重要措施。

4. 地面铺撒生石灰

舍内地面铺撒生石灰，可利用生石灰的吸湿特性，使舍内局部空气变干燥；另外，生石灰还有消毒功能。

5. 低温水管

低温水管也有吸潮的功能，如果低于20 ℃的水管通过潮湿的鸡舍，舍内的水蒸气会变为水珠，从水管上流下；如果舍内多设几趟水管，同时设置排水设施，也会使舍内湿度降低。

另外，降湿的方法还有很多，鸡舍内升火炉可以降湿，舍内用空调可以降湿，舍内加大通风量也可以降湿，控制冲洗地面次数和防止水管漏水也可以降低湿度等，鸡场可以根据自己的实际情况灵活采用。此外，应及时清除粪便，以减少水分蒸发。加强鸡舍保温，勿使舍温降至露点以下。

四、鸡舍湿度测量

在鸡生产环境调节中，空气的湿度与温度是两个相关的参数，它们对于鸡场环境控制具有同样重要的意义，空气的湿度高低会影响动物的舒适感。因此，必须对空气湿度进行测量和控制。

(一)常见的湿度测量仪器

在养鸡生产中，常用的湿度检测仪器有干湿球温度表和通风干湿球温度表等。

1. 干湿球温度表

干湿球温度表有普通干湿球温度表和通风干湿球温度表两种。

普通干湿球温度表(图3－8)由两支形状、大小、构造完全相同的温度计

组成，其中一支的球部包裹有湿润的纱布，为湿球温度计，另一支不包裹纱布，是干球温度计。在干湿球温度计的下部有一个水槽。

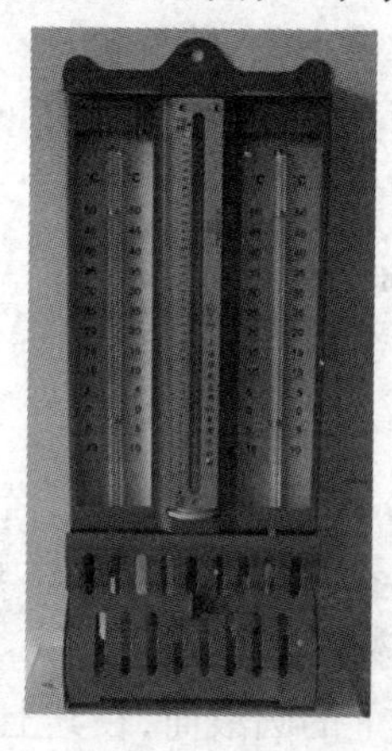

图 3－8 普通干湿球温度表

2. 通风干湿球温度表

通风干湿球温度表是由 2 支完全相同装入金属套管的水银温度计组成的（图 3－9），套管顶部装有一个用发条或电驱的风扇，启动后可抽吸空气均匀通过套管，使球部处于速度 >2.5 米/秒的气流中（电动可达 3 米/秒），水银温度计感温球部有双重辐射防护管，这样既可通风，又使温度表不受辐射热的影响，所以可获得较准确的结果。其中一支温度计的球部用湿润的纱布包裹，由

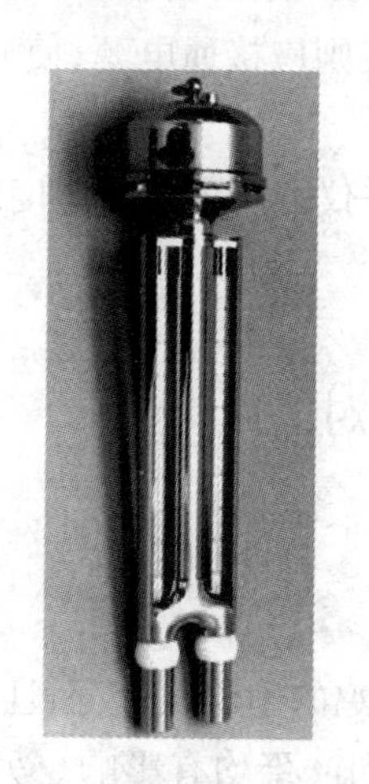

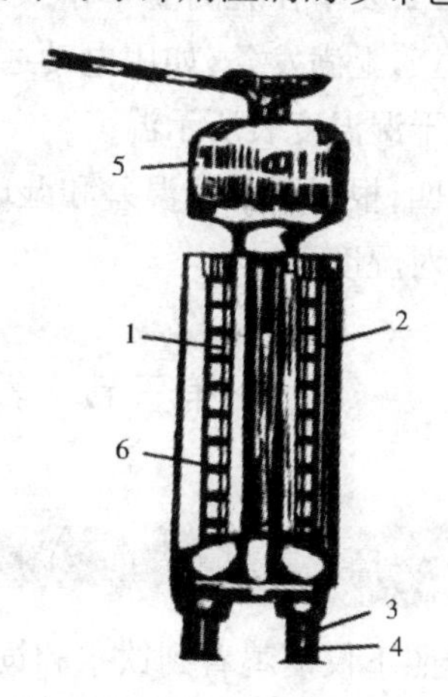

图 3－9 通风干湿球温度表

1、2. 干球和湿球湿度表 3、4. 双层护管 5. 通风器 6. 通风管道

于纱布上的水分蒸发散热,因而湿球的温度比干球温度低,其温差与空气湿度成比例,故通过测定干、湿球温度计的温度差,查相对湿度表可得测量点空气的相对湿度。

(二)湿度检测点的布置与要求及检测时间

同温度检测。

(三)舍内环境湿度的测定方法

1. 普通干湿球温度表测定法

第一,向普通干湿球温度表底部的水槽中倒入其体积的1/2~2/3的蒸馏水,使纱布充分湿润。

第二,将普通干湿球温度表固定于测定地点15~30分后,先读湿球温度,再读干球温度,计算两者的差数。

第三,转动干湿球温度计上的圆滚筒,在其上端找出干、湿球温度的差数。再在温度表竖行刻度找到实测的湿球温度,其与圆筒竖行干湿球温度差相交点的读数即观测点空气的相对湿度。

2. 通风干湿球温度表测定法

第一,夏季应在观测前15分,冬季在观测前30分,将仪器悬挂在观测点,使仪器本身温度与观测点一致。用蒸馏水送入湿球温度计套管盒,润湿温度计感应部的纱条。

第二,夏季在观测前4分,冬季观测前15分用吸管吸取蒸馏水湿润纱布。

第三,上满发条,如用电动通风干湿表则应接通电源,使通风器转动,5分后读取干湿温度表所示温度。

第四,根据干湿球温差和湿球温度,查仪器所附的温湿度表求得观测点空气的相对湿度。

第三节 养鸡生产对采光的要求

一、光照对养鸡生产的影响

光照不仅使鸡看到饮水和饲料,促进鸡的生长发育,而且对鸡的繁殖有决定性的刺激作用,即对鸡的性成熟、排卵和产蛋均有影响。另外,红外线具有热源效应,而紫外灯具有灭菌消毒的作用。

光照作用的机制一般认为禽类有两个光感受器,一个为视网膜感受器即

眼睛，另一个位于下丘脑。下丘脑接受光照变化刺激后分泌促性腺释放激素，这种激素通过垂体门脉系统到达垂体前叶，引起卵泡刺激素和排卵激素的分泌，促使卵泡的发育和排卵。

二、光照管理程序的原则和注意事项

光照太强不仅浪费电能，而且鸡显得神经质，易惊群，活动量大，消耗能量，易发生斗殴和啄癖。光照过弱，影响采食和饮水，起不到刺激作用，影响产蛋量。为了使光照度均匀，一般光源间距为其高度的 1～1.5 倍，不同列灯泡采用梅花形分布，注意鸡笼下层的光照强度是否满足鸡的要求。

1. 光照管理程序的原则

（1）育雏期　前 1 周或转群后几天可以保持较长时间的光照，以便鸡熟悉环境，然后光照时间逐渐减少到最低水平。

（2）育成期　每天光照时间应保持恒定或逐渐减少，切勿增加，以免光照刺激使鸡早熟。

（3）产蛋期　每天光照时间逐渐增加到一定数后保持恒定，切勿减少。

2. 注意事项

①根据不同的饲养方式制定不同的光照管理程序。②育雏第一周每天 23 小时，之后逐渐减少。育雏育成期每天的光照时间不得低于 6 小时，也不要超过 11 小时。③不得随意改变光的颜色、强度和时间，否则会引起产蛋突然下降。④进入产蛋期光照时间应逐渐增加，不能突然大量增加，一般一次增加 0.5～1 小时。⑤产蛋期每天光照一般以 15～16 小时为宜，最多不超过 17 小时。⑥开放式鸡舍日照不足时采用早、晚补充人工光照的办法解决。⑦产蛋最后几周光照可增加。

三、鸡舍常用光照方案

1. 环境控制鸡舍

环境控制鸡舍由于完全采用人工光照，所以光照程序比较简单。表 3－4 列出了褐壳蛋鸡的参考光照制度，其他类型的鸡可以在此基础上进行微调，基本程序不变。光照刺激并不是完全按周龄确定的，当以下任何一项达到时必须对鸡加以光照刺激：平均体重已达 20 周龄时平均体重标准；产蛋率自然达到 5%；鸡已经达到 20 周龄。

表 3－4　环境控制鸡舍的光照制度

周龄	光照（小时）	周龄	光照（小时）
1	22～23	21	12
2	18	22	12.5
3	16	23	13
4～17	8	24	13.5
18	9	25	14
19	10	26	14.5
20	11	27～72	15

2. 开放式鸡舍

开放式鸡舍的光照制度应根据当地实际日照情况确定。表 3－5 是北京北农大种禽公司提供的农大褐 3 号蛋鸡开放式鸡舍的光照制度，华北地区的鸡场可参考执行。

表 3－5　开放式鸡舍的光照制度

周龄	光照时间 出雏日期	
	顺季 4/5～25/8	逆季 26/8 至翌年 3/5
0～1	22～23 小时	22～23 小时
2～7	逐渐降到自然光照	逐渐降到自然光照
8～17	自然光照	恒定期间最长光照
18～68	每周增加 0.5～1 小时至 16 小时恒定	每周增加 0.5～1 小时至 16 小时恒定
69～72	17 小时	17 小时

3. 间歇光照

间歇光照就是把光照分为照明（记为 L）和黑暗（记为 D）两部分，反复循环。如肉鸡 24 小时光照，每小时 15 分光照 45 分黑暗，记为 24（15L∶45D）。也可以把一天的光照分为几段，如 1 小时光照，2 小时黑暗，反复循环 8 次，通常记为 8（1L∶2D）。

第四节　养鸡生产对通风的要求

一、通风对养鸡生产的影响

1. 生长和育肥

在低温环境中，增加气流速度，鸡生长发育和育肥速度下降。在适宜温度时，增加气流速度，鸡采食量有所增加，生长育肥速度不变。在高温环境中，增加气流速度，可提高鸡生长和育肥速度。例如，气温21.1～34.5 ℃时，气流自0.1米/秒增至2.5米/秒，可使小鸡的增重率提高38%。

2. 产蛋性能

在高温环境中，增加气流，可提高产蛋量。例如，在气温为32.7 ℃，相对湿度为47%～62%，风速由1.1米/秒提高到1.6米/秒，来航鸡的产蛋率可提高1.3%～18.5%。在30 ℃环境中，当风速从0米/秒增至0.8米/秒，产蛋率从81.9%增至87.2%。

适温、风速在1米/秒以下的气流对产蛋量无明显影响。低温环境中，增加气流速度，产蛋率下降。

3. 健康状况

在适温时，风速大小对动物的健康影响不明显；在低温潮湿环境中，增加气流速度，会引起关节炎、冻伤、感冒和肺炎等疾病，导致雏鸡死亡率增加。寒冷时对舍饲鸡应注意严防“贼风”。

4. 对散热的影响

主要影响鸡群的对流散热和蒸发散热，其影响程度因气流速度、温度和湿度而不同。在高温时，只要气温低于皮温，增加气流速度有利于对流散热；当气温等于皮温时，则对流散热的作用消失；如果气温高于皮温，则机体从对流中获得热量。但气流速度的增加，总是有利于体表水分的蒸发。所以一般风速与蒸发散热量成正比。在适温和低温时，气流使鸡体非蒸发散热量增大，大幅度提高鸡的临界温度。如果机体产热不变，因皮温和皮表的水汽压下降，皮肤蒸发散热量则减小。在低温时提高风速会使鸡冷应激加剧。

5. 对产热量的影响

在适温和高温时，增大风速一般对产热量没有影响；在低温时，气流可显著增加产热量。有时甚至因高风速刺激，使鸡群增加的产热量超过散热量，出

现短期的体温升高，而破坏热平衡。

二、鸡舍的通风方式

（一）自然通风

依靠自然风的风压作用和鸡舍内外温差的热压作用，形成空气的自然流动，使舍内外的空气得以交换。开放式鸡舍采用的是自然通风，空气通过通风带和窗户进行流通。

（二）机械通风

依靠机械动力强制进行舍内外空气的交换。一般使用轴流式通风机进行通风。

1. 负压通风

利用排风机将鸡舍内的污浊空气强行排出舍外，在建筑物内造成负压，新鲜空气从进风口自行进入鸡舍。负压通风投资少，管理比较简单，进入鸡舍的气流速度较慢，鸡感觉比较舒适，成为广泛应用于封闭鸡舍的通风方式，包括纵向通风和横向通风。

2. 正压通风

控制鸡舍环境的另一个但不太普遍应用的机械通风方法是正压通风。风扇将空气强制输入鸡舍，而出风口做相应调节以便出风量稍小于进风量而使鸡舍内产生微小的正压。空气通常是通过纵向安置于鸡舍全长的管子上的风孔而分布于鸡舍内的。

三、鸡舍热湿平衡与通风设计

鸡舍内有害气体的产生根据不同情况差异很大，难以准确计算。因此，设计时一般根据鸡舍热湿平衡的关系，来确定不同季节的鸡舍全面通风的必要通风量。这是确保鸡舍通风良好，维持适宜环境的关键。鸡舍通风设计需要有舍外气候的设计状态参数、舍内气候设计状态参数、鸡舍内产生和消散的热量和水汽等方面的资料。

（一）鸡舍热湿平衡

1. 显热平衡

冬季鸡舍内显热量的来源包括：鸡产生的显热量（Q_s）；由照明、电机、设备散发的热量（Q_m）；采暖散热器或热辐射器的补充热量（Q_h）。鸡舍内显热量损失包括：通过外围护结构的建筑耗热量（Q_w）；通风空气的显热损失

(Q_v);鸡舍内由于蒸发水分的显热量(Q_e)。

于是,鸡舍内热量平衡方程式可写成:

$$Q_s + Q_m + Q_h = Q_w + Q_v + Q_e W$$

鸡产生的显热量是指在舍内设计温度状态下,所饲养鸡的显热散发量,可查相关资料确定。

照明、电机、设备散发的热量(Q_m)可按下述数据估算:

白炽灯照明,3 600 焦/瓦·时;荧光灯照明,4 310 焦/瓦·时;小功率马达,5 660焦/瓦·时。

但 Q_m 一般相对比较小,通常可以加以忽略。

鸡舍采暖设备的供热量 Q_h 是散热器或暖风机等采暖设备在设计舍内气温下正常工作时所提供的热量,上述显热平衡方程式也是采暖设备的供热量 Q_h 的依据。

2. 湿度平衡

在鸡舍内,从鸡的体表以及鸡在呼吸过程中从呼吸器官的表面均会蒸发大量的水汽。此外,地面、粪坑、水槽及其他潮湿表面也会蒸发水汽。这些蒸发的水汽如积聚过多,将使舍内产生过高的湿度。必须及时排除舍内的多余水汽,使舍内相对湿度保持在不超过适宜的湿度范围。只有通过通风空气才能排除多余水汽。舍内冷表面上的冷凝水是不符合设计要求的,而且其数量也很小,一般予以忽略。

(二)鸡舍必要通风量的确定

在一年四季中,鸡舍通风的要求是各不相同的,冬季通风主要为了排除舍内多余的水汽量、二氧化碳和有害气体,但是与此同时,通风空气也会带走一定的热量,有可能使舍内温度低于鸡要求的适宜温度,以致影响其生产性能。在这种情况下就要考虑辅助采暖,为了节约能源,一般把冬季通风限制在排除水汽所必需的最低水平。夏季通风的重点是排除鸡舍内的余热,从生理上看,成年鸡一般比较耐寒而怕热,在鸡舍内积聚大量的多余热量是十分有害的,从环境调控的观点看,舍内温度低时可以利用鸡群产生的热量来补充,但是炎热气候下舍内多余的热量却是一个额外负担,消除多余热量要比补充热量更为困难。

由此可见,一年内最冷和最热时期是影响鸡舍通风量的两个不同的典型时期。在冬季,鸡舍通风系统主要考虑排除多余水汽,而尽可能少地带走热量,所以规定了鸡舍最小冬季通风量;在夏季,则应在节约能源的前提下,尽可

能排除多余热量，在鸡的四周造成一定的气流，使它有舒服感，所以要规定最大夏季通风量。上述这两个通风量是选择通风设备时最关心的参数。

1. 最大夏季通风量的确定

在夏季，鸡产生的热量必须以显热或潜热形式排出舍外，在高温环境下，鸡总生热量也相对比较少，而其中的较大部分被鸡以潜热形式直接消散了，余下的部分须以显热的形式由通风空气吸收或转化为潜热，排出舍外。

此外，在室外综合温度作用下，通过围护结构传入舍内的热量，主要取决于外围护结构的内表面温度的高低。在自然通风条件下，鸡舍外围护结构所受的热作用应按室内外双向谐波热作用来考虑。在密闭式鸡舍中，由于围护结构有一定的热惰性，舍内温度波动性远小于舍外温度波动，因此可简化为室外单向谐波热作用下的周期不稳定传热问题。

考虑到外围护结构受太阳辐射作用最强的屋顶，其次是东、西墙，根据计算经验，在外围护结构的传热量中，墙体部分相对于屋顶部分是很小的，忽略之后对计算结果的影响不大。所以在实际工程计算中，对于由围护结构传入舍内的热量，可忽略墙体部分而只计算经由屋顶传入的热量。

2. 最小冬季通风量的确定

在冬季，鸡舍通风系统应该排除多余的水汽，如果鸡舍通风换气量足以排除鸡呼吸和体表散发的水汽，一般也就能同时满足通风换气的其他功能，例如供氧、排除二氧化碳和氨等有害气体以及灰尘和臭味等。

冬季的室外设计温度应根据当地的气候条件来选择，按《采暖通风与空气调节设计规范》，应采用冬季通风室外计算温度，它是历年 1 月平均温度的平均值。当鸡舍需要提供补充热量时，则应采用采暖室外计算温度。

四、鸡舍通风的注意事项

（一）检查鸡舍的密闭性

不论冬季还是夏季，鸡舍密闭得好才能保障新鲜空气从符合设计要求的地方进入，前后端温差和昼夜温差不至于过大。尤其要检查中间的门口、刮粪板口、水帘与墙壁结合处、侧墙通风口等处，这些地方易形成漏风口。尤其在冬季，如果风由漏风口进入鸡舍，会造成冷风直吹鸡群。还要保证纵向通风的外界空气从鸡舍一端的两侧而不是一侧进入鸡舍，这样可以使舍内空气与外进空气充分混合，不至于产生贼风或死角风。

（二）关注舍内负压值

负压值也叫静态压力差值，即鸡舍内外大气压力差值。密闭性好的鸡舍，在关闭所有的进风口的情况下，启动排风机，鸡舍内的静态压力差值，即负压值必须能超过 29.88 帕。由负压形成的通风口的一定风速会因外界天气或昼夜温差的变化而改变，此时控制器会自动调整负压，但由于各种设施的配套和人为原因，会造成偏差。舍内负压过大会造成鸡舍前后风速不均匀、温度不均匀，造成舍内鸡群冷热应激。所以，在实际应用上，鸡舍负压不能超过 24.9 帕（通常是控制在 14.94～19.92 帕），还有与负压控制器连接的进气管一定要放在鸡舍外面，与大气压相连。把进气管放在鸡舍工作间是不对的，这看似微小的区别，实际上会影响对鸡舍实况的判断。另一方面，关注负压还要注意风机百叶窗开启角度，有的百叶窗密闭性好，可是开启不足 90°会影响风机排风效率。不管是何种原因造成的风机排风量不够，都会使水帘的过帘风速达不到要求，使得水帘降温效果大大地打折。

（三）调整风机水帘

一些地区在夏季昼夜温差过大或天气变化无常，此时段要采用横向通风与纵向通风相结合的混合通风，这样便于保证鸡舍温度不致变化过快。当舍内风机开启达到全部风机一半时，要由混合通风转变为纵向通风，使用纵向通风时一定要把侧墙通风口全部关闭。当舍内风机开启 1～2 个即可时，可以采用横向通风。水帘的开启和关闭也要与风机协调，当温度升高，先是加大通风量和风速，此时要观察鸡舍的温度，当温度继续升高（如 30℃）时，再开启水帘，水帘要逐渐打开。当水帘循环用水因与外界干热空气的热交换而升温时，降温效果会大打折扣。这多是因地下储水井（池）过浅，容量不大，要解决此问题，可以设计两个并联的储水井（池）交替使用，还要在水井（池）上方加搭遮阳网，在持续闷热高温时节，可以往水池里加冰块以降低水温。反之，当温度回落（如 27℃）时，要先关闭水帘，再逐渐减少风机开启台数。还要注意纵向、横向、混合通风模式的转换时机，这些转换的过程掌握不好，会使鸡舍内出现不良变温，影响鸡群。

（四）了解有效温度与体感温度

鸡群的上方空气流动可以产生对流冷却效应，贯穿鸡舍的整体空气流速会对鸡群产生风冷效应。鸡舍通风是否良好，温度是否适宜，不能只看温度计和温控器所显示的温度，要以鸡的体感温度为准。也就是说，要以观察鸡群的采食、饮水、鸣叫、卧息、精神状况为依据。一般说，鸡背的风速以 2～3 米/秒

为宜,超过3米/秒鸡就会出现不良症状,如腹泻等条件性疾病。鸡群所感受的温度也就是体感温度或可感温度是与温度计测量的温度不同的,风速越快,鸡的体感温度(低)与温度计记录值(高)差距越大,鸡的日龄越小等都会使风冷效应越大。例如,舍内截面1米/秒的风速,1日龄雏鸡感应降低温度为8℃,而35日龄的肉成鸡约为3℃。所以,只有把鸡舍的绝对温度和空气流动速度、鸡的日龄及密度、鸡舍外周环境、当地当时的天气、鸡舍建筑结构及材质等结合起来考虑,还要及时经常观察鸡群才能了解和掌握鸡的舒适健康程度。

(五)及时清洗和维护

鸡舍外的负压控制仪压力探头要及时清洗,以免粉尘等堵塞压力管,影响控制仪的准确性。压力探头要放在鸡舍外背风的地方,以防止刮风对控制仪的干扰。温度传感器要及时校正,在校正的时候,要把所有探头放进同一水桶里,依据水中的温度来校对准确,要保证水桶里的水接近环境中空气的温度。注意不要测量空气温度来校对,因为空气在运动中其温度会有几度的急速变化,这会影响校对效果。水帘的有效进风面积是其自身面积的70%,使用1~2年后就降低为40%~60%,进而影响降温效果。这主要是风沙、杂物、鸡毛等的堵塞。因此,要每月冲洗过滤器和水帘2次,要冲净杂物、生物膜,必要时可用清洗剂反复清洗。水帘循环用水也要及时更换,因为混浊的微生物繁衍的水质不仅影响降温效果,也对鸡舍环境与鸡群健康造成危害。比如,进入水帘的空气中可能携带霉菌孢子和有机物,孢子会在水帘垫纸上生长形成霉菌聚居,而且水帘在夜间较冷的时段会因停止供水而逐渐变干,这种变化客观上也为霉菌的繁殖提供了湿-干循环的适宜环境。在夏季过后,要把水池(水罐)的水放净掏干,盖严,防杂物灰尘进入。电机水泵移至室内以防冻坏。水帘纸垫要遮盖严实,防氧化损伤。

第五节　养鸡生产对密度的要求

一、饲养密度对鸡群的影响

饲养密度是一个重要环境因素,它反映舍内的密集程度,常用每只鸡所占鸡舍面积来表示。

目前大型集约化饲养的鸡场,为节省投资、提高鸡舍利用率,通常采用高

密度饲养。集约化生产中饲养密度对鸡生产的影响已逐渐受到人们的重视，饲养密度与鸡的生产力和健康状况紧密联系。饲养密度一方面影响鸡舍的空气卫生状况，另一方面，对鸡采食、饮水、睡眠、运动及群居等行为有很大影响，从而间接地影响鸡的健康和生产力。

舍内饲养密度越大，鸡散发的热量越多，舍内气温较高；饲养密度小，则室内气温较低。饲养密度越大，鸡吸排出的水汽越多，排粪量越大，舍内湿度也越高，同时，舍内的有害气体、微生物、尘埃数量也越多，空气卫生状况差。

饲养密度明显影响鸡采食、饮水活动和睡眠、排粪以及群居行为。饲养密度过大时，鸡的活动时间明显增多，休息时间减少，并随地排粪。饲养密度和群体过大时，鸡采食争斗行为增多，采食时间延长，影响生产力。适宜的饲养密度和群体大小对鸡的生长发育有利。

高饲养密度时，鸡攻击行为增加，疾病暴发的可能性迅速增加。高饲养密度时，为了争夺食物和地盘或缺乏有效的躲避空间，咬斗行为就更频繁，健康状况、生产力和饲料利用率则随之降低。同时，当有病原微生物出现时，高密度饲养的鸡群通过相互接触和接触病鸡的排泄物，可加速疾病的传播。

二、饲养不同阶段适宜的密度要求

（一）雏鸡

在饲养条件不太成熟或饲养经验不足的情况下，不要太追求单位面积的饲养量与效益。饲养密度过大，可能造成饲养环境的恶化，进而影响鸡生长与降低抗病力，反而达不到追求数量的目的，不同饲养方式的饲养密度见表3－6所示。

表3－6 蛋用雏鸡不同饲养方式下的饲养密度表

地面平养		网上平养		立体笼养	
周龄	只数/米^2	周龄	只数/米^2	周龄	只数/米^2
0～6	15～18	0～6	18～20	1～2	60
7～12	10～12	7～12	8～10	3～4	40
				5～7	34
				8～12	24

饲养密度与鸡舍结构与鸡舍控制环境的能力、饲养方式、舍内设施、饲养人员的技术水平、鸡的品种与季节等有关。饲养密度要灵活掌握。密度是否

适中，最终要看鸡群生长得是否均衡、健康。

表 3－7　蛋用雏鸡所需采食与饮水的位置宽度

周龄	食槽种类		饮水器种类	
	料槽	料桶	水槽	乳头饮水器
1～4	2.5 厘米/只	35 只/个	1.9 厘米/只	16 只/个
5～10	5.0 厘米/只	20～25 只/个	2.5 厘米/只	8 只/个

在饲养中不仅食槽与水槽长度应满足雏鸡的需要，还要注意放置合理，便于采食饮水，见表 3－7，一般应让雏鸡不出 1 米即能找到水料槽。

（二）育成鸡对饲养密度的要求

育成鸡对饲养密度的要求见表 3－8。

表 3－8　育成鸡对饲养密度的要求

	6～10 周龄	10～18 周龄
笼养（只数/米^2）	35	28
笼养（厘米^2/只）	285	350
平养（只数/米^2）	10～12	9～11
供料、料槽（厘米^2/只）	4	4
供水（只数/饮水乳头）	10	10
饮水乳头（数/箱）	2	2
水槽（厘米^2/只）	2	2

第六节　养鸡生产环境控制案例

一、种蛋保存的环境控制

1. 保存时间

种蛋保存 3～5 天孵化率最高，鸡蛋一般要求保存时间在 1 周以内，保存 1 周后的种蛋孵化率显著下降。最长不超过 2 周。储存期也受种群年龄影响，小日龄种蛋保存时间可以略长一些，大日龄种蛋最好不要超过 4 天。储存期延长所导致的孵化率下降与蛋失重有关，与胚胎发育程度无关。种蛋的耗氧率等于失水率，长期储存的种蛋不可能失去更多的水分来换回氧气，造成早

期死胚率增高。

2. 保存温度

种蛋保存的适宜温度为13～18℃，短期保存，采用上限，长期保存，采用下限。如果储存时间不超过3天，储存温度为20～23℃；保存4天，温度控制为15～18℃；保存1周，温度为13～15℃；保存2周，温度为10～13℃。蛋刚产出时，蛋温接近鸡的体温，为40℃左右，种蛋应逐渐降至保存温度，以免骤然降温影响到胚胎的活力，引起孵化率下降。种蛋在进入种蛋库前，要在缓冲间放置3～5小时，然后装入种蛋箱，放入种蛋库。不要直接暴露放入种蛋库。

3. 保存湿度

在保存的过程中，应尽量减少蛋内水分的蒸发。保存湿度以接近蛋的含水率为宜，适宜的保存相对湿度为75%～80%，过高的湿度会引起种蛋蛋壳发霉。

4. 适度通风

通风的主要目的是防止种蛋发霉，但是通风量过大会造成蛋内水分过度蒸发。因此，要做到适度通风。种蛋库进出气孔要通风良好，注意不能直接吹到种蛋表面。

二、孵化的环境控制

1. 温度

温度是家禽胚胎发育的首要条件。一般家禽孵化适宜的温度为37～38.5℃。不同禽种比较，种蛋越大，需要的孵化温度越低。鸡蛋孵化适宜温度为37.5～38.5℃，鸭蛋为37.3～38.1℃，鹅蛋为37.0～38.0℃。在生产中，根据孵化过程中温度的变化与否，可分为恒温孵化与变温孵化两种供温制度。变温孵化随胚龄增加逐渐降低孵化温度，符合胚胎代谢规律，适合生产中整批入孵温度控制。孵化室温度每升高10℃，孵化温度要降低0.4℃。孵化过程中，温度较高，鸡胚的发育加快，但雏鸡较弱，温度超过41.5℃，胚胎的死亡率迅速增加。温度较低，出雏时间延长，弱雏增多，温度低至24℃，30小时胚胎全部死亡。

2. 湿度

湿度与蛋内的水分蒸发与禽胚的物质代谢有关。孵化的早期，适宜的湿度可使胚胎受热均匀良好；孵化末期，提高湿度有利于散热和啄壳。孵化初期

相对湿度设定为60%～65%，孵化中期设定为50%～55%。出雏期相对湿度提高到70%～75%。湿度低，蛋内水分蒸发快，提前出壳，个体较小，容易脱水。湿度高，水分蒸发慢，延长孵化时间，个体较大，腹部较软。

3. 通风

通风的目的是为禽胚发育提供必需的氧气，排除代谢过程中产生的废气（主要是CO_2）。在孵化初期（鸡胚为1～7天），胚胎的气体代谢、交换较弱，可完全关闭进、排气孔（风门）；在孵化的中后期，随着胚龄的增加，需氧量增加很快，要逐渐打开气孔，加大通风量，落盘后全部打开。通风的要求，蛋周围二氧化碳（CO_2）的浓度不能超过0.5%，氧气含量不低于20%。否则会出现胚胎发育迟缓、胎位不正、死胚和畸形胚等现象。

4. 翻蛋

翻蛋就是改变种蛋的孵化位置和角度。翻蛋的目的有：①避免胚胎与蛋壳膜粘连。②保证种蛋各部位受热均匀，供应新鲜空气。③有助于禽胚的运动，促进发育。在孵化的早期翻蛋更为重要，落盘后停止翻蛋。蛋盘孵化时，每次翻蛋的角度以水平位置前俯后仰各45°为宜，每2小时翻蛋1次。

5. 晾蛋

禽胚发育至中后期，代谢产生大量热能，会使胚蛋实际温度超过设定温度（眼皮感温烫眼时），需要通过晾蛋来降低蛋温。晾蛋同时能排除代谢废气、提供充足的新鲜空气。鸡胚在夏季孵化的中后期，孵化容量大时，也要进行晾蛋。采用打开机门、关闭电热系统且风扇转动、抽出孵化盘甚至喷洒38℃温水等措施进行晾蛋。一般每天晾蛋1～2次，每次晾蛋15～30分，以蛋温眼皮感温温而不凉即可。

三、育雏的环境控制

1. 温度

温度与雏鸡体温调节、运动、采食和饲料的消化吸收等有密切关系。雏鸡体形较小，温度低，很容易引起挤堆死亡。育雏温度随季节、鸡种、饲养方式不同有所差异。高温育雏能较好地控制鸡白痢的发生，冬季防止呼吸道疾病的发生。1周龄以内育雏温度掌握在34～36℃，以后每周下降2～3℃，6周龄降至18～20℃。温度计水银球以悬挂在雏鸡背部的高度为宜，平养距垫料5厘米，笼养距底网5厘米。温度计的读数只是一个参考值，实际生产中要看雏鸡的采食、饮水行为是否正常。

雏鸡伸腿、伸翅、伸头,奔跑、跳跃、打斗,卧地舒展全身休息,呼吸均匀,羽毛丰满干净有光泽,证明温度适宜;雏鸡挤堆,发出轻声鸣叫,呆立不动,缩头,采食饮水减少,羽毛湿,站立不稳,说明温度偏低。雏鸡伸翅,张口呼吸,饮水量增加,寻找低温处休息,往笼边缘跑,说明温度偏高,应立即进行通风降温。降温时注意温度下降幅度不宜太大。如果雏鸡往一侧拥挤,说明有贼风袭击,应立即检查风口处的挡风板是否错位,检查门窗是否未关闭或被风刮开,并采取相应措施保持舍内温度均衡。

2. 湿度

雏鸡从高湿度的出雏器转到育雏舍,湿度要求有一个过渡期。第一周要求相对湿度为70%~75%,第二周为65%~70%,以后保持在60%~65%即可。育雏前期高湿度有助于剩余卵黄的吸收,维持正常的羽毛生长和脱换。干燥的环境中尘埃飞扬,可诱发呼吸道疾病。由于环境干燥易造成雏鸡脱水,饮水量增加而引起消化不良,生产中,应考虑育雏前期的增温(洒水、增加饮水器、火炉旁放置水盆)和后期的防潮措施(增加通风量、及时更换潮湿垫料、减少饮水器数量、适当限制饮水)。

3. 通风

通风的目的主要是排出舍内污浊的空气,换进新鲜空气,另外,通过通风可有效降低舍内湿度。自然通风主要靠开闭窗户来完成,机械通风要利用风机来完成。生产中,要特别注意冬季舍内的通风换气。密闭式禽舍通风量的要求:冬季每千只30~60米^3/分,夏季每千只120米^3/分。

4. 光照

育雏期前3天,采用24小时连续光照制度,光线强度为50勒(相当于每平方米15~20瓦白炽灯光线),便于雏鸡熟悉环境,找到采食、饮水位置,也有利于保温。4~7天,每天光照20小时,8~14天为16小时,以后采用自然光照。光线强度也要逐渐减弱。研究发现,红、绿光均能有效防止啄癖发生,但采用弱光更为简便有效。

5. 饲养密度

饲养密度的单位常用每平方米饲养雏鸡数来表示。在合理的饲养密度下,雏鸡采食正常,生长均匀一致。密度过大,生长发育不整齐,易发生啄癖,死亡率较高。饲养密度大小与育雏方式有关(表3-9)。

表 3-9　雏鸡饲养密度(每平方米饲养只数)

周龄	平面育雏	立体笼养
0~2	25	40
3~4	20	25
5~6	15	20

四、肉子鸡舍的环境控制

1. 温度

温度与肉子鸡成活率、生长速度、饲料转化率关系密切,适宜的温度可以保持良好的食欲。温度应尽量保持平稳,不可以忽高忽低,晚上要有值班人员,防止雏鸡受凉感冒。第一周 33~35℃,以后每周下降 3℃。

2. 湿度

第一周的相对湿度为 65%~70%,要有加湿措施,主要为洒水增湿。第二周后降为 55%~60%,要有降湿措施,比如加强通风,防止垫料超时,防止饮水器漏水。

3. 光照

连续光照制度:育雏前两天,每天 24 小时,以后每天 23 小时。强度逐渐减弱,保持鸡群安静,有利于增重,防止啄癖的发生。密闭式鸡舍采用间歇光照制度:1~2 小时开灯,2~4 小时黑暗间隙,每天总光照 8 小时。

4. 通风

按照每千克体重 3.6~4.0 米^3/时进行通风设计。气流速度 0.2 米/秒,夏季加大气流速度。注意处理好冬季通风与保温的关系,中午前后加强通风,夜间关闭门窗。

5. 饲养密度

合理的饲养密度可以保证采食均匀,提高生长的一致性。但冬季密度太小不利于保温,肉子鸡的饲养密度见表 3-10。

表 3-10　肉子鸡饲养密度

周龄	1	2	3	4	5	6	7
周末体重(克)	165	405	730	1 130	1 585	2 075	2 570
垫料地面(只/米^2)	30	28	25	20	16	12	9
网上平养(只/米^2)	40	35	30	25	20	16	11

五、育成期的环境控制

1. 光照控制

光照通过对生殖激素的控制而影响到家禽的性腺发育。育成期的生长重点应放在体重的增加和骨骼、内脏的均衡发育，这时如果生殖系统过早发育，会影响到其他组织系统的发育，出现提前开产，产后种蛋较小，全年产蛋量减少。因此，育成期特别是育成后期（10～18 周龄）的光照原则是，光照时间不可以延长，光照强度不可以增加。

育成期光照一般以自然光照为主，适当进行人工补充光照。每年 4 月 15 日至 8 月 25 日孵出的雏鸡，育成中后期正处于自然光照逐渐缩短的情况，符合光照原则，可以完全利用自然光照来控制性腺发育。而每年 8 月 26 日至翌年 4 月 14 日出雏的雏鸡，育成中后期处于自然光照逐渐延长的情况，这时要结合人工补充光照（每天定时开、关灯）使每天光照保持恒定时数，或者使光照时间逐渐缩短。密闭式禽舍，每天连续光照 8 小时，光照强度 10 勒。

2. 环境条件的控制

育成期舍内温度应保持在 15～30℃，相对湿度 55%～60%，注意通风换气，排除氨气、硫化氢、二氧化碳等有害气体，保证新鲜氧气的供应。另外，要做好育成禽舍的卫生和消毒工作，如及时清粪，料槽（盘）、饮水器的清洗消毒、带鸡消毒等。最后，还要注意环境安静，避免惊群。

六、肉种鸡的环境控制

环境条件对生长期肉种鸡的生长发育和健康影响很大，控制好环境是保证获得良好培育效果的重要保证。2 周龄内肉种鸡的环境控制要求，如表 3－11 所示。

表 3－11　2 周龄内肉种鸡的环境控制要求

日龄	光照时间*	光照强度（勒）	温度			整舍取暖时育雏室温度（℃）	相对湿度（%）
			使用育雏伞				
			育雏器下（℃）	围栏生活区*（℃）	围栏外		
0	24 小时	60	34～35	28	22～23	31～32	55～60
1	22 小时	60	34～35	28	22～23	30～31	55～60
2	20 小时	60	34～35	28	22～23	29～30	55～60
3	18 小时	40	34～35	27	22～23	28～29	55～60

续表

日龄	光照时间*	光照强度(勒)	温度			整舍取暖时育雏室温度(℃)	相对湿度(%)
			使用育雏伞				
			育雏器下(℃)	围栏生活区*(℃)	围栏外		
4	17 小时	30	31~33	26	22~23	28~29	55~60
5	16 小时	20	31~33	25	22~23	26~27	55~60
6	15 小时	15	31~33	25	22~23	26~27	55~60
7	14 小时	10	27~28	22~23	22~23	24~25	55~55
8	13 小时	10	27~28	22~23	22~23	24~25	50~55
9	12 小时	10	27~28	22~23	22~23	24~25	50~55
10	11 小时	5	27~28	22~23	22~23	24~25	50~55
11	10 小时	5	27~28	22~23	22~23	24~25	50~55
12	9 小时	5	27~28	22~23	22~23	24~25	50~55
13	8 小时	5	27~28	22~23	22~23	24~25	50~55
14	8 小时	5	27~28	22~23	22~23	24~25	50~55

*此处以全密闭鸡舍为例，其他类型鸡舍的光照时间请参照“光照计划”部分的论述。

1. 环境温度控制标准

对于 2 周龄前的雏鸡来说，由于其自身的体温调节机能尚不健全，需要为其提供适宜的环境温度以保证其健康和发育(表 3－11)。3 周龄后种鸡对环境的适应能力逐步提高，其对环境温度的要求见表 3－12。

表 3－12　生长及后备期肉种鸡的温度控制参考标准

周龄	3	4	5~7	7~24
鸡体周围温度(℃)	29~26	27~21	18~28	15~29
室内温度(℃)	22	20	18	18

在生产实践中除经常观察温度计所显示温度是否与标准相同外，还要注意观察鸡群的表现以确定温度控制是否得当，即看雏施温。在温度控制方面要注意避免由于加热设备问题造成的温度忽升忽降现象。

2. 光照控制

肉种鸡在生长期应饲养在密闭鸡舍或遮光鸡舍内。3~20 周龄内每天光照时间控制为 8 小时，光照强度以饲养人员能够看清饮水器内水的情况、料槽

内饲料情况即可。光照强度大或时间长都不利于鸡群的管理。从21周龄开始增加光照时间，每周递增1小时，27周龄达到每天照明时间15小时。

3. 通风换气

除最初7～10天主要考虑鸡舍的保温外，适当地通风是日常管理的重要内容，以保证鸡舍内有害气体的含量不超标。按标准，鸡舍内氨气含量不能超过20微升/升，硫化氢不能超过10微升/升。要求饲养人员进入鸡舍后无明显的刺鼻、刺眼感觉。低温季节通风时注意防止室温下降过多和避免冷风直接吹到雏鸡身体上。

4. 相对湿度

60%左右的相对湿度对于各个生理阶段的肉种鸡都是适宜的。生产中常见的问题是室内湿度偏高，这种情况容易造成寄生虫病、霉菌病的发生，也容易造成鸡舍内有害气体含量偏高；对于鸡体的体温调节也不利。因此，生产中需要考虑采取综合措施，降低室内湿度。

5. 饲养密度

1～2周龄为每平方米18～25只；3～6周龄为每平方米8～10只；7～16周龄每平方米5～6只；16周龄后每平方米4～5只为宜。密度大不利于鸡群的均匀采食，会影响群体发育的整齐度。

七、产蛋种鸡的环境控制

1. 温度管理

繁殖期优质肉种鸡鸡舍内的温度以15～25℃最为适宜，夏季要采取降温措施，尽可能使温度不超过30℃；冬季要采取加热或保温措施，使舍温不低于10℃。平时要关注天气预报，如果出现恶劣的天气则应提前采取防护措施。

2. 湿度控制

鸡舍内的相对湿度应控制在60%～70%。湿度高是繁殖期肉种鸡生产中常见的问题，夏季应加大通风量以缓解热应激和降低湿度；冬季定时通风，排出水汽。使用品质优良的乳头式饮水器是降低室内湿度的有效方法。

3. 通风换气管理

无论任何季节都应注意鸡舍的通风，保证舍内空气的新鲜，防止有害气体含量过高。尤其是冬季，不能因为保温而忽视通风，可以打开小风机或白天打开部分窗户进行通风，注意尽量不要使冷风直接吹到鸡身上。

4. 光照管理

鸡群性成熟前 2 周开始增加每天的光照时间，但是应根据鸡群发育情况适当调整，如果发育差则应推迟加光时间。

(1)加光方法　开始加光按照每周日光照时间增加 30 分，连续 3 周，第四周以后按每周 15～25 分的幅度增加，经过 7～9 周使每天光照时间达到 16 小时，此后保持稳定。

(2)光照强度　早、晚利用灯泡补光的光照强度以 25 勒为宜，程度为人员进入鸡舍后能够清晰地观察鸡群、饲料和饮水情况。白天利用自然光照，如果光线过强则需要在南面窗户采取适当的遮光措施。

(3)光线分布　光线分布要均匀，使各层笼内的鸡都能够接受到足够的光线刺激。

第七节　规模化养鸡环境调控技术的主要成就

一、离地饲养技术

以笼养和网上平养为代表的离地饲养技术，有效解决了鸡与粪便的直接接触问题，大大减少了鸡与病原微生物的感染与传播机会，从工程设施上保障鸡群健康生活所需的空间环境和卫生防疫条件，为工厂化高密度养鸡创造了基本硬件支撑。

二、光照调控技术

蛋鸡生产性能受光照影响大，光照会刺激鸡脑垂体释放促性腺激素，从而促进卵泡的成熟，并在促黄体生成素的作用下排卵。规模化养鸡场通过光环境的调控，打破了蛋鸡季节性生产的特性，实现了全年均衡生产。

三、畜用大风机及纵向通风技术

畜用低压大流量风机的开发应用，不仅保障了高密度养鸡所需的大量新鲜空气的有效供给，也节约鸡舍通风能耗 40%～70%。鸡舍纵向通风技术的研究与推广应用，使得鸡舍内的风速更为均匀，减少了舍内的通风死角，达到了有效排除污浊气体、除湿和降温的目的，为鸡群创造了良好的舍内环境条件。

四、湿帘蒸发降温技术

湿帘蒸发降温技术的开发应用，经济有效地解决了夏季炎热地区进行规模化养鸡的技术难题。湿帘蒸发降温加上纵向通风气流组织模式，普遍解决了夏季高温减产和死淘率增加的问题，这是现代养鸡环境调控技术的一项重要突破。

五、简易节能鸡舍建设技术

简易节能鸡舍建设技术是具有我国特色的鸡舍建设技术，采用地窗的扫地风和檐口的亭檐效应，有效地加强了开放式鸡舍的夏季通风效果。这种经济节能型鸡舍的研究开发，加速了我国蛋鸡产业的发展，使现代蛋鸡生产技术快速推广到全国鸡场和农户，成为世界蛋鸡生产大国。

六、乳头饮水技术

乳头饮水器的研究开发成功，解决了规模化养鸡用水槽饮水所引发的交叉感染和减少用水量与污水排放量的问题，为保持舍内鸡粪干燥和维持舍内良好的空气质量环境起到了重要作用。

七、粪污处理技术

鸡粪的有效收集、运输和无害化处理与利用问题，一直是规模化养鸡环节中未能圆满解决的关键技术难题。尽管在处理技术上进行了大棚发酵、高温干燥、沼气处理等多种模式和技术的研究开发，但基本还没有达到让规模化养鸡企业可以满意的成熟技术。其最终解决方案应该是走向生态型农牧结合的循环农业之路。

第八节　我国规模化养鸡环境调控技术的发展方向

一、加速我国特色的健康养鸡工程工艺模式的研究开发

我国发展规模化养鸡的30年来，在引进、消化、吸收世界先进养鸡技术方面进行了大量的工作，包括国外几乎所有先进的品种的引进、饲料营养、兽药疫苗与防疫、环境控制、设施设备、饲养管理等各方面都有了长足的进步。但

是，针对我国自然条件和养鸡特色方面研究开发得还不够，尤其在规模化养鸡环境控制和我国特色的现代养鸡工程技术体系的标准化、成套化、系列化方面还基本没有形成，这与我国规模养鸡产业发展的大国地位不相匹配。尤其在我国当前加速新农村建设和城镇化发展的进程中，普遍面临的规模养鸡产业的格局变化和空间重新定位问题，急需研究开发新型的符合我国国情特色的健康养鸡清洁生产工程工艺模式。从提升我国养鸡产业、保障国民对肉蛋膳食品位需求的角度出发，研究筛选和选育适合我国不同层次和区域产业发展需求的品种目标，并以相应品种特性为基础，研究开发标准化的我国特色健康养鸡环境控制与配套工程设施设备，真正推出具有我国品种特色的现代养鸡工程工艺模式。

二、加强现代养鸡环境控制与节能减排技术的研究开发

在现代养鸡的环境控制技术方面过去主要在鸡舍热环境的控制方面进行了一些研究，在节能技术方面还有很多工作要做。例如我国目前用的风机主要适合低通风阻力条件下的墙排风，在较高的饲养密度和较多设备条件下，现行低压大流量风机的通风效率明显降低。因此，研究开发畜用风机方面已经与发达国家有明显差距，据农业部设施农业生物环境工程重点开放实验室测试，至少有 20% 的通风系统节能潜力可挖。相关通风设备制造企业应该看到这方面的差距，并着力开发畜用节能风机系列。在畜舍进风口设备开发方面，我国也进展缓慢，结合我国的鸡舍建筑形式开发配套的可调控进风口，不仅有利于环境控制的节能，更可提高冬季通风系统的调控效果。此外，在养鸡工程防疫技术研究开发方面还有待重视，这是鸡场疫病防控的重要环节。例如，可利用新型中性电解水的高效光谱杀菌效果，研究开发鸡舍空气质量和微生物控制的新型消毒系统、车辆及人员消毒装置等。

三、加强养鸡环境领域的基础研究及现代信息技术的应用研究开发

我国鸡舍的环境控制技术目前总体上还比较粗放，尤其对现代高产性能的鸡种，对环境变化的适应性很差，如舍内的温差变化等超过一定幅度，其高产性能就较难表现出来。对不同的环境参数进行综合调控，难度就更大。主要原因是我国长期以来缺少对畜禽环境的基础研究与相关环境数据库的建立。尤其是缺少针对我国特色鸡种的环境生物学基础研究，如这些鸡在不同环境条件下的生理反应、行为特性、应激机制及健康与生产性能的影响规律

等。因此,一方面急需加强现代引进鸡种在我国的环境适应性及在我国环境条件下的自身产热产湿量等基础参数的研究测试,加强畜禽环境参数的基础数据库的研究与建立;另一方面,迫切需要加强对我国特色鸡种的环境参数研究测试,尤其是对鸡的环境生理、环境行为及环境健康等方面的研究。此外,要继续加强信息技术、网络技术等在养鸡环境控制中的应用研究,建立鸡的全程环境识别与控制模型,利用图像技术等尽量减少人员干扰,实现养鸡环境控制的精准化、高效化。

第四章　现代养鸡生产设备与设施

科技的不断进步,促进了养鸡业集约化程度的提高。在发达国家,一个人可以管理几万只蛋鸡或者十几万只肉鸡,这得益于养鸡生产工艺的提高,设备配套的完善。与传统养鸡相比,集约化养鸡生产工艺需要现代化科学技术的支持。我国的养鸡业在经历了"后院养鸡"、国有养鸡、个体户养鸡等阶段后,逐渐向规模化方向发展。随着动物福利要求呼声的日益提高,蛋鸡饲养的方式正由过去普遍采用的平养、笼养方式,逐渐向栖架式立体饲养等新的生产方式转变。新的生产模式对新的技术装备、环境控制技术等有了更多的要求。现代蛋鸡的生产以其特有的工艺、环境、建筑、设备等的投入,使鸡群的生产潜力得以进一步发挥,使蛋鸡养殖专业户或企业的经济效益、社会效益和生态效益明显提高,并推进现代蛋鸡养殖业的迅速发展。虽然现代蛋鸡生产的集约化、规模化、自动化程度有提高,但设施设备配套对生产有着重要的影响,并也对环境、疾病防疫造成影响。

第一节 采食、饮水设备

一、采食设备(图4-1)

鸡的采食设备又叫鸡的料槽,主要包括以下几种类型:

1.“开食”盘(图4-1)

专供雏鸡用的“开食”盘有方形、圆形、长形等形状。市场出售的多数是塑料制品。圆形“开食”盘直径70~100厘米,边缘高3~5厘米。每个“开食”盘可供约100只雏鸡5~7天使用。因为只能使用5~7天,时间较短,有的养鸡户不用“开食”盘,用塑料膜、牛皮纸等代替。喂食时铺开,喂后收起,刷洗后再用。

图4-1 左为圆形“开食”盘,右为长方形“开食”盘

2. 条形料槽

条形料槽的槽口两侧边缘向内弯入1~2厘米,或在边缘口嵌1.5~2厘米厚的木板,以防鸡将饲料勾出。中央装一个能自动滚动的圆木棒或铁丝,防止鸡站在槽内排粪而污染饲料。不少养鸡专业户采用直径为8~14厘米的毛竹,制成口面宽为6~11厘米的大小不等的料槽(图4-2),下方加固定架,适用于大、中鸡和雏鸡饲用。

图4-2 简易条形料槽

条形料槽大小和高度应根据鸡的大小而定。肉用鸡应占有的槽位:1 ~2 周龄为4 ~5 厘米,2 ~4 周龄为6 ~7 厘米,6 ~8 周龄为8 ~10 厘米。食槽高度以料槽边缘高度与鸡背高相同或高出鸡背2 ~4 厘米为度。

3. 圆形料桶

圆形料桶由一个锥状无底圆桶和一个直径比圆桶大6 ~8 厘米的浅底盘组成。浅底盘边缘口面的高度一般为3 ~5 厘米。圆桶与底盘之间用短链或支架相连,可调节桶与盘之间的间距。底盘正中央突出一锥形体,底面直径比圆桶底口小3 ~4 厘米,以便饲料自上而下向浅盘四周滑散。这种桶加一次饲料可供鸡采食半天到1 天。悬挂高度以底盘口面线高于鸡背线1 ~3 厘米为宜。目前,市场上有用塑料制成的大、中、小不同类型的料桶(图4 –3),适宜于各种不同类型的鸡使用,最适宜于肉用鸡采食干粉料或颗粒饲料。

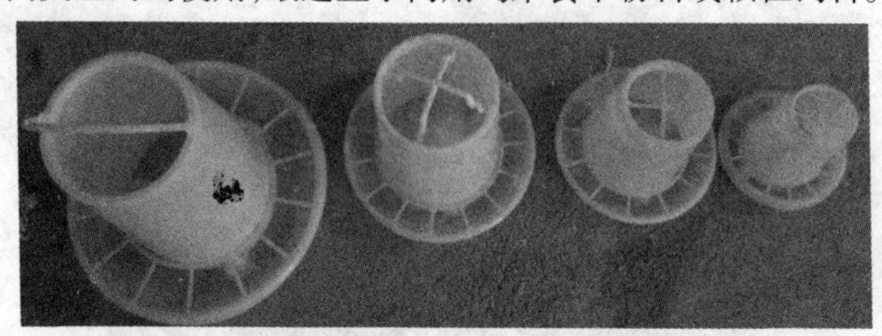

图4 –3　吊桶式圆形料槽

4. 机械喂料系统

在鸡的饲养管理中,喂料耗用的劳动量较大,因此大型机械化鸡场为提高劳动效率,采用机械喂料系统。喂料系统包括储料塔、输料机、喂料机和饲槽等4 个部分。储料塔放在鸡舍的一端或侧面,用来储存该鸡舍鸡的饲料。它用厚1.5 毫米的镀锌钢板冲压而成。其上部为圆柱形,下部为圆锥形,圆锥与水平面的夹角应大于60°,以利于排料。塔盖的侧面开了一定数量的通气孔,以排出饲料在存放过程中产生的各种气体和热量。储料塔一般直径较小,塔身较高,当饲料含水量超过13%时,存放时间超过2 天后,储料塔内的饲料会出现“结拱”现象,使饲料架空,不易排出。因此储料塔内需要安装破拱装置。储料塔多用于大型机械化鸡场,储料塔使用散装饲料车从塔顶向塔内装料或者如图4 –4 所示,由饲养加工车间直接通过输料线将料打到料塔里。喂料时,开启上料开关,饲料通过输料机被送往鸡舍的喂料行车,再由喂料行车将饲料均匀散布食槽,供鸡采食。图4 –5 为喂料行车上料和喂料过程。

图 4－4　饲料加工车间、输料线和储料塔（来自四川正鑫农业科技）

图 4－5　喂料行车

二、饮水设备

饮水设备分为以下 5 种：乳头式、吊塔式、真空式、杯式和水槽式。雏鸡开始阶段和散养鸡多用真空式、吊塔式和水槽式饮水器，笼养鸡现在趋向使用乳头饮水器。

1. 乳头饮水器

乳头饮水器（如图 4－6）不易传播疾病，耗水量少，可免除刷洗工作，提高工作效率，已逐渐代替长流水水槽，但制造精度要求较高，否则容易漏水。杯式饮水器供水可靠，不易漏水，耗水量少，不易传播疾病，但是鸡在饮水时经常将饲料残渣带进杯内，需要经常清洗。

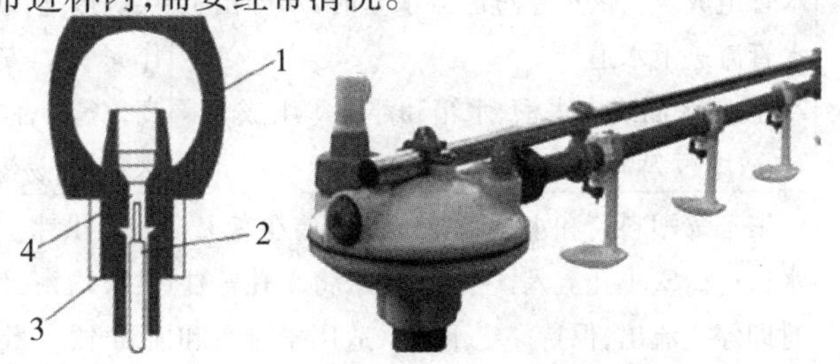

图 4－6　乳头饮水器结构及其布置

1. 塑料水管　2. 阀心　3. 阀体　4. 阀座

饮水系统还包括前端的水源连接装置(图4-7),常用的水源连接装置包括:①过滤单元,用以防止乳头阻塞。②水压表,鉴别水过滤单元的污染程度。③水龙头,可以单独取水,方便日常的用水需求。④水表,精确控制耗水量。⑤加药器,通常与分流装置连接,用于日常饮水给药。各种饮水系统性能及优缺点见表4-1。本项目中的生产案例选用的饮水器都为带滴水杯的乳头式饮水器,其底座有不锈钢和塑料之分,并且水嘴现在的设计有360°旋转的和只能上下活动两种。用户可以根据需求自行选择。例如,对于雏鸡或者小母鸡,可以选用可以360°活动的水嘴,方便鸡使用;而对于产蛋鸡而言,为了避免溅洒造成的浪费,可以选取只能垂直上下的弹簧型乳头。

图4-7 鸡舍水源连接装置

表4-1 各饮水系统的主要部件和性能

名称	主要部件及性能	优缺点
水槽	1. 长流水式由进水龙头、水槽、溢流水塞和下水管组成。当供水超过溢流水塞时,水即由下水管流进下水道 2. 控制水面式由水槽、水箱和浮阀等组成 3. 适用短鸡舍的笼养和平养	结构简单。但耗水量大,疾病传播机会多,刷洗工作量大。安装要求精度高,长鸡舍很难水平,供水不匀,易溢水
真空饮水器	由聚乙烯塑料筒和水盘组成。筒倒装在盘上,水通过筒壁小孔流入饮水盘,当水将小孔盖住时即停止流出,保持一定水面。适用于雏鸡和平养鸡	自动供水,无溢水现象,供水均衡,使用方便。不适于饮水量较大时使用,每天清洗工作量大

续表

名称	主要部件及性能	优缺点
吊塔式饮水器	由钟形体、滤网、大小弹簧、饮水盘、阀门体等组成。水从阀门体流出，通过钟形体上的水孔流入饮水盘，保持一定水面。适用于大群平养	灵敏度高，利于防疫，性能稳定，自动化程度高。洗刷费力
乳头式饮水器	由饮水乳头、水管、减压阀或水箱组成，还可以配置加药器。乳头由阀体、阀芯和阀座等组成。阀座和阀芯是不锈钢制成，装在阀体中并保持一定间隙，利用毛细管作用使阀芯底端经常保持一个水滴，鸡啄水滴时即顶开阀座使水流出。平养和笼养都可以使用。雏鸡可配各种水杯	节省用水，清洁卫生，只需定期清洗过滤器和水箱，节省劳力。耐用，不需更换。对材料和制造精度要求较高。质量低劣的乳头饮水器容易漏水

2. 吊塔式饮水器

吊塔式饮水器又称自流式饮水器、普拉松饮水器（图 4－8），属节水型饮水器，故障少。它的优点是不妨碍鸡的活动，工作可靠，不需人工加水。它主要用于平养鸡舍。由于其尺寸相对较大，除了群饲鸡笼有时采用外，一般不用于笼养。吊塔式饮水器由吊索、进水软管、弹簧阀门和饮水盘等组成，吊塔式饮水器的水压有低压和高压两种，低压饮水器的最大压力为 69 千帕，一般需设一水箱，水箱安置高度为 2.4～3.6 米。高压饮水器的最大压力为 343 千帕，可直接与自来水管连接。国产吊塔式饮水器饮水盘的直径为 29～38 厘米，盘深 3.6～3.8 厘米。能供育成鸡 100～120 只，或产蛋鸡 80～140 只，或肉鸡 120～190 只用。在平养肉鸡舍内饮水器与食槽之间的距离不超过 1.5 米。

图 4－8　吊塔式饮水器及其使用

3. 真空式饮水器

真空式饮水器常用塑料制成，由水筒（圆桶）和水盘两个部分组成，其结

构见图4-9。水筒倒装在盘中部，并由销子定位，使筒下部壁上的孔与盘中部槽上的孔相对，筒内的水通过孔流到盘中的环槽内，当水将孔堵住时，空气不再进入，筒内形成真空，水即停止流出，因此可保持盘内水面高度不变。真空式饮水器主要用于平养雏鸡，一个盘直径为160~230厘米，真空饮水器可供50~70只雏鸡饮用。

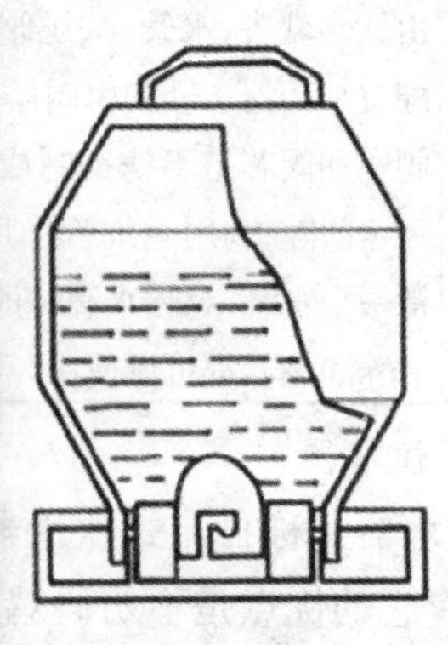

图4-9 真空式饮水器及其结构

4. 杯式饮水器

杯式饮水器由阀帽、挺杆、触发板和杯体等部分组成(图4-10)。当水杯与水管接通时，由于水压作用，将阀帽封闭。当鸡饮水时啄动触发板即自动进水，并使杯内保持一定水位。饮水杯的进水效果取决于水压是否适宜。当水压过高时，阀帽不易推开；反之，水压过低，阀帽又不易密闭，造成溢水。使用

图4-10 杯式饮水器

这种饮水器能减少水的污染,并能节水。但对水质要求高,要特别清洁,不能混入杂物使挺杆卡死,造成阀帽关闭不严。选购时,一定要注意产品质量,并应按产品说明书认真安装。在饮水杯与水管连接处,应有一定的距离要求,否则使用时会出故障。蛋鸡生产中采用此种饮水器的不多。这种饮水器结构复杂,造价高,阀很难保证不漏水,所以在我国的鸡场中很少采用这种饮水器。

5. 槽式饮水器

水槽式供水有两种:一种是长流水。长流式水槽饮水器(图 4－11)是由镀锌铁皮制的水槽,水槽断面为"U"形或"V"形,宽 45～65 毫米,深 40～48 毫米,水槽始端有一经常开放的水龙头,末端有一出水管和溢流水塞。当供水量超过用水量而使水面超过溢流水塞的上平面时,水即从其内孔流出,使水槽始终保持一定水面。清洗时将溢流塞取出即可放水。

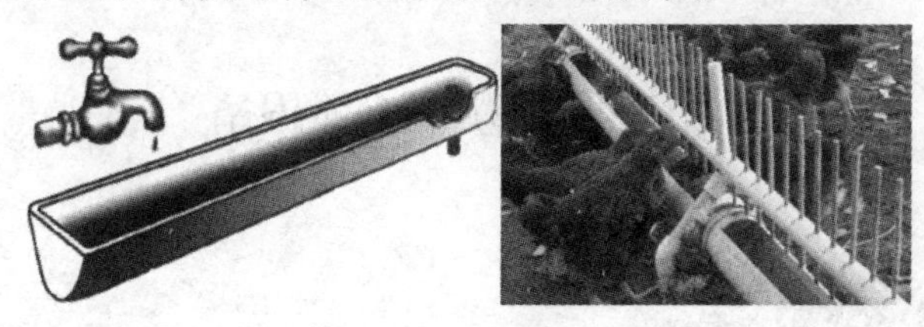

图 4－11 长流水槽式饮水器

另一种是浮子式水槽饮水器(见图 4－12),在国外常用于平养鸡舍。为了不妨碍鸡的活动,水槽长度为 2 米。槽宽 60～70 毫米,槽深 40～45 毫米,

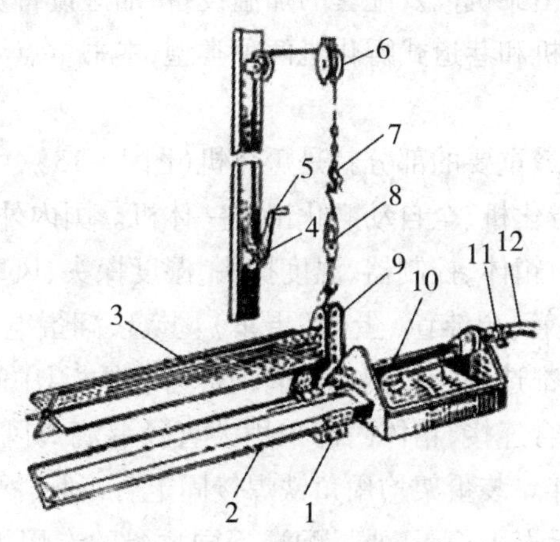

图 4－12 浮子式水槽饮水器

1. 托架 2. 水槽 3. 防栖轮 4. 绞盘 5. 手柄 6. 滑轮 7. 吊环 8. 张紧器 9. 支板 10. 浮子室 11. 软管卡 12. 软管

常装在鸡舍中央横向排列。国外的这类水槽常由搪瓷铁或不锈钢制作，由支柱支持或悬吊于一定高度，高度可在50～400毫米调节。在鸡舍高处安有主水管，由软管接入主水管一头，另一头接入水槽一端的接头，接头与水槽之间为浮子装置，可以控制水。利用浮子可使水槽的水面离槽底高度保持在25～30毫米。水槽可在多点由绳索吊起，可用绞盘4调整水槽高度，并可用张紧器8和吊环7调整槽的水平。水槽上方有防栖轮3，以保持水槽内的清洁，根据鸡生长的大小，防栖轮3的轴可插在支板9上的不同孔内回转以方便鸡喝水。

槽式饮水器是一种最普通的饮水装置，其优点是结构简单，供水可靠；缺点是水易被污染，需定期清洗，水量消耗较大，安装时对水平度的要求较高。

第二节　孵化、育雏设备

一、孵化设备

孵化设备是人工模拟自然孵化状态下的温度、湿度、通风以及翻蛋等，为鸡种蛋的胚胎正常发育提供适宜环境的设备，是指孵化过程中所需物品的总称，它包括孵化机、出雏机以及配套的加温设备、加湿设备及各个测量系统等。孵化机有箱式孵化机和巷道式孵化机两种类型，本书重点介绍孵化机。

1. 箱式孵化机

组成孵化设备最重要的部分就是孵化机（图4－13），可分为小型孵化机、中型孵化机、大型孵化机、全自动孵化出雏一体机。国内外生产的孵化机的结构基本大同小异，由箱体、控制器、温度探头、湿度探头、风扇、加热管、排气扇、通风孔、水盘、加湿管、出雏筐、蛋架（蛋车）、蛋盘、翻蛋电机、行程开关、灯口等组成。箱体一般都选用彩塑钢或玻璃钢板为里外板，中间用泡沫夹层保温，再用专用铝型材组合连接，箱体内部采用大直径混流式风扇对孵化设备内的温度、湿度进行搅拌。装蛋架均用角铁焊接固定后，利用涡轮涡杆型减速机驱动传动，翻蛋动作缓慢平稳无颤抖，配选不同禽蛋的专用蛋盘，装蛋后一层一层地放入装蛋铁架，根据操作人员设定的技术参数，使孵化设备具备了自动恒温、自动控湿、自动翻蛋与合理通风换气的全套自动功能，保证了受精禽蛋的孵化出雏率。

使用数模糊电脑控制系统的孵化机,可实现温度、湿度、风门联控,减少了温度场的波动,合理的负压进气、正压排气方式,使进风口形成负压,吸入新鲜空气,经加热后均匀搅拌吹入孵化蛋区,最后由出气口排出。孵化厅环境温度偏高时,冷却系统会自动打开,实施风冷,风门也会自动开到最大,加快空气的交换。全新的加热控制方式,能根据环境温度、机器散热和胚胎发育周期自动调节加热功率,既节能又控温精确。有两套控温系统,第一套系统工作时,第二套系统监视第一套系统,一旦出现超温现象,第二套系统自动切断加热信号,并发出声光报警,提高了设备的可靠性。第二套控温系统能独立控制加温工作。该系统还特加了加热补偿功能,最大限度地保证了温度的稳定。加热、加湿、冷却、翻蛋、风门、风机均有指示灯进行工作状态指示;高低温、高低湿、风门故障、翻蛋故障、风扇断带停转、电源停电、缺相、电流过载等均可以不同的声讯报警;面板设计简单明了,操作使用方便。

图 4－13　孵化机

孵化机的安装环境要干净,墙壁要光滑,地面要用水泥抹平,这样便于打扫和消毒。房间内温度要保持在 15～30℃,空气相对湿度保持在 30%～90%。孵化机使用的是 220 伏交流电。要接好地线,以保证用电安全。备用电瓶要求是 12 伏,100 安时,将从孵化机出来的红线接到电瓶的“＋”极,绿线接到“－”极。

2. 巷道式孵化机

目前国内较为先进的孵化机型为巷道机(图 4－14),此机型集中了三大优点:省电、省地、省人工。适合于大中型种禽企业。巷道机受人为因素影响较小,但对技术人员和电工的素质要求较高,工作流程简单明了,便于操作,适应工厂化、规模化的孵化生产。巷道式孵化机风扇按照各自特定的方向运转,强迫气流从入口顶端经由出口端,蛋车通道进行循环,形成“O”形气流。这种独有的空气搅拌方式可为机内不同胚龄的种蛋提供适宜的温度条件,并可将孵化后期胚蛋产生的热量加热前期种蛋,与箱体机相比,同

等蛋位下，巷道机总节能达80%以上。巷道式孵化机的占地面积比箱体机要节省40%左右，大大地节约了孵化厅的投资成本。巷道式孵化机由于其上蛋的方式为3天或4天分批连续入孵，箱体内就存在不同孵化时期的种蛋，巷道机内温度场就会呈区域性变化，属典型的变温孵化过程。控制温度点位于出口处，通过调整它的高低（即改变设定值的大小），可控制各蛋区温度升高或下降。

图4-14 巷道式孵化机及孵化厅

3. 孵化机的选购

选购孵化机时，应考虑以下几个方面：①孵化率的高低是衡量设备好坏的最主要指标，也是许多孵化场不惜重金更换先进孵化设备的主要原因。机内的温度场应该均匀，没有温度死角，否则会降低出雏率；控温精度，汉显智能要好于模糊电脑，模糊电脑要好于集成电路。②机器使用成本，如电费及维修保养费用等。③电路设计要合理，要有完善的老化检测设备。另外，整机装完后应老化试验一段时间，检测后才能出厂使用。④售后服务好。一是服务的速度快；二是服务的长期性。应尽可能选择规模较大、发展势头好、能提供长期服务的厂家。⑤使用寿命长。使用寿命主要取决于材料的材质、用料的厚薄及电器元件的质量，选购时应详加比较。另外，产品类型也是选择孵化机时应特别注意的方面。

出雏机就是受精卵经过孵化机一段固定时间的发育，已在蛋壳内发育生长成生命的雏形，再在人工作用下，破壳生产出小雏的机器。

4. 孵化配套设备

蛋具有透光性。借助光照可以鉴别种蛋质量的鲜陈优劣、观察蛋在孵化过程中器官发育变化的进程。

(1)照蛋器　照蛋器由一个照蛋灯电源和两个照蛋灯头组成(图4-15)，适用鸡、鸭、鹅蛋的各孵化阶段的照蛋。

图 4－15　照蛋器

(2)照蛋箱　照蛋箱箱体长 30～50 厘米,宽 25 厘米,高 30 厘米左右(图 4－16),有电源的地区用 100 瓦灯泡做照蛋箱光源,在对准光源的部位挖一直径约 2.5 厘米的照蛋孔,可以自制。

图 4－16　照蛋箱

二、育雏设备

育雏阶段是鸡一生中最为关键的一个时期。这个阶段雏鸡对环境的要求较高,特别是对温度要求十分严格,否则极易造成较高的死亡率。所以除了育雏笼具之外,还应该配备相应的加温设备。

1. *叠层式电热育雏笼*

电热育雏器由加热育雏笼、保温育雏笼和雏鸡运动场 3 部分组成,每部分都是独立的整体,可以根据房舍结构和需要进行组合。如采用整室加热育雏,可单独使用雏鸡运动场;在温度较低的地方,可适当减少运动场,而增加加热

和保温育雏笼,电热育雏笼的规格一般为4层,每层高度330毫米,每笼面积为1 400毫米×700毫米,层与层之间是700毫米×700毫米的承粪盘,全笼总高度1 720毫米。通常每架笼采用1组加热笼、1组保温笼、4组运动场的组合方式,外形总尺寸为高1 720毫米,长度4 340毫米,宽度1 450毫米。育雏笼的设备(图4-17)配置包括笼具本身、首架、尾架、自动喂料系统、自动清粪系统、乳头饮水系统。采用层叠式育雏笼进行饲养,舍饲密度高、占地面积小、节约土地(比阶梯式节约用地70%左右)、集约化程度高、经济效益好。

图4-17　层叠式自动化育雏笼

2. 电热育雏伞

电热育雏伞的伞面由隔热材料组成,表层为涂塑尼龙丝伞面。保温性能好,经久耐用。伞顶装有电子控温器(图4-18),控温范围在0~50℃,伞内装有埋入式远红外陶瓷管加热器,同时设有照明和开关,伞面设有观察窗。在网上或地面散养雏鸡时,采用电热育雏伞具有良好的加热效果,可以提高雏鸡体质和成活率。电热育雏伞外形尺寸有直径1.5米、2米和2.5米3种规格,可分别育雏300只、400只和500只雏鸡。另外,还有使用煤气或天然气做能源的育雏伞,使用效果也不错。

图4-18　电热育雏伞

3. 悬挂式新型育雏保温伞

悬挂式新型保温伞(图4－19),由微电脑恒温控制、石英碳纤维发热管以及四个环流风扇组成,适用于鸡、鸭、鹌鹑、鸽子等育雏加温。具有温度1～99℃自由调节,超过设定温度时自动切断,低于设定温度时恢复加温,散热均匀,节能,无须人工看管等特点。冬季时一台产品能使10～15米^2 的房间温度达到35℃以上,其他季节能使20～25米^2 的空间达到35℃以上。按育雏器面积大小而定,一般可容纳300～500只雏鸡。

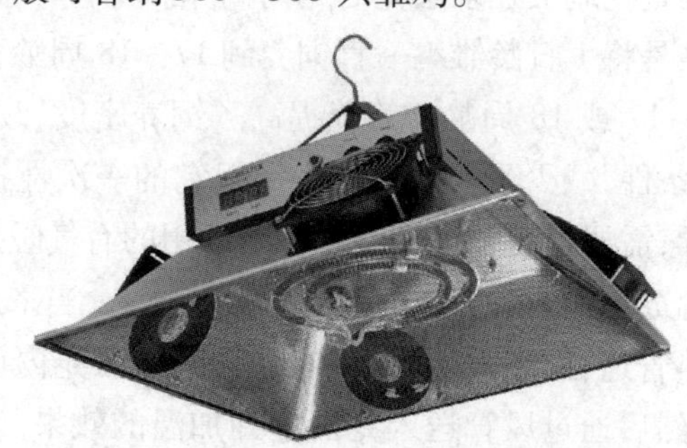

图4－19 电热育雏伞

4. 燃气育雏伞

利用液化石油气为热源,制成燃气育雏伞(图4－20),伞内温度自控装置,当温度高时,控制器调整一根管子通气,燃烧一圈炉盘,使温度降低;当温度低时,两根管子通气,燃烧两圈炉盘可使温度上升。燃气育雏伞升温快,保温效果好,育雏率高。据介绍直径为2.1～2.4米的燃气育雏伞,可容纳700～1 000只雏鸡。燃气育雏环,是利用燃烧煤气用白金做触点以产生红外线辐射供暖,发热量大,安全可靠。直径为78厘米的燃气育雏环,容雏数为800～1 000只。

图4－20 燃气育雏伞

第三节　饲养工艺与设备

一、饲养工艺

1. 立体笼养育雏

立体笼养育雏是把鸡关在多层笼的笼内饲养。笼养育雏分为一段式和二段式。一段式育雏是将1日龄雏鸡一直饲养到17～18周龄育成结束；二段式是0～8周龄和8～17或18周龄。笼养提高了饲养密度，改善了饲养员工作条件，改善了卫生条件，减少了疾病的发生。但它的一次性投资高，且育雏上下笼层温度有差异，需要配备全舍加温设备。常用的有气暖加热或水暖加热，而对于叠层育雏育成笼而言，两种加热方式都可选取。当采用水暖加热时，需要在地面铺设加热管道；而当采用气暖加热时，应该在笼内设置大风管，用热风炉等加热新风，然后通过风管送入笼内达到加温的效果。叠层育雏育成笼虽说是一段式育雏育成，如图4－21所示，雏鸡进舍时首先饲养在二、三层，然后在60～90日龄也需要进行一次分群，将鸡群均匀分散到上下层。这种育雏方式一般适用于大型蛋鸡场或专业育雏场。

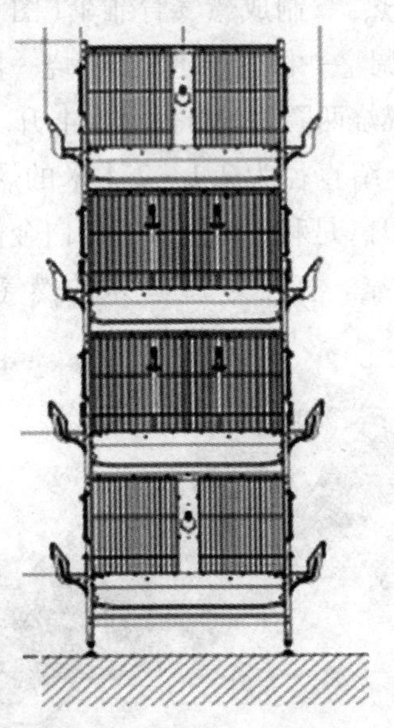

图4－21　4叠层育雏育成笼

2. 地面平养

地面平养是把雏鸡放到铺有垫料的地面上饲养,地面根据鸡舍的不同,有水泥地面、砖地面、灰沙土地面。垫料地面育雏有更换垫料和厚垫料两种方式。前者垫料厚3~5厘米,垫料经常更换;后者进雏前铺设垫料,整个育雏期不更换垫料,垫料厚度夏季5~6厘米,冬季8~10厘米。采用地面育雏需要在地面上放置食槽、水槽或饮水器及保温设备,加温方式有地下烟道加温、煤炉加温、电热或煤气保温伞加温、红外线灯或红外线板(棒)加温等。总体而言该方式节省劳力,投资少,但占地面积大,管理不方便,且由于雏鸡直接与地面垫料、粪便接触,不易控制球虫与白痢,育雏成活率、饲料转化率均不如笼育,一般仅适于小规模的蛋鸡场。图4-22所示的为地面平养育雏鸡舍舍内现场图。

图4-22 地面平养育雏

3. 网上平养

网上平养也是平养方式的一种,它是用网床代替地面。网床一般离地50~60厘米,可采用直径3毫米冷拔钢丝焊接并镀锌的网床,孔眼尺寸为200毫米×80毫米;也可采用塑料育雏网(图4-23),网孔约为1角硬币大小。现多用拉丝工艺将网床支撑在横向的支架上面,这样的搭建方式同样也能承受饲养人员在上面走动,便于饲养操作。网上平养可省去垫料,同时饲养密度是平养中最大的;最大优点是雏鸡与粪便接触机会少,发生球虫病、白痢的机会就少;有利于舍内清洁卫生和带鸡消毒。但这种管理方式的投资较地面平养大,网床工艺必须过关,且舍内供水系统必须完善。供暖设施安装在地网两侧的靠墙壁处,或者是在网面上方加设电热育雏伞等局部加热设备。

图 4-23　网上平养育雏

二、成鸡生产工艺模式

成鸡或产蛋鸡的饲养则一般采用笼养或者散养的方式。笼养模式包括阶梯笼养和叠层笼养两种，散养包括舍内大笼饲养、栖架散养和户外有机散养。不同的养殖模式对蛋鸡的行为有很大的影响。1999 年欧盟颁布的保护蛋鸡养殖最低标准的 1999/74/EC 号指令（又称“欧盟指令”）将蛋鸡养殖分为 3 种不同的类型：非丰富型鸡笼养殖、笼养替代系统养殖和丰富型鸡笼养殖。传统笼养包括了阶梯笼养和普通叠层笼养，因其限制了鸡的栖息、展翅、沙浴等行为，所以从 2012 年开始在欧盟被禁止使用。取而代之的是丰富型鸡笼养殖、大笼养殖等福利养殖模式，这些养殖模式为鸡提供更多活动空间，并能充分进行行为表达。对于蛋鸡而言，产蛋行为是蛋鸡的主要行为之一，其表达程度也是作为衡量蛋鸡福利的指标之一，所以笼养替代系统和丰富型鸡笼系统中对产蛋箱的设置有相应的规定。另外就是为鸡提供栖息的场所，在笼内或者舍内设置栖杆，主要供鸡夜间栖息所用。

1. 阶梯笼养

一般为 3～4 层，上、下层鸡笼在垂直方向部分重叠排列，重叠量占笼子深度的 1/3～1/2。完全不重叠的称之为全阶梯笼养，因为占地面积大，饲养密度小，目前使用很少。为防止上层鸡粪落到下层鸡身上，重叠部分的下层鸡笼后上角做成斜的，可以挂自流式承粪板。半阶梯式笼养的特点：光照充足，便于饲养员操作，饲养密度高于全阶梯式；同时又省去了鸡笼层间的清粪装置，通风效果比叠层笼养通风好。而全机械化的配套包括链式喂料机，乳头式、杯式饮水器，地面清粪设备，集蛋设备，通风设备，喷雾消毒、降温设备等。在使用时，选择配套设备的自由度也是很大的，上述设备可以全部配齐，也可以仅

配其中几种。但需注意的是，半阶梯式蛋鸡笼养设备与全阶梯式相比，饲养密度提高 1/4 ~ 1/3，因此对通风、消毒、降温等环境控制设备的要求较高，但喂料、饮水、消毒、清粪等饲养过程可以部分由人工代替。在人工成本较低的国家和地区，采用该种模式具有良好的经济效益。图 4－24 为全阶梯和半阶梯的笼养舍内情况。

图 4－24　阶梯笼养（左图为全阶梯笼养，右图为半阶梯笼养）

2. 叠层笼养

蛋鸡的叠层笼养是在阶梯笼养的基础上发展起来的，采用该种饲养方式，具有鸡舍投资少、占地少、劳动效率高、环境污染少的特点；同时能将饲养密度提高到 50 只/米^2 以上，并且能有效保证成鸡的成活率和产蛋率。叠层笼养模式要求其他配套设备的自动化程度也与之配套，包括给料、集蛋、清粪、通风降温等，所以初期的设备投入会较传统阶梯笼养高。并且对于叠层笼养而言，通风效果不如其他饲养方式，因为鸡笼完全重叠，层与层空间小，不利于气流的流通。尤其是 8 叠层笼养，为了保证舍内气体环境，通常会加设笼内送风管道，保证笼内的气体质量，从而满足生产环境要求。由于叠层笼养的生产效率远远高于阶梯笼养，所以在除欧盟外的蛋鸡生产发达国家，大多采用此模式进行蛋鸡生产，我国当前的蛋鸡生产也有一定比例的生产商采用 4 ~ 8 层的叠层笼养模式。图 4－25 为 4 叠层笼养。

图 4－25　4 叠层笼养

3. 大笼饲养

大笼饲养是一种类似动物园鸟类饲养的大笼，配置有栖架、台阶、休息巢等供鸡休息（图 4－26），一般规定每只母鸡拥有较大的饲养面积。有研究表明大笼饲养同棚架式饲养一样有利于提高蛋鸡的骨骼强度。因此，可以作为传统笼养蛋鸡的替代模式来改善蛋鸡的福利。目前，欧盟国家已经广泛采用这种饲养方式来代替普通笼养。

图 4－26　大笼饲养舍内情况及单元构造

4. 栖架散养

栖架饲养方式是在舍内提供分层的栖架（图 4－27），就像鸡笼一样排列以供蛋鸡栖息和活动，其中栖架材料的选择和结构的设计是这种饲养方式的设计要点，同时栖架的布置也需要考究，栖杆之间的角度、距离等都会影响到蛋鸡对栖杆的使用情况。在栖架饲养系统中，还应安装产蛋箱供蛋鸡产蛋。蛋鸡因为可以在栖架之间自由活动，所以蛋鸡的活动面积要远大于笼养方式。同时，也符合鸡喜欢栖息的自然天性。这种模式目前在德国应用较为广泛，同时中国农业大学也致力于研究适合我国蛋鸡生产的福利栖架养殖模式。

图 4－27　栖架饲养

5. 户外散养

户外散养是最近几年兴起的一种饲养模式，主要是生产有机鸡蛋满足人们对高品质鸡蛋的需求。一般选择林地或植被比较好的山地进行放养，通过修建简易的房舍使蛋鸡能够晚上回屋休息、避风雨和产蛋。图 4－28 为国外的户外散养模式，一般要求舍内每平方米 10 只鸡，舍外每只鸡 3～4 米^2。

图 4－28 户外散养

高产蛋鸡放养时，应选择产蛋性能好、容易管理的鸡种，产蛋少的土鸡和飞翔能力强的高产蛋鸡不宜放养。放养时间在华北地区选择 10 月育雏，翌年 3 月春暖花开时在鸡产蛋前放养，这时鸡的各种免疫都已经做完，环境中可食动植物也逐渐多起来。放养 9～10 个月后，天气变冷，鸡群可以选择淘汰，也可以选择继续饲养，但是要求有较好的保温措施，放鸡的时间也主要集中在上午 10 点至下午 3 点。高产蛋鸡放养，需要提供补料、饮水和补光措施，同时要注意对寄生虫病的预防。我国一般采用林下放养，而在地广人稀的国家这种户外散养模式应用较为广泛。

在国内，使用较为普遍的产蛋鸡生产模式是笼养和地面散养。阶梯笼养和叠层笼养应用都还较为广泛，但是随着设备和技术的更新，阶梯笼养会逐步被叠层取代，同时更有益于蛋鸡福利的养殖模式也会逐渐应用到生产中。

三、饲养设备

1. 蛋鸡笼

笼具是现代化养鸡的主体设备，不同笼养设备适用于不同的鸡群。它的配置形式和结构参数决定了饲养密度，决定了对清粪、饮水、喂料等设备的选用要求和对环境控制设备的要求。现代蛋鸡养殖（包括种鸡）主要使用半阶梯鸡笼和叠层式鸡笼。

（1）半阶梯鸡笼　将鸡笼的上下层之间部分重叠便形成了半阶梯鸡笼（图 4－29）。为避免上层鸡的粪便落在下层鸡身上，上下层重叠部分有挡粪板，按一定角度安装，粪便滑入粪坑。其舍饲密度（15～17 只/米^2）较全阶梯

高，一般可提高20%～30%，但是比叠层式低。与全阶梯鸡笼相比，由于挡粪板的阻碍，通风效果稍差，但操作更加方便，容易观察鸡群状态。目前，采用的半阶梯鸡笼多为4层，也有3层或更多层。随着层数增多，笼子的高度增加，一般须配合机械给料、清粪和集蛋。

图4－29　半阶梯鸡笼

（2）叠层式鸡笼　将半阶梯鸡笼上下层完全重叠，形成了叠层式鸡笼（图4－30），层与层之间有输送带将鸡粪清走。其优点是舍饲密度高，鸡场占地面积大大降低，提高了饲养人员的生产效率；但是对鸡舍建筑、通风设备和清粪设备的要求较高。发达国家的集约化蛋鸡场多采用4～8层的叠层鸡笼，且开发了与叠层鸡笼配套的给料、给水、集蛋、清粪、通风、降温等设备，使饲养密度可达50只/米^2，甚至更高，全部实现了机械化、自动化，极大地改善了鸡舍环境，为鸡群健康生长提供了一切必要条件。当前国内新建的大型蛋鸡场大多也采用叠层式鸡笼进行蛋鸡饲养，并且在进行种鸡饲养时，叠层式本交笼的使用也在不断发展。图4－31为3叠层本交笼，单笼饲养量为40只，公、母比例为1∶9，能保证良好的受精率。

图4－30　4叠层笼养

图4－31　3叠层本交笼(图片来自四川正鑫)

(3)福利鸡笼　受蛋鸡福利养殖的影响,除了传统的笼养笼具之外,欧美等地更多采用的蛋鸡饲养方式为大笼饲养、丰富型鸡笼饲养和栖架散养。如图4－32所示,相比传统鸡笼的蛋鸡养殖,这些福利蛋鸡养殖方式能更好地满足蛋鸡日常行为的表达,并且环境的丰富度也为鸡提供更多机会表达其天性。丰富型鸡笼也叫改良型鸡笼或装配型鸡笼,是在传统鸡笼的基础上发展起来的。传统鸡笼只提供饲槽、饮水器、集蛋槽、集粪板等装置。丰富型鸡笼除了提供传统鸡笼所有装置外,还增加一些满足蛋鸡行为和福利要求的装置,包括栖木、产蛋箱、垫料区和磨爪棒等,从动物福利出发尽可能满足蛋鸡的生物学要求。此外,丰富型鸡笼的体积也比传统鸡笼大得多。丰富型鸡笼根据鸡笼的体积和饲养密度不同,可分为小型丰富笼(1～12只/笼)、中型丰富笼(15～30只/笼)和大型丰富笼(31～60只/笼)。各种富集型鸡笼有不同的设计规格。鸡笼内各种装置的位置和设计形式对蛋鸡生产性能及福利和卫生状况有很大影响。在多数设计模型中,产蛋箱置于鸡笼的前方、后方或一侧。不同的

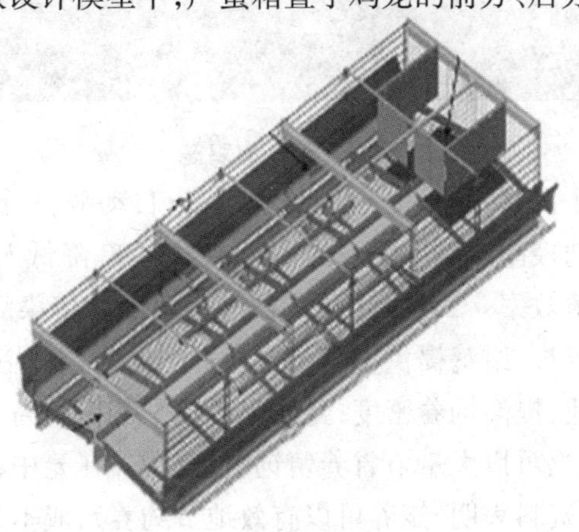

图4－32　丰富型鸡笼示意图

位置对于鸡检查和鸡蛋的卫生状况影响不同。沙浴槽通常放在产蛋箱上方或鸡笼后方比较低的位置。笼内栖架有不同的高度和排列方式，不同的设计之间差异很大。此外，鸡笼的规格与饲养密度关系密切，并且对鸡检查和移除等操作影响很大。

2. 肉鸡笼

肉鸡笼（图4－33），专门针对肉鸡养殖制作的鸡笼，为了克服因笼底坚硬而引起肉鸡胸部炎症，多采用优质塑料制成肉鸡笼组，雏鸡从进笼直到送屠宰场，不需再转笼，省去捉鸡的麻烦，也避免了转群引起的肉鸡应激。常见的肉鸡笼养均为穴体笼养，3层或4层重叠，其设计和构造与蛋鸡笼基本相同。肉鸡笼的材质是用镀锌的冷拔钢点焊而成，其底网、后网、侧网采用直径2.2毫米的冷拔钢丝，其前网用3毫米的冷拔钢丝，4层叠式肉子鸡鸡笼基本长度为1 400毫米，深度700毫米，高32毫米，每笼饲养肉子鸡数10～16只，饲养密度50～30只/米^2，低网格尺寸通常为380毫米，肉种鸡笼外形尺寸基本定为长为1.4米，宽为0.7米，高为1.6米，单个鸡笼尺寸长1.4米，宽为0.7米，高为0.38米。

图4－33　肉鸡笼

肉鸡笼养的主要优点：一是自动化程度高：自动喂料、饮水、清粪、湿帘降温，集中管理、自动控制、节约能耗、提高劳动生产率、降低人工饲养成本、大大提高养殖户的养殖效率。二是鸡群防疫好，有效预防传染病：鸡不接触粪便，能使鸡更健康地成长，给鸡提供了一个干净舒适的生长环境，出肉时间大大提前。三是节省场地，提高饲养密度：笼养密度比平养密度高3倍以上。四是节省养殖饲料：笼养鸡可以大量节省养殖饲料，鸡饲养在笼中，运动量减少，耗能少，浪费料减少。资料表明，笼养可以有效地节约养殖成本25%以上。

第四节　环境控制设备

一、光照设备

光照对鸡采食、饮水、产蛋、交配等都有直接影响,还可通过不同的生理途径影响鸡的繁殖和生长。目前,大部分鸡场普遍采用人工控制光照,主要包括了光照时间和光照度两个方面的控制。

1. 光照时间

育雏期间,光照时间应逐渐减少。一般在前3天采用24小时光照,使雏鸡有充分的时间适应环境,有利于雏鸡饮水和采食。以后以递减的方式使其在进入育成期时光照时长达到稳定的12小时。临近开产前,要逐渐延长光照时间,促使其达到产蛋高峰,但光照时间不能突然增加,以免造成部分鸡的子宫外翻;进入产蛋高峰后,光照时间要保持稳定,一般保证每天16小时的光照;进入产蛋后期可以逐步增加光照时长到17小时,一直到产蛋结束。

2. 光照度

1~2周龄的幼雏,由于生理发育尚不完善,视力较差,为了保证其饮水和采食,提高其活动能力,光照度应适当增强,10~30勒。进入3周龄开始,就应慢慢降低光照度,这样既可省电,鸡群也比较安静,同时也能有效地防止和减少啄羽、啄肛、啄趾、角斗等恶癖。实际生产中光照度为10勒左右。但有时为方便人工操作,光照度会适当提高。对于多层笼养的情况,为了保证光照度的均匀性,进行光源的布置时,除了采用梅花式的错位布置之外,同列光源还进行了相应的错落布置,目的是保证下层笼养鸡能有足够的光照度用以寻找食槽和饮水器。

3. 照明设备

常用的人工光源有普通白炽灯、荧光灯、紫外灯、节能灯等,当前也有鸡场使用LED光源,如图4-34。鸡舍都采用LED光源,主要考虑到LED光源相对于普通白炽灯和节能灯而言,更节能环保,并且使用寿命长,可以在高速状态工作,即是说频繁地开关不会影响其使用。

LED 灯

节能灯

现场布置图

图 4 – 34 常用照明设备

二、通风设备

通风设备的作用是将鸡舍内的污浊空气、湿气和多余的热量排出，同时补充新鲜空气。蛋鸡舍的通风设备主要包括两类：进风设备和排风设备。一般鸡舍采用负压通风方式，以风机作为排风口，由风机将舍内空气强制排出，这样舍内就呈低于舍外空气压力的负压状态，外部新鲜空气由进风口吸入。对于密闭性较好的鸡舍，采用负压通风易于实现大风量的通风，并且换气效率也高。排风设备一般采用大直径、低转速的轴流风机，安装在一侧山墙（如图 4 – 35）。排风风扇可选择带或不带锥筒及遮光罩。带锥筒的风扇特别适用于负压达到 – 80 帕的高背压房舍，或者仅有很小的空间用于安装风扇的房舍。这种风扇可显著提高排风量，因此非常适于笼养禽舍的纵向通风。

图 4 – 35 带锥筒排风扇

鸡舍进风口分 2 种：纵向进风口和侧墙进风口。纵向进风口即为湿帘进风口，在下面的降温设备中会进行介绍。侧墙进风口为侧墙进风窗（图 4 – 36），安装在鸡舍两侧墙上，根据墙体结构可选用不同形式的侧墙进风窗类型，对于带保温层的铝板材质等较薄的墙体结构可以采用法兰式进风窗；而对于普通砖混结构墙体，则可采用通用型侧墙进风窗。

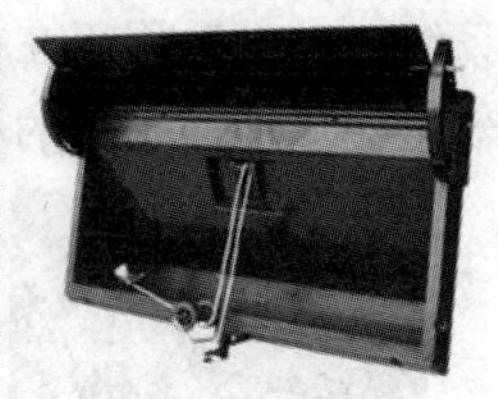

图 4－36　侧墙进风窗

左图为通用型侧墙进风窗，中间为法兰式进风窗，右图为上方带挡板的通用型侧墙进风窗

这种类型的进风窗是由可回收、防震、不变形的抗老化塑料制成，可使用高压水枪轻松对其进行清洗；隔热性能良好的进风窗挡板通过不锈钢弹簧被拉紧，当保持在关闭位置时，可以确保鸡舍的密闭性；进风挡板能够通过装置调节进风口的大小，以符合不同季节和天气所需进风量。

三、降温设备

目前，国内外用于鸡舍降温的是湿垫风机降温系统，夏季空气通过湿垫进入鸡舍，可以降低进入鸡舍空气的温度，起到降温的效果。湿垫风机降温系统由纸质波纹多孔湿垫、湿垫冷风机、水循环系统及控制装置组成（图 4－37），整套系统都安装在湿帘间（图 4－38），通过湿帘的冷风可通过设置在舍内进风口的幕帘来调节其流向，为了避免阳光直射到水帘上，可以在鸡舍基础上扩建一个走道，在走道外侧装配遮阳板，既可防风也可防尘。湿垫风机系统有良好的降温效果，在北方干燥地区，夏季空气经过湿垫进入鸡舍，可降低舍内温度 7～10℃。

图 4－37　湿垫降温系统

图 4－38 湿帘间

四、供暖设备

给雏鸡加热是为了营造理想的舍内温度，保证鸡健康和生产性能。按燃料可以分为燃煤、燃气和燃油加热系统 3 种，按加热介质不同可分为气暖和水

暖加热系统。一种适用于在一段时间内对局部区域强加热的燃气散热器，这种散热器多用于地面平养的小母鸡的育雏阶段(图4－39)。

图4－39　用于局部加热的燃气散热器

而对于一般的雏鸡舍，还是多采用地面管道加热的方式，这种加热系统包括冬季供暖使用的燃煤或燃气锅炉和舍内管翼式暖气管道(如图4－40)。锅炉运行方式：锅炉的出水温度是根据鸡舍最小日龄的雏鸡来进行适当升温的，每栋鸡舍可根据本鸡舍的雏鸡日龄来适当调整暖气管道阀门，这样在满足最小日龄雏鸡的生长温度的同时又不会对日龄较大的雏鸡带来高温的影响。热风炉供暖系统也是加温系统的一种，该系统是由热风炉、轴流风机、有孔塑料管和调节风门等设备组成，以空气为介质，煤为燃料，为空间提供无污染的洁净热空气，可用于鸡舍的加温。该设备结构简单，热效率高，送热快，成本低。

图4－40　育雏舍加热锅炉和舍内加温管道

五、空气净化设备

对于密闭式笼养鸡舍，鸡舍空气质量的好坏对鸡群的健康和生产水平有着重要的影响，如果舍内环境控制不当，会使舍内产生大量的有毒有害气体、粉尘和微生物。其中通风是最为主要的方式，而冬季为了维持舍内温度会大大减少通风量，这样就使得舍内污染物的浓度严重超标，所以进行空气净化就十分有必要。

普遍用于鸡舍空气净化的是喷雾消毒(图4－41)。鸡舍喷雾消毒是指在鸡舍进鸡后至出舍整个期间，按一定操作规程使用有效消毒剂定时定量地对

鸡体和环境喷洒一定直径的雾粒，杀灭鸡体和设备表面以及空气中的病原微生物，以达到防止疾病发生的目的。带鸡喷雾消毒是现代集约化养鸡场综合防疫工作的重要组成部分，是控制鸡舍内环境污染和疫病传播的有效手段。一般育雏期每周消毒2次、育成期每周1次、成年鸡每周3次为宜，疫情期间应每天消毒1次。喷雾系统一般由控制系统、过滤装置、高压泵、管路和喷嘴组成，然后配以合适的消毒剂，也可直接喷清水降温。雾粒大小应控制在80～120微米，雾粒太小易被鸡吸入呼吸道，引起肺水肿，甚至诱发呼吸道病；而雾粒过大则易造成喷雾不均匀和鸡舍太潮湿，在空中下降速度太快，与空气中的病原微生物、尘埃接触不充分，起不到消毒空气的作用。喷雾时喷头切忌直对鸡头，喷头距鸡体不小于约60厘米，喷雾量以地面和鸡体表面微湿的程度为宜，喷雾结束后应及时通风。

图4－41　平养雏鸡舍喷雾效果

鸡舍空气净化的常用消毒剂有拜洁和百毒杀，通常交叉使用。中国农业大学最新研制了微酸性电解水机（图4－42），生产的微酸性电解水可用于人员消毒和鸡舍日常消毒，且无药物残留和副作用。

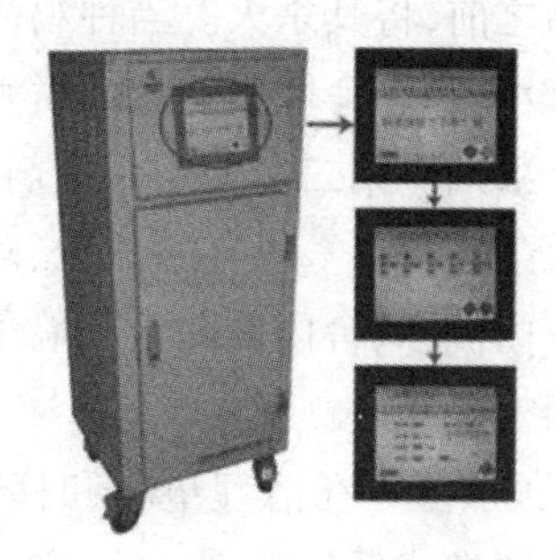

图4－42　电解水机

第五节　清洗消毒设备

养鸡业规模化、集约化的不断发展，高密度地饲养，增加鸡场的病原体复杂化程度，在适当条件下极易造成疫病的流行，如禽流感、鸡瘟等。有些呼吸道疾病可通过飞沫和空气传播给健康鸡群，引起大面积的发病。养鸡场一旦发病，将导致严重的经济损失。消毒就是防止外来的病原体传入养鸡场内，杀灭或清除外界环境中病原体、消灭疫病源头的好办法，通过切断疫病的传播途径以防止疫病的发生或防止传染病的扩大与蔓延，确保安全生产。

一、鸡舍及设备清洗消毒法

通过对鸡舍及设备的清洗和消毒，可以清除鸡舍及设备上的病原微生物，切断各种病原微生物的传播链，以确保上一群鸡不对下一群鸡造成健康和生产性能上的垂直影响。

1. 程序的制订

鸡舍的清理、冲洗及消毒工作是一项复杂的系统工程，在种鸡淘汰前，要制定一个科学、合理的清理、冲洗及消毒程序。制定程序时，一定要因地制宜，既全面、细致，又要考虑重点；既考虑集中性工作，又要考虑交叉性工作；尽可能减少重复性劳动，尽量避免交叉感染，最大限度减少设备的损坏和丢失。并根据任务的期限、人员的数量、工具的特性等科学、合理地安排整个清理、冲洗及消毒过程。

2. 程序的实施

（1）控制昆虫　昆虫是疾病重要的传播媒介，必须在其移居于木制品或其他物品之前，将其杀灭。当种鸡淘汰后，这时鸡舍还较温暖，应该立即在垫料、鸡舍设备和鸡舍墙壁的表面喷洒杀虫剂；或者选择在种鸡淘汰前2周在鸡舍使用杀虫剂。第二次使用杀虫剂应在熏蒸消毒前进行。

（2）清扫灰尘　所有的灰尘、碎屑和蜘蛛网必须从风机轴、房梁、开放式鸡舍卷帘内侧、鸡舍内的凸处和墙角上清扫掉。最好用扫帚扫掉，这样灰尘降落到垫料上。

（3）预加湿　在清理垫料和移出设备之前，应该对鸡舍内部从鸡舍顶部到地面用便携式低压喷雾器喷洒消毒剂，从而使尘埃潮湿沉降下来。在开放式鸡舍，应先封闭卷帘。

(4)移出设备　所有的设备和设施(饮水器、料槽、栖息杆、产蛋箱、分隔栏等)应从鸡舍内移出(注意,在移出产蛋箱之前,应事先将蛋窝内的垫料掏尽),并放在舍外的混凝土地面上。而不应把自动集蛋设施或鸡舍不易移动的设备移到鸡舍外。拆走温控器、时间控制器、电压调节器、风机电机、电灯泡等不易或不能冲洗消毒的物品,由专人(如电工)进行除尘、维护保养以及熏蒸消毒等,并放入指定的库房进行隔离保管。

(5)清除鸡舍内的粪便和垫料　清除鸡舍内所有的粪便、垫料和碎屑,拖车和垃圾车在移出鸡舍前要遮盖好,以免灰尘和碎屑在舍外被风吹得四处飘散,污染场区;离开鸡舍时,车轮必须擦刷干净并消毒。每清完一栋鸡舍都要安排人员铲刮棚架上、鸡舍边角以及其他表面所积累的粪便;并将该栋残留的鸡粪认真清扫干净。同时,还要将鸡舍周围及其粪道撒落的鸡粪认真清扫干净。粪便和垫料必须运往远离鸡场的地方,按当地规定进行处理。

(6)鸡舍内外的清洗　必须首先断开鸡舍内所有电器设备的开关。用含有发泡剂的水通过高压水枪冲洗,以清除残留在鸡舍和设备上的灰尘和碎屑。然后用含清洗剂的水进行擦洗。最后用有压力的水冲干净。在冲洗过程中,应迅速把鸡舍内剩余的水排净。所有移到鸡舍外的设备必须浸泡和冲洗。在设备冲洗干净后,设备应在有遮盖物的条件下储存。应特别注意鸡舍内以下几个部分的冲洗:风机框、风机轴、风机扇叶、通风设备的支架、屋梁的顶部、各种支架、水管等。鸡舍外面也必须冲洗干净并注意:进气口、排水沟、水泥路面等部分的冲洗。为了确保难以接近的地方能冲洗干净,可以使用轻便梯和手提式便携灯。在开放式鸡舍,卷帘内侧和外侧都必须冲洗干净。任何不能冲洗的物品(如聚乙烯制品、纸板等)都必须销毁。

(7)饮水系统清洗　排干水箱和水管内所有的水,用清水冲刷水线。清除水箱内的污物和水垢,并把这些物质排到鸡舍外。在水箱内重新加入清水和水清洁剂。把含有清洁剂的水从水箱输入到水线内。但注意不要出现气阻现象。水箱内含清洁剂的水要保证适当的高度,这样可以保证水管内的水有适当的压力。更换水箱里的水时,要让清洁剂在水箱内最少保留 4 小时。用清水冲刷并把水排掉。在进鸡前重新加入清水。水管内易形成水垢,因此应经常进行处理,以避免影响水的流速和造成细菌污染。水垢和细菌中的脂肪多聚糖易形成苔藓。水管所使用的材料,将影响到水垢形成的多少。例如:塑料水管和水箱,由于存在静电特性,从而易于细菌吸附,在饮水中使用维生素和矿物质易于形成水垢和其他物质的聚合。用物理方法很难去掉水管内的水

垢,在两批鸡之间使用高浓度的次氯酸钠或过氧化氢附和物可以溶解水管内的水垢。这需要在小鸡饮水前把水管内的水垢彻底冲刷干净。如果当地水中矿物质(特别是钙或铁)含量很高,在清洗中需要加一些酸,以便去除水垢。金属水管也可采用同样的清洗办法。但有时水管腐蚀易造成漏水,在对饮水系统进行处理前,应考虑水中矿物质含量。

表 4-2　饮水系统清洗液的配制比例及使用办法

清洗溶液	舍内无鸡时	舍内有鸡
	混合清洗溶液,灌入饮水系统并使溶液在系统中储放约 4 小时之后再用清水冲洗	可使用以下其中之一的溶液冲洗饮水系统 24 小时。鸡可以饮用这些溶液
醋(用于碱水)	8 毫升/升	4 毫升/升
柠檬酸(用于碱水)	1.7 毫克/升	0.4 毫克/升
氨(用于酸性水)	1.0 毫升/升	0.25 毫升/升

(8)蒸发冷却系统和喷雾系统的清洗　应使用双硝酸清洗剂进行清洗,双硝酸清洗剂也可以在产蛋期使用,这样可以减少这些系统中的细菌数。并降低进入鸡舍的细菌数量。

(9)喂料系统的清洗　清空、冲洗和消毒所有的喂料设施,如料箱、轨道、链条和悬挂料桶。清空料塔和连接管并打扫干净,密封所有的开口。如熏蒸。

(10)棚架的清洗　竹制棚架、木制棚架以及塑料棚架等,冲洗和消毒过程都基本相同。即先将棚架缝隙残留的鸡粪尽可能铲刮干净,放入水池用清水浸泡,再用高压水枪冲洗干净,然后再放入配有消毒液的水池进行二次浸泡,最后用有压力的水冲干净。

(11)其他设备的清洗　其他设备(如产蛋箱、遮光罩等)的清洗消毒可参照以上介绍的办法实施。

(12)附属设施的清洗　凡在场区内的所有附属设施,如洗衣房、浴室、厕所、蛋库、料库、草库、锅炉房、自行车棚、熏料间、熏蒸箱等,都要彻底冲洗干净,同时,还应将各个地方的地漏、沉淀池等清理干净。

(13)鸡舍的消毒　消毒应该在整栋鸡舍(包括鸡舍四周)彻底清洗干净和维修完成后才能进行。消毒剂对污垢和有机物无效。在使用消毒剂时,必须按照消毒剂制造商的说明书进行使用。消毒剂应通过冲洗机或便携式喷雾器来使用。对消毒剂进行发泡可以增加接触时间,从而加强消毒效果。鸡舍在密封后把温度升到较高水平,将有助于增加消毒效果。

(14)鸡舍地面处理　若有必要,须对鸡舍地面进行处理,如用盐、石灰、硼酸、硅酸铝等,见表4－3。

表4－3　鸡舍地面处理常用药品

成分	用量(千克/米^2)	目的
硼酸	必要时	杀灭甲虫
硅酸铝	必要时	杀灭甲虫
盐(氯化钠)	0.25	减少蛔虫卵囊
干硫粉	0.01	地面消毒
石灰(碳酸钙)	必要时	碱性剂,用于地面消毒,便于打扫地面,并有助于垫料转为肥料

(15)甲醛熏蒸　如果允许使用甲醛熏蒸,在消毒结束后应立即进行熏蒸。熏蒸时,鸡舍应保持潮湿,鸡舍温度应保持在21℃。如果鸡舍温度过低,或相对湿度低于65%,熏蒸将是无效的。在熏蒸时,鸡舍的门、风机、通风系统的格栅和窗户必须严格密封。要按制造商说明书中介绍的方法进行,熏蒸后,鸡舍必须封闭24小时,并设置醒目的“禁止入内”的标志牌。在人进入前必须彻底地进行通风。在鸡舍垫料铺放好后,上面所讲的熏蒸程序应再进行一次。有关进一步详情请参阅第六章第二节相关内容。熏蒸对动物和人都有害,操作者必须穿着防护衣。如必须戴防毒面罩、眼罩、手套,必须有两个操作人员同时操作以应付紧急情况。

(16)鸡舍周围环境的清扫　鸡舍周围环境的清扫也十分重要。理想的情况下,鸡舍四周应有3米宽的混凝土或沙砾地面。如果没有,这些地区必须清除周围的植物,移走不使用的机器和设备,地面平整且水平,排水好,没有积水。此外,还应特别注意清洗和消毒以下几个地方:风机和排风扇的下面,进出道路,鸡舍门周围等。鸡舍外的水泥地面应与鸡舍内一样进行冲洗消毒。

(17)鸡场冲洗和消毒效果的评估　我们要了解鸡舍的冲洗和消毒效果,及所花费的成本,其效果以总细菌数来评估。用总细菌数评估鸡场清洗和消毒效果的好坏(表4－4),将有利于改进鸡场的卫生,并比较不同的冲洗和消毒效果。当鸡场进行有效的消毒后,检测程序中不应分离出沙门菌。

表 4－4　鸡场冲洗和消毒效果评估

样本位置	建议样本数	总细菌数*		沙门菌
		标准	最大量	无
支架	4	5	24	无
墙	4	5	24	无
地面	4	30	50	无
料箱	1			无
蛋箱	20			无
缝隙	2			
排水沟	2			

注：* 每平方厘米总细菌数。

二、清洗消毒设备

1. 壁挂式喷雾消毒机（图 4－43）

壁挂式喷雾消毒机由系统控制主机、造雾主机、红外线感应器、电子门锁构成。采用超声雾化技术，电子超频振荡（振荡频率为 1.7 兆赫，超过人的听觉范围，对人体动物绝无伤害），通过雾化片的高频谐振，将药水抛离水面而产生自然飘逸的水雾，将消毒液雾化成直径为 1～10 微米的微细雾粒，并将它喷到所需消毒的空间，达到杀灭空中细菌及致病微生物的效果。它与目前采用的紫外线、福尔巴林熏蒸等消毒手段相比，杀菌作用对人体影响等都有明显提高与改善。普遍适用于医疗、食品、制药、检疫、防疫科学试验、公交工具、超

图 4－43　壁挂式喷雾消毒机

市及等候室等各种公共场所的空气消毒、除臭。消毒液、除臭液主要是从植物或微生物中提取的生物活性物质，能彻底中和污染分子，从而有效控制污染源。50 米^2 的房间可采用每小时出雾量 20 升的喷雾消毒机。

2. 喷雾降温消毒设备

喷雾降温消毒设备由泵站、喷雾、控制以及高压分路阀等 4 个单元组成。在高温季节，在降温的同时完成对鸡舍的消毒，从而达到改善鸡舍的小环境空气质量、降温和消毒的三重作用。该系统可通过自动感应温度控制，当达到设定的温度时自动工作，低于设定的温度时停止工作，节省人工，提高工作效率，见图 4-44。

图 4-44　正在使用喷雾降温消毒设备的鸡舍

3. 高压喷雾消毒设备（图 4-45）

高压喷雾消毒设备适用于规模化养鸡场大门口车辆或人员的感应喷雾消毒。

图 4-45　高压喷雾消毒设备

4. 臭氧消毒设备(图 4 – 46)

用臭氧消毒设备对空间和水消毒,不仅安全高效,而且可以起到除味增氧的作用。养鸡场用臭氧消毒设备运行稳定,操作简单,使用寿命长,是养殖场空间灭菌和水消毒的理想选择。臭氧消毒设备产生的高浓度臭氧通过风机和输送管道可以迅速扩散到养殖舍的各个角落,杀灭空气中飘浮病菌的同时,还可以快速分解氨气等污染物,达到除味增氧、净化空气的目的。

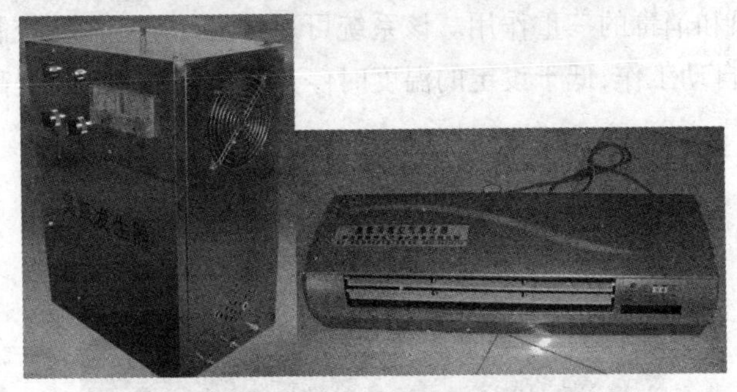

图 4 – 46　臭氧消毒设备

第六节　清粪设备

现代蛋鸡生产的舍内清粪方式都为机械清粪,机械清粪常用设备有:刮板式清粪机(图 4 – 47)和传送带式清粪机(图 4 – 48)。刮板式清粪机多用于阶梯式笼养和网上平养;传送带式清粪机多用于叠层式笼养,现在阶梯笼养的鸡舍也有采用该种清粪系统的。

图 4 – 47　刮板式清粪机

图4-48 传送带式清粪机

通常使用的刮板式清粪机分全行程式和步进式两种,两种工作原理一致。刮板式清粪机由牵引机(电动机、减速器、绳轮)、钢丝绳、转角滑轮、刮粪板及电控装置组成。工作时电动机驱动绞盘,钢丝绳牵引刮粪器。向前牵引时刮粪器的刮粪板呈垂直状态,紧贴地面刮粪,到达终点时刮粪器前面的撞块碰到行程开关,使电动机反转,刮粪器也随之返回。此时刮粪器受背后钢丝绳牵引,将刮粪板抬起越过鸡粪,因而后退不刮粪。刮粪器往复行走一次即完成一次清粪工作。刮板式清粪机一般用于双列鸡笼,一台刮粪时,另一台处于返回行程不刮粪,使鸡粪都被刮到鸡舍同一端,再由横向螺旋式清粪机送出舍外。

刮板式清粪机利用摩擦力及拉力使刮板自行起落,结构简单。但钢丝绳和刮粪板的耐用性和工作可靠性较差,采用这种方式清粪时,粪便都是落地之后再进行处理,这样的清粪方式存在严重的生物安全隐患。并且刮板与粪沟之间的贴合度不好往往导致清粪不全,刮板上残粪也需人工清除,否则影响机具的使用寿命。

传送带清粪系统由控制器、电机、履带等组成,一般用于叠层笼养的清粪,部分阶梯笼养也采用这种清粪方式。对于叠层而言,每层鸡笼正下方铺设传送带,宽度与鸡笼同宽,长度方向略长于整列笼具长度,多层配合使用,直接将粪便输送到运粪车上。使用传送带清粪系统时,首先要考虑到传送带的材质,一般选用尼龙帆布或橡胶制品,要求有一定的强度与韧度,不吸水、不变形;另外传送带在安装的过程中要防止其运行跑偏的现象。在传送带末端固定一块刮板,将积粪刮落到横向传送带上传到舍外,然后用清粪车将粪便运出场区或者集中进行堆放。相比刮板式清粪机而言,传送带清粪系统能保证粪不落地,并且清粪完全,运行效率高。而采用笼架散养等方式时,使用传送带清粪系统,每列笼架正下方的传送带两列,并排拼接而成。其他配件、安装和运行方式都与叠层笼养的传送带清粪系统相同。

第五章　现代养鸡场污染物减排技术

随着养鸡场规模化的发展，在满足人们对禽产品需求的同时，也带来了日益严重的环境污染问题。鸡场污染物产生量不断增加而且排放相对集中，不仅对鸡场本身造成污染，还对周边地区产生了不利影响。因此，对养鸡场污染物加以合理地处理利用，减轻其对水环境、大气环境、土壤环境等产生的不良影响，同时变废物为资源，达到无害化、资源化是非常必要的。

第一节　粪污处理与利用技术

一、鸡粪的特征

鸡粪是由饲料中未被消化吸收的部分以及体内代谢产物、消化道黏膜脱落物和分泌物、肠道微生物及其分解产物等共同组成的。在实际生产中收集到的鸡粪还会含有鸡脱落的羽毛、破蛋、撒落的饲料等。

（一）鸡粪产量高

鸡的相对采食量大，消化能力较差，加上养鸡生产的集约化程度高，饲养密度大，因而鸡粪产量很高。据统计，在一个 20 万羽蛋鸡场，仅成年鸡每天就要产生鸡粪 2.5 吨，其中含干物质 0.7 吨左右，如果加上相应的后备鸡，则全场鸡粪日产量可达近 3.5 吨。

（二）鲜鸡粪水分含量高

由于鸡独特的排泄器官构造，其排泄物（即鸡粪）实际上是粪与尿的混合物，因而其水分含量很高，可达 70% ~75%。鸡粪的实际含水率随季节、饮水方式、鸡龄、室温等的不同而有较大变化，也受饲养管理因素的强烈影响。当鸡的饮水装置发生漏水或使用水冲刮粪时，鸡粪的含水率会大幅度提高。

（三）鸡粪营养价值高

由于鸡饲料的营养浓度高，而鸡的消化道短，消化吸收能力有限，因而在鸡粪中含有大量未被鸡消化吸收的营养成分，尤其氮含量较高。鸡粪的营养成分因饲料种类，营养成分含量，鸡的消化率、温度、湿度、储藏期长短等因素的影响而变化。据有关测定，风干鸡粪中主要包含干物质 89.8%，粗蛋白质 28.8%，有机物 25.5%，粗纤维 12.7%，可消化蛋白质 14.4%，无氮浸出物 28.8%，磷 2.6%，钙 8.7%，钾 0.82%，还含有微量元素。鸡粪粗蛋白质中部分氨基酸含量为亮氨酸 0.87%，赖氨酸 0.53%，苯丙氨酸 0.46%，组氨酸 0.23%，蛋氨酸 0.11%。每吨黏湿鸡粪含有的植物养分为氮 11.35 千克，磷（P_2O_5）10.44 千克，钾（K_2O）5.45 千克。因此，鸡粪通过适当的加工利用就可以成为非常好的绿色有机肥，或者鸡粪饲料。鸡粪由于含有大量的有机物，还可用以制造沼气的原料，产生能量而被利用。

二、鸡粪的处理与利用技术

（一）堆肥技术

堆肥是在微生物作用下通过高温发酵使有机物矿物质腐殖化和无害化而变成腐熟肥料的过程。在微生物分解有机质过程中，生成大量可被植物吸收的有效氮、有效磷、有效钾等化合物，且合成可提供土壤肥力的重要活性物质腐殖质。用鸡粪生产有机肥应用于农业生产，既可以解决环境污染问题，又可为农林业开辟有机肥源，是一条促进农业可持续发展的有效途径。鸡粪堆肥处理后，可以达到无害化的要求，并可以将有机质重返大自然，进行资源再利用，不管是从环保角度还是经济角度，堆肥化都具有广阔的应用与发展前景。

鸡粪堆肥常采用好氧堆肥，因为好氧堆肥起温快，发酵温度高，腐熟周期短。由于发酵温度高，能有效地杀死鸡粪中的虫卵、病菌、植物种子等，在有效的机械搅拌作用下，其干燥效果也是非常显著。

1. 鸡粪堆肥工艺条件

（1）碳氮比（C/N）　有机物质是堆肥微生物的主要营养物质，堆肥微生物对有机物中的碳（C）和氮（N）元素的需求量必须维持适当的比例。一般认为鸡粪堆料的C/N值在15～30时能很好地进行高温好氧堆肥，在此范围内，堆肥微生物稳定，符合卫生标准。有研究得到鸡粪堆料的C/N值为23.4时堆肥效果较好。

（2）物料水分　50%～60%的含水率最有利于微生物分解。水分含量超过70%，温度难以上升，分解速率明显下降，因为水分过多，使堆体空隙之间充满水，不利于通风、供氧。同时会造成堆体成厌氧状态，不利于好氧微生物生长，并产生硫化氢等恶臭物质。而水分低于40%不能满足微生物生长需要，有机质难以分解。一般认为，55%～60%的起始水分含量对鸡粪好氧堆肥是最合适的。

（3）pH　一般微生物的最适宜的pH是中性或微碱性，pH太高或太低都会影响堆肥中微生物的活动，进而影响到堆肥过程。此外，pH也会影响氮的损失，因为pH在7.0时，氮以氨气的形式逸入大气。鸡粪发酵过程的适宜pH为6.5～7.5，这是微生物（尤其是细菌和放线菌）生长最合适的酸碱度。

（4）温度　温度是堆肥过程中微生物活动的结果，也是控制堆肥过程的重要参数，同时，温度也影响到堆肥物料的无害化程度。如美国环保局规定，对于强制通风静态垛系统，彻底去除病原菌的温度标准是堆体内部温度大于

55℃的时间必须达3天以上。对于条垛系统，堆体内部温度大于55℃至少15天，且在操作过程中，至少翻堆5次。我国国家标准规定在55℃以上要维持5～7天以上，以达到杀灭病原菌、杂草种子的目的。

（5）通风供氧状况　在好氧堆肥过程中，必须向堆体中通入空气，一是提供微生物分解有机物质所需要的氧气；二是达到从堆肥物料中去除水分的目的；三是通过通风带走有机物质分解过程中产生的热量，以便控制反应过程的温度。堆体中氧气含量保持在5%～15%比较适宜，氧含量低于5%会导致厌氧发酵，高于15%可能会使堆体冷却，导致病原菌的大量存活，经济能耗上也会造成浪费。若以翻堆来达到供氧的目的，在堆肥开始的2～3周内，一般每隔3～4天翻堆1次，然后1周左右翻堆1次即可。若以温度作为翻堆指标，当堆心的温度达到55℃或60℃时，需要进行翻堆。利用强制通风进行供氧时，一般认为鸡粪堆肥通风量0.3米^3/(分·米)时效果较好。

2. 鸡粪堆肥处理主要工艺

（1）翻堆式条垛堆肥　翻堆式条垛堆肥是一种传统式的堆肥方法，它将堆肥物料以条垛式条堆状堆置，通过定期翻堆的方法通风，在好氧条件下进行发酵。垛的断面可以是梯形、不规则四边形或三角形，发酵周期为1～3个月。

翻堆式条垛系统的堆体规模必须适当。如果堆体太小，则保温性差，易受气候影响。若堆体太大，易在堆体中心发生厌氧发酵，产生强烈臭味，影响周围环境。条垛适宜尺度为底宽2～6米，高1～3米，长度不限。最常见的料堆尺寸为底宽3～5米，高2～3米，其横截面大多呈三角形。

翻堆式条垛堆肥系统优点是：所需设备简单，成本投资相对较低；堆肥易于干燥，堆肥产品腐熟度高、稳定性好。系统缺点是：占地面积大；堆腐周期长；需要大量的翻堆机械和人力；翻堆会造成臭味散发，影响周围环境；受气候影响大。

（2）强制通风静态条垛堆肥　这是翻堆式条垛堆肥法的改进形式，与翻堆式条垛堆肥法的不同之处在于：堆肥过程中不进行物理的翻堆供氧，而是通过专门的通风系统进行强制供氧。在强制通风静态条垛堆肥中，堆体下部设一些通风管路（固定式或移动式），与鼓风机连接。在这些管路上铺一层木屑或其他填充料，可以使通气达到均匀，然后在这层填充料上堆放堆肥物料构成堆体，在最外层覆盖过筛或未过筛的堆肥产品进行隔热保温。

强制通风静态条垛堆肥的优点：占地面积小；设备投资相对低；能更好控制温度及通风条件；堆腐时间相对短，一般为2～3周；产品稳定性好，能更有

效杀灭病原菌及控制臭味。强制通风静态条垛堆肥系统也存在堆肥过程中易受气候条件影响的问题。

(3)槽式好氧堆肥　是将堆肥物料按照一定的堆积高度放在一条或多条发酵槽内,在堆肥化过程中根据物料腐熟程度与堆肥温度的变化,每隔一定时间,通过翻堆机对槽内的物料进行翻动,让物料在翻动过程中能更好地与空气接触。翻堆机通常由两大部分组成:大车行走装置及小车旋转桨装置,大车及小车带动旋转桨在发酵槽内不停地翻动,翻堆机的纵横移动把物料定期向出料端移动。此种发酵方法操作简单,发酵时间较短,一般为7~10天。

(4)筒仓式堆肥反应器堆肥　这种堆肥系统是一种从顶部进料、底部卸出堆肥的筒仓,每天都由一台旋转桨或轴在筒仓的上部混合堆肥原料,从底部取出堆肥。通风系统使空气从筒仓的底部通过堆料,在筒仓的上部收集和处理废气。这种堆肥方式典型的堆肥周期为10天。每天取出堆肥的体积或重新装入原料的体积约是筒仓体积的1/10。从筒仓中取出的堆肥经常堆放在第二个通气筒仓。由于原料在筒仓中垂直堆放,因而这种系统使堆肥的占地面积很小。但这种堆肥方式需要克服物料压实、温度控制和通气等问题,因为原料在仓内得不到充分混合,必须在进入筒仓之前就混合均匀。

(5)滚筒式堆肥反应器堆肥　滚筒式堆肥反应器是一个使用水平滚筒来混合、通风以及输出物料的堆肥系统,其中典型的为达诺滚筒。达诺滚筒设有驱动装置,安装成与地面倾斜1.5°~3°,采用皮带输送机将物料送入滚筒,滚筒定时旋转,一方面使物料在翻动中补充氧气,另一方面,由于滚筒是倾斜的,在滚筒转动过程中,物料由进料端缓慢向出料端移动。该形式结构简单,可以采用较大粒度的物料,生产效率较高。

(6)塔式堆肥反应器堆肥　物料搅拌均匀后经皮带或料斗设备提升到多层的塔式发酵仓内,堆肥物料被连续地或间歇地输入这些系统,通常物料从反应器的顶部向底部周期性地运输下落,同时在塔内通过翻板的翻动进行通风、干燥。这种堆肥系统的特点是省地、省工,但相对投资较大,设备维修困难。

(二)沼气发酵技术

鲜鸡粪含水量较高,可通过沼气发酵技术达到资源化、无害化处理和利用。沼气发酵工艺是在无氧的条件下,通过一系列微生物的协同作用将有机物分解转化,生成的主要终端产物是甲烷和二氧化碳,同时还伴有少量的氨气和硫化氢的产生。发酵产生的沼渣、沼液,可作为高效有机肥料使用,这种高

效有机肥具有防虫防病功能，它不仅能使作物增产，还可获得环保型无公害农产品，提高农产品质量。

1. 鸡粪沼气发酵影响因素

（1）含沙量　由于鸡的特殊消化系统，使得鸡粪中含沙量较高，尤其是蛋鸡粪。沙砾会在反应装置中沉积，影响发酵过程，因此应通过预处理去除沙砾。通常要设水解沉沙池，利用生物水解和物理分离的方法去除鸡粪中的沙砾。

（2）鸡毛　鸡粪中含有较多的鸡毛，特别是换羽期。鸡毛会影响进料泵的正常运行，带入厌氧罐后又易形成浮渣结壳。在进料泵前应设置剪切泵，将鸡毛切碎，以减少鸡毛的不利影响。

（3）进料 TS 浓度　鸡粪沼气发酵厌氧系统运行时应注意控制进料 TS 浓度，过低的 TS 浓度系统增温将耗去大量能量，TS 浓度过高又易使厌氧系统氨氮浓度过高，影响厌氧系统的运行效率。

（4）氨、氮含量　粪便中氨的含量过高，会降低系统的运行效率。一般要求在沼气罐中每吨发酵液含的氨含量不超过 3.8 千克。

（5）碳氮比　原料的碳氮比过高（30∶1以上）发酵就不易启动，而且影响产气效果，一般以（20～30）∶1为宜。

（6）温度　沼气发酵温度在 10～60℃，温度越高，产气越快。但调节发酵温度必须是渐进的，1 天温度变化不超过 2℃，突然上升或下降超过 5℃，产气量就会显著下降甚至停止。

（7）pH 及氧化还原电位　沼气发酵的最适 pH 为 6.8～7.5，当 pH 低于 6 或高于 8 时，发酵就会受到抑制，甚至停止。产甲烷菌对 pH 非常敏感，尽管发酵过程存在一定的 pH 自我调控能力，但通常仍需在发酵过程特别是后期添加缓冲液调控 pH。若发酵环境中氧化还原电位高，绝大多数产甲烷菌的正常生长和代谢活动将被抑制，造成发酵系统酸度增加，pH 显著降低，进而伤害菌群，如此恶性循环可直至系统失败。

（8）接种物　厌氧发酵接种物中须含有丰富的产甲烷细菌，且一般菌种添加比例不低于 20%，若能达到 30% 及以上，则有利于发酵启动、提高产气速率和发酵早期沼气中甲烷含量。

2. 鸡粪沼气发酵主要工艺

（1）完全混合（CSTR）厌氧工艺　是在一个密闭厌氧反应器内完成料液发酵、产生沼气的过程。反应器内安装有搅拌装置，使发酵原料和微生物处

于完全混合状态，有机物在微生物的作用下转化为沼气等产物。CSTR 工艺消化器内物料均匀分布，避免了分层状态，增加了物料和微生物接触的机会。利用机械搅拌系统，使得液面上的有机悬浮物循环到反应器的下部，逐渐完全反应，避免了反应器液面上的“结盖现象”。利用产生沼气发电余热对反应器外部的保温加热系统进行保温，大大提高了产气率和投资利用率，同时使得反应器一年四季均可正常工作。该工艺占地少、成本低，发酵原料的含固率通常在 8% 左右，多应用于 SS 较多的高浓度有机废水处理工程，如屠宰废水，牛、猪、鸡等养殖场中畜禽粪便的处理和沼气生产、发电工程等。

(2)升流式污泥床(USR)厌氧工艺　USR 是一种结构简单、适用于高悬浮固体有机物原料的反应器。原料从底部进入反应器内，与反应器里的厌氧微生物接触，使原料得到快速消化。未消化的有机物固体颗粒和厌氧微生物靠自然沉降滞留于反应器内，上清液从反应器上部溢出。这样可以得到比水力滞留期高得多的固体滞留期(SRT)和微生物滞留期(MRT)，从而提高了固体有机物的分解率和消化器的效率。该反应器在当前畜禽养殖行业粪污资源化利用方面，有较多的应用。

(3)组合式间歇上流厌氧污泥床(UASB)工艺　UASB 反应器是由污泥反应区、气液固三相分离器(包括沉淀区)和气室三部分组成(图 5－1)。在底部反应区内存留大量厌氧污泥，具有良好的沉淀性能和凝聚性能的污泥在下部形成污泥层。原料从厌氧污泥床底部进入，与污泥层中污泥进行混合接触，污泥中的微生物分解污水中的有机物，把它转化为沼气。沼气以微小气泡形式不断放出，微小气泡在上升过程中，不断合并，逐渐形成较大的气泡，在污泥床上部由于沼气的搅动，污泥和水一起上升进入三相分离器，沼气碰到分离器下部的反射板时，折向反射板的四周，然后穿过水层进入气室，集中在气室的沼气用导管导出，固液混合液经过反射进入三相分离器的沉淀区，污水中的污泥发生絮凝，颗粒逐渐增大，并在重力作用下沉降，沉淀至斜壁上的污泥沿着斜壁滑回厌氧反应区内，使反应区内积累大量的污泥。与污泥分离后的处理出水从沉淀区溢流堰上部溢出，然后排出污泥床。由于 UASB 工艺要求进料中悬浮物含量不能过高，一般需控制在 100 毫克/升以下，所以 UASB 反应器前可加一个水解酸化反应器。

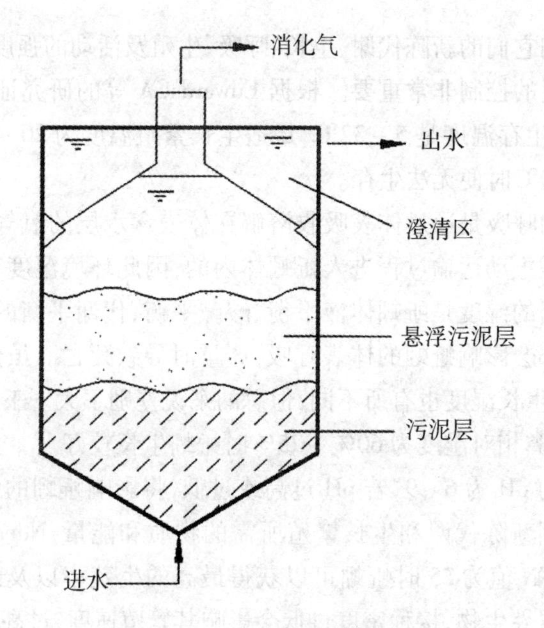

图 5－1　UASB 反应器示意图

(三)鸡粪基质化技术

用鸡粪及其他添加物作为培养基质,养殖蚯蚓、蝇蛆和菌类等,是一种生物转化技术,即基质化技术。利用鸡粪等养殖废物饲养蚯蚓、蝇蛆,可以充分利用废弃物中的营养物质,使废弃物得以分解转化为稳定、易于处置的物质。蚯蚓和蝇蛆等体内含有丰富的蛋白质,还含有动物所需要的各种天然氨基酸和生长激素,再以蚯蚓、蛆虫饲养鸡,既能降低废弃物对环境的污染,又能产生高效的有机肥,还能为鸡提供优质的蛋白质饲料,充分实现鸡粪的资源化处理与利用。

1. 鸡粪饲养蚯蚓

(1)蚯蚓品种　Bouche 将蚯蚓分为 3 种生态类型:表层种、内层种和深层种。其中表层种一般喜食有机物、繁殖力强,有较强的环境适应能力,适于处理鸡粪便。日本学者前田古颜在 1973 年育成了繁殖倍数极高、适合人工养殖的蚯蚓品种——大平 2 号(Eiseniafetida),使有机废弃物饲养蚯蚓的生物技术得到了革命性发展。

(2)蚯蚓的生长繁殖条件　蚯蚓的生长繁殖主要受温度、湿度、酸碱度、基质营养配比、接种密度等诸多因素的影响。

由于蚯蚓是一种变温动物,它的体温随着外界温度的变化而变化,所以环

境温度直接影响它们的新陈代谢、生长、呼吸、生殖及活动的强度,因此培养蚯蚓的过程中温度的控制非常重要。根据 EdwardsCA 等的研究证明,赤子爱胜蚓耐热抗寒,其生存温度是 5 ~ 32℃,最适生长繁殖温度为 20 ~ 25℃,温度高于 35℃或低于 0℃时便无法生存。

因为蚯蚓的呼吸是通过体表吸收溶解在体表含水层的氧气,氧气是通过扩散作用而不是主动运输过程进入蚯蚓体内的,因此环境湿度对蚯蚓的生存非常重要。适当的湿度是蚯蚓体液平衡、酸碱平衡、代谢平衡的基本保证,湿度过高或过低都会影响蚯蚓的体表呼吸,严重时导致死亡。虽然基质种类不同,蚯蚓的适宜生长湿度也有所不同,但总的来说差别不大。王志凤的试验研究表明,腐熟鸡粪相对湿度为 60% ~75% 时蚯蚓生长较好。

蚯蚓生存的 pH 为 6 ~9,若 pH 过高或过低,将影响蚯蚓的活动能力。基质主要提供蚯蚓新陈代谢和生长繁殖所需的物质和能量,NdegwaPM 等的研究表明,基质 C/N 值为 25 时蚯蚓可以获得最高的生殖率以及最高的摄食能力。蚯蚓是群居性生物,接种密度过低会影响其繁殖速度,过高则影响个体生物量的增加。王志凤的研究表明在湿重 250 克基质中接种 8 条蚯蚓,其生长和繁殖最快。

(3)培养方法　蚯蚓养殖床应建立在地势平坦、土质松软、没有大块的土块、能灌溉能排水的地方。首先将地面平整,将发酵好的基质均匀地铺在地上,铺设厚度为 10 厘米左右,宽度为 1.0 米左右。铺好后将蚯蚓种均匀地撒在基质上,蚯蚓要撒均匀。铺好蚯蚓后,在蚯蚓上面再铺上一层基质,基质上面覆盖一层稻草,达到保温保湿的目的。铺好后在基质上浇上适量的水,1 天后进行检查。如果出现蚯蚓逃跑、萎缩、死亡、肿胀,要查明原因,可能是基质没有发酵好,应重新发酵。养殖床之间要有 1 米左右的空隙,以便加料和管理。

蚯蚓的世代间隔为 60 天左右,蚯蚓有祖孙不同堂的习性,所以在养殖过程中要及时采收,如果不及时采收就会外逃。大小混养还会出现近亲交配,使蚯蚓种衰退。夏季每个月采收 1 次,春、秋、冬季每 3 个月采收 2 次,采收后及时补料和浇水,通常 1 个月加料 1 次。可采用诱集法采收蚯蚓,主要是利用蚯蚓的避光性进行采集。先在养殖床旁边铺 1 米左右宽的薄膜,将要采集的蚯蚓和基质堆积在薄膜上;用多齿耙疏松表面,根据蚯蚓的避光性,蚯蚓就会往下钻,上层基质基本上没有蚯蚓;然后将上层基质耙去,随后蚯蚓还会因为避光性再次往下钻;再次去除上层的基质,以此类推,反复进行。当去除完基质

后，塑料薄膜上剩下的就是蚯蚓。

2. 鸡粪饲养蝇蛆

(1)饲养蝇蛆的饵料　鸡粪经简单发酵后即可用来养殖蝇蛆。饲养蝇蛆所用鸡粪以新鲜的为好。用于养殖蝇蛆的粪便相对湿度保持在65% ~70%比较适宜，若湿度过大可掺入麦麸、米糠或木屑调节。饲养蝇蛆的粪便可以是单一的，也可以是2种或多种粪便及其他物质的混合。常见的混合配比方案有：新鲜猪粪(3天以内)70% + 鸡粪(1周以内)30%；鸡粪50% + 猪粪25% + 豆腐渣25%；麦麸70% + 鸡粪30%。

(2)饲养条件　在蝇蛆的饲养过程中，与其生长发育相关的环境因素主要包括温度、湿度、光照、饲养密度等。

温度的高低直接决定蝇蛆发育期的长短，培养基质的温度为16℃时，发育期为17 ~19天；当温度升至34℃时，发育期缩短为3 ~3.5天。胡广业和张文忠报道了温度是影响蝇蛆发育的主要因子，其适宜的温度范围为12 ~46℃；温度超过35℃时，其发育期不再缩短。

培养基质含水量是影响蝇蛆生长的又一重要因素。当培养基质含水量在50% ~80%时，蝇蛆均可存活并能发育至化蛹。培养基质过干，则不利于其对营养的吸收和利用而导致个体瘦小；培养基质过湿，基质中氧气不足有碍其呼吸代谢，同样对其生长不利。雷朝亮等报道了培养基质不同含水量对蝇蛆体重的影响，含水量为60%时，蝇蛆体重最大，且含水量在50% ~70%时，蝇蛆体重差异不显著。

蝇蛆具有负趋光性，当暴露在自然光或灯光下时，会表现出焦躁不安，不停地爬动以寻找躲避之处。因此，人工饲养蝇蛆应进行遮光处理。

蝇蛆是耐高密度饲养的种群，但其饲养密度仍要保持适当。如果密度过低，剩余饲料将结块或发霉；密度过高，会导致过分拥挤和营养不足，蝇蛆容易逃逸和死亡，得到的蛹也较小。蝇蛆的饲养密度因培养基质不同而存在差异，保持适当饲养密度的接种方法为：将培养基质以每平方米养殖池面积40 ~50千克的量倒入饲养池中，1米^{2}养殖池面积接种蝇卵20 ~25克。

(3)蝇蛆分离　在适宜的条件下大约饲养4天，蝇蛆体色开始变为微黄，这一转化标志着蝇蛆已经成熟。留作种蝇的幼虫需继续饲养直至化蛹，其余的则需分离备用。目前，报道的蝇蛆分离技术有多种，总结起来都是利用了蝇蛆的负趋光性、向下性和趋干性等生物学习性。如强光照射法，是利用蝇蛆的

负趋光性。用强光照射，蝇蛆会自动钻入培养基质，刮去表层不含蝇蛆的培养基质；如此反复地光照和层层剥去培养基质，最后在底层可获得培养基质低于1%的蝇蛆。

第二节 污水处理与利用技术

养鸡场目前基本采用干清粪方式，生产中产生的污水量很少，但在夏季高温时，由于鸡大量饮水，造成粪便过稀，需要重视污水的处理和利用。

一、沉淀处理法

沉淀处理法是一种采用物理沉淀和自然发酵来达到污水处理、利用的目的的方法，最常用的是三级沉淀法。

3个沉淀池串联在一起，第一级主要起沉淀作用，也有部分有机物质进行分解；第二、第三级处于厌氧消化状态，主要对污水中溶解的有机质进行厌氧分解。污水在三个沉淀池内进行沉淀、处理，处理后出水供周边农田或果园利用，池底沉积粪污可定期清理，作为有机肥直接利用或和固体粪便一起进行有机肥生产。

沉淀池大小需根据养殖量确定，但池体容积最低不得小于50米^3，池体有效深度一般为1.5～2米。三级沉淀池建设可采用砖混结构，为防止池底渗透，底部采用钢筋混凝土浇筑。池体四周墙采用砖砌二四墙，墙面水泥抹浆，浆厚度不得低于10毫米。池顶加盖预制板，防止雨水进入。每格池体进出水口均开口于隔墙顶部一侧，左右交错，进出口、漫溢口均设栏网，便于固液分离，适当减缓流速，截留浮渣，提升沉淀效果。

该方法沉淀池建设简单，操作方便，成本较低，但对粪污处理不够彻底，处理效率低下，需要经常清淤，且周边要有大量农田消纳粪污。

二、厌氧发酵法

厌氧发酵法就是通过专门的厌氧反应器将污水进行厌氧发酵产生沼气，沼液、沼渣作为有机肥还田利用的一种原生态型处理方法。

主要工艺流程：污水经过格栅，将残留的粪渣拦截并清除，清除出的残渣出售或生产有机肥。而经过格栅拦截后的污水则进入厌氧反应器进行厌氧发酵。发酵后的沼液还田利用，沼渣可直接还田或制造有机肥。

厌氧反应器容积宜根据水力停留时间(HRT)确定,水力停留时间(HRT)不宜小于5天。宜采用常温发酵,但温度不宜低于20℃。当温度条件不能满足工艺要求时,厌氧反应器应设置加热保温措施。厌氧反应器应达到水密性与气密性的要求,应采用不透气、不透水的材料建造,内壁及管路应进行防腐处理。目前用于养殖场污水处理的厌氧反应器很多,除了前面提到的CSTR、USR、UASB反应器外,较为成熟且常用的厌氧反应器还有厌氧生物滤池(AF)、折流式厌氧反应器(ABR)等。

(一)厌氧接触法

为了克服普通厌氧消化池不能按需要保留或补充厌氧活性污泥的缺点,在消化池后设沉淀池,将沉淀污泥回流到消化池,这样就形成了厌氧接触氧化法(图5-2)。

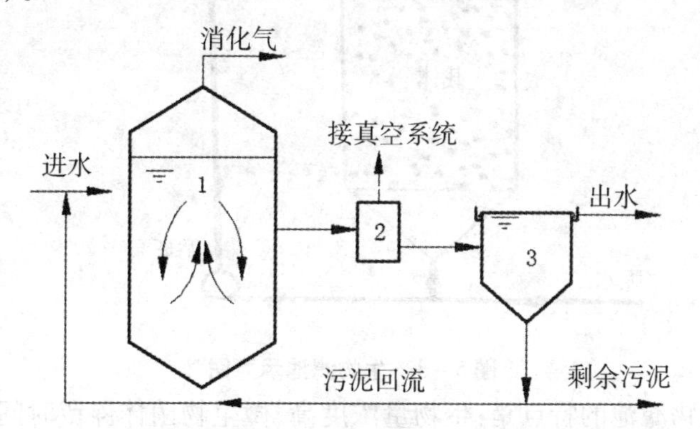

1. 混合接触池(消化池) 2. 沉淀池 3. 真空暖气器

图5-2 厌氧接触氧化法示意图

废水先进入混合接触池(消化池)与回流的厌氧污泥相混合,然后经真空脱气器而流入沉淀池。通过污泥回流,会使接触池内保持较高的污泥浓度。通常接触池中的污泥浓度要求在12 000~15 000毫克/升,因此污泥回流量很大,一般是废水流量的2~3倍。厌氧接触法可以直接处理悬浮固体含量较高或颗粒较大的料液,不存在堵塞问题,而且混合液经沉降后,出水水质好。在混合接触池中,要进行适当搅拌以使污泥保持悬浮状态。

厌氧接触氧化法使污泥不流失、出水水质稳定,可提高消化池内的污泥浓度,缩短污水在消化池内的水力停留时间,从而提高厌氧反应的有机容积负荷和处理效率。

(二)厌氧生物滤池(AF)

厌氧生物滤池,是一种内部装填有微生物载体(即滤料)的厌氧生物反应器(图5-3)。厌氧微生物部分附着生长在滤料上,形成厌氧生物膜,部分在滤料空隙间悬浮生长。污水流经挂有生物膜的滤料时,水中的有机物扩散到生物膜表面,并被生物膜中的微生物降解转化为沼气,净化后的水通过排水设备排至池外,所产生的沼气被收集利用。

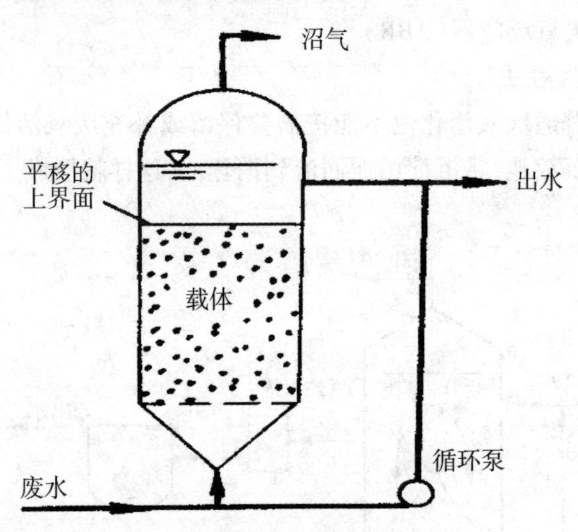

图5-3 生物滤池示意图

厌氧生物滤池的特点是:生物量浓度高,微生物菌体停留时间长,耐冲击负荷能力较强;在处理水量和负荷有较大变化的情况下,运行能保持较大的稳定性;不需要专门的搅拌设备,装置简单,工艺自身能耗低。其不足的地方是容易堵塞,故污水中悬浮物较多时不太适用,只有经过酸化作用后的酸化液才能进入厌氧生物滤池。

(三)折流式厌氧反应器

这是在UASB基础上开发出的一种新型高效厌氧反应器(图5-4)。反应器中使用一系列垂直安装的折流板使被处理的废水在反应器内沿折流板做上下流动,借助于处理过程中反应器内产生的沼气,使反应器内的微生物固体在折流板所形成的各个隔室内做上下膨胀和沉淀运动,而整个反应器内的水流则以较慢的速度做水平流动。由于水流绕折流板流动而使水流在反应器内流程的总长度增加,再加之折流板的阻挡及污泥的沉降作用,生物固体被有效地截留在反应器内。

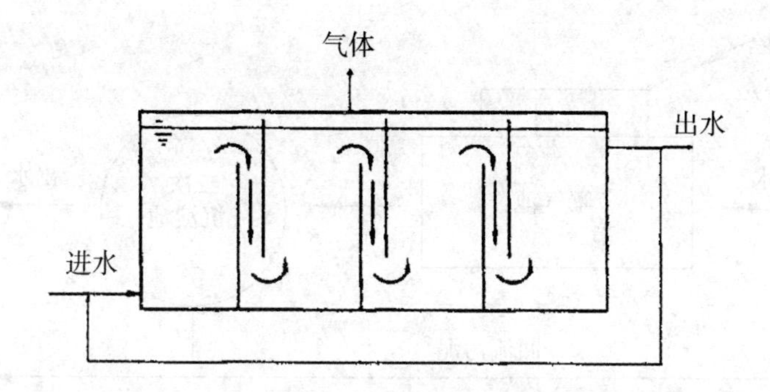

图 5－4 折流式厌氧反应器

折流式厌氧反应器的特点是：污泥浓度较高，有机负荷较高，水力停留时间短；对冲击负荷及进水中的有毒有害物质具有很好的缓冲适应能力；反应器内每个独立的反应室驯化着与该处环境条件相适应的微生物，出水水质好，运行稳定；反应器不设载体，不需三相分离器，避免堵塞并节省投资。

三、好氧处理法

好氧生物处理是依赖好氧菌和兼性厌氧菌的生化作用完成污水处理的过程。当进水 COD 浓度较低或进行沼液的达标排放处理时，可采用好氧处理法。根据反应器中微生物存在的状态不同，好氧处理法可分为好氧活性污泥法和好氧生物膜法。

（一）好氧活性污泥法

好氧活性污泥法又称曝气法，是以污水中的有机污染物作为培养基（底物），在人工曝气充氧的条件下，对各种微生物群体进行混合连续培养，使之形成活性污泥，并利用活性污泥在水中的凝聚、吸附、氧化、分解和沉淀等作用，去除废水中的有机污染物的废水处理方法。在处理系统中，微生物悬浮在水中，呈泥花状态。

1. 传统活性污泥法

传统活性污泥法由曝气池、沉淀池、污泥回流和剩余污泥排除系统组成（图 5－5）。

污水和回流的活性污泥一起进入曝气池形成混合液。曝气池是一个生物反应器，通过曝气设备充入空气，空气中的氧溶入污水使活性污泥混合液产生好氧代谢反应。曝气设备不仅传递氧气进入混合液，且使混合液得到足够的搅拌而呈悬浮状态。这样，污水中的有机物、氧气同微生物能充分接触和反

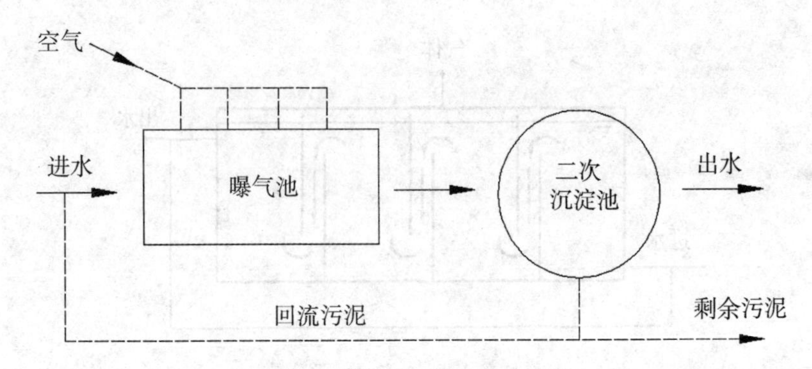

图5-5 传统活性污泥法流程图

应。随后混合液流入沉淀池,混合液中的悬浮固体在沉淀池中沉下来和水分离。流出沉淀池的就是净化后出水。沉淀池中的污泥大部分回流,称为回流污泥。回流污泥的目的是使曝气池内保持一定的悬浮固体浓度,也就是保持一定的微生物浓度。曝气池中的生化反应引起了微生物的增殖,增殖的微生物通常从沉淀池中排出,以维持活性系统的稳定运行。这部分污泥叫剩余污泥。剩余污泥中含有大量的微生物,排放进环境前应进行处理,防止污染环境。

2. 序批式活性污泥法(SBR)

序批式活性污泥法是活性污泥法的一个变形,它的反应机制以及污染物质的去除机制与传统活性污泥基本相同,仅运行操作不同。SBR 工艺是按时间顺序进行进水、反应(曝气)、沉淀、出水、排泥等5个程序操作,从污水的进入开始到排泥结束称为一个操作周期,一个周期均在一个设有曝气和搅拌装置的反应器(池)中进行。这种操作通过微机程序控制周而复始反复进行,从而达到污水处理的目的。SBR 工艺最显著的工艺特点是不需要设置二次沉池和污水、污泥回流系统;通过程序控制合理调节运行周期使运行稳定,并实现除磷脱氮;占地少,投资省,基建和运行费低。

3. 氧化沟法

氧化沟又名氧化渠,因其构筑物呈封闭的环形沟渠而得名。它也是活性污泥法的一种变形。该工艺使用一种带方向控制的曝气和搅动装置,向反应池中的物质传递水平速度,从而使被搅动的污水和活性污泥在闭合式渠道中循环。

氧化沟法特点:具有较长的水力停留时间,较低的有机负荷和较长的污泥龄;相比传统活性污泥法,可以省略调节池、初沉池、污泥消化池,处理流程简单,超作管理方便;出水水质好,工艺可靠性强;基建投资省,运行费用低。但

是，在实际的运行过程中，仍存在一系列的问题，如流速不均、污泥沉积、污泥上浮等问题。

（二）好氧生物膜法

好氧生物膜法是使细菌、放线菌、蓝绿细菌一类的微生物和原生动物、后生动物、藻类、真菌一类的真核微生物附着在滤料或某些载体上生长繁殖，形成膜状生物污泥。废水沿膜面流动时，由于浓度差的作用，有机物会从废水中转移到附着水层中去，进而被生物膜所吸附。空气中的氧也由废水进入生物膜，微生物对有机物进行氧化分解和同化合成，产生的二氧化碳和其他代谢产物一部分溶入附着水层，一部分进入空气中，如此循环往复，使废水中的有机物不断减少，从而得到净化。生物膜法的主要优点是：固着于固体表面上的微生物对废水水质、水量的变化有较强的适应性；和活性污泥法相比，管理较方便；由于微生物固着于固体表面，即使增殖速度较慢的微生物也能生息，从而构成了稳定的生态系统。生物膜法的主要设施是生物滤池、生物转盘、生物接触氧化池和生物流化床等。

1. 好氧生物滤池

以淬石、焦炭、矿渣或人工滤衬等作为填料层，然后将污水以点滴状喷洒在上面，并充分供给氧气和营养，此时在滤材表面生成一层凝胶状生物膜（细菌类、原生动物、藻类等），当污水沿此膜流下时，污水中的可溶性、胶性和悬浮性物质吸附在生物膜上而被微生物氧化分解。曝气生物滤池集生物氧化和截留悬浮固体于一体，不需二沉池，与普通活性污泥法相比，具有有机负荷高、占地面积小、投资少、出水水质好、运行能耗低、运行费用少的优点，但它对进水悬浮颗粒浓度（SS）要求较严（一般要求 SS≤100 毫克/升，最好 SS≤60 毫克/升），因此对进水需要进行预处理。同时，它的反冲洗水量、水头损失都较大。

2. 生物接触氧化池

生物接触氧化池是在曝气池中设置填料，部分微生物以生物膜的形式固着生长在填料表面，部分微生物则是絮状悬浮生长于水中。待处理的废水经充氧后以一定流速流经填料，与生物膜接触，通过生物膜与悬浮的活性污泥共同作用，达到净化废水的作用。该工艺兼有活性污泥法与生物滤池二者的特点。生物接触氧化池具有较高的容积负荷；由于生物接触氧化池内生物固体量多，水流完全混合，故对水质水量的骤变有较强的适应能力；剩余污泥量少，不存在污泥膨胀问题，运行管理简便。

3. 生物流化床

生物流化床处理技术是以沙、活性炭、焦炭等颗粒微载体填充于生物反应器内,借助流体使固体颗粒呈流化状态,载体表面生长着微生物,可以去除和降解有机污染物。这种方法的特点是:载体颗粒小、表面积大,为微生物生长提供了充足的场所,极大地提高了反应器内的微生物量;同时颗粒处于流态化状态,提高了有机污染物由污水向微生物细胞膜内的传质速度。

4. 生物转盘

生物转盘去除废水中有机污染物的机制与生物滤池基本相同,但构造形式与生物滤池很不相同。生物处理构筑物由水槽和部分浸没于污水中的旋转盘体组成,废水处于半静止状态,转盘40%的面积浸没在废水中,盘面低速转动,微生物附着在转动的盘面上形成生物膜,通过反复地接触槽中污水和空气中的氧,使污水获得净化。生物转盘的主要优点是动力消耗低、抗冲击负荷能力强、无须回流污泥、管理运行方便,缺点是占地面积大、散发臭气,在寒冷的地区需做保温处理。

第三节 病死鸡处理技术

目前,养鸡场的饲养管理及防疫制度已相当完善,这大大降低了鸡群疾病的发生及死亡率。但导致鸡患病或死亡的原因很多,死鸡的出现在所难免。以一个存栏10万只的蛋鸡场来说,如果按照月死淘率1%的水平来计,每月鸡的死淘数量为1 000只,每天为30多只。因为病死鸡身上带有大量病原体,如果不能很好地处理,就有可能造成病原扩散,同时对环境产生一定的危害作用,所以死鸡的处理就成为鸡场的一项经常性工作,也是养鸡业面临的一个重要问题。目前常用的死鸡处理方法有以下几种,具体可根据疾病的劣性程度和实际情况,因地制宜选择应用。

一、焚烧法

焚烧法是指在焚烧容器内,使动物尸体及相关动物产品在富氧或无氧条件下进行氧化反应或热解反应的方法。焚烧法处理病死鸡,能彻底杀灭病菌、病毒,处理过程迅速、卫生,处理后仅有少量灰烬,减量化效果明显,但焚烧炉投资、操作、维护和监测费用较高,烟气处理不当会对环境造成污染。

(一)焚尸炉直接焚烧

为了避免焚烧过程中对空气造成污染,通常采用密闭式的焚烧炉进行病死鸡焚烧处理。将动物尸体及相关动物产品投至焚烧炉燃烧室,经充分氧化、热解,产生的高温烟气进入二燃室继续燃烧,产生的炉渣经出渣机排出。焚烧过程中应严格控制焚烧进料频率和重量,使物料能够充分与空气接触,保证完全燃烧。燃烧室温度应不小于850℃,燃烧室内保持负压状态,避免焚烧过程中发生烟气泄漏。二燃室出口烟气经余热利用系统、烟气净化系统处理后达标排放。

(二)炭化焚烧

炭化焚烧是将病死鸡及相关动物产品投至热解炭化室,在无氧情况下经充分热解成为焦炭,获得的焦炭进入燃烧区(一燃室)进行燃烧,温度控制在800℃左右,其产生的高温缺氧烟气再被引入炭化室将动物尸体进行热解。由炭化室抽出含有可燃气体的烟气(包括一燃室产生的烟气),再进入气体燃烧室(二燃室)内高温氧化燃烧。热解温度应不小于600℃,二次燃烧室温度不小于1 100℃,焚烧后烟气在1 100℃以上停留时间不小于2秒,保证有毒有害的有机气体完全分解燃烧,然后经过热解炭化室进行热能回收后,降至600℃左右进入排烟管道,再经过湿式冷却塔进行"急冷"和"脱酸",最后净化处理达标排放。

炭化焚烧将动物尸体等热解炭化成焦炭和燃气,再把焦炭和燃气分别焚烧。焦炭和燃气都是高热值燃料,燃烧十分稳定,且焚烧温度高,焚烧彻底,热利用率高,且很大程度上控制了二噁英的产生,这是一般焚烧炉无法比拟的。

二、化制法

化制法是指在密闭的高压容器内,通过向容器夹层或容器通入高温饱和蒸汽,在干热、压力或高温、压力的作用下,处理动物尸体及相关动物产品的方法。化制法主要适用于国家规定的应该销毁以外的因其他疫病死亡的鸡以及病变严重、肌肉发生退行性变化的鸡等,此法具有操作较简单、灭菌效果好、处理能力强、处理周期短、不产生烟气、安全等优点,但也存在处理过程中易产生臭味、化制产生的废液污水需进行二次处理、设备投资成本高等问题。

根据热蒸汽与动物尸体是否直接接触,把化制划分为2种,即干化和湿化。

(一) 干化法

将死鸡放入具有高压干热消毒作用的干化机，利用循环于干化机机身夹层中的热蒸汽提供的热能，使被处理物不直接与热蒸汽接触，而是在干热和压力的作用下，达到脂肪熔化、蛋白质凝固和杀灭病原微生物的目的。

干化机是一种卧式或立式的真空化制罐，机身由双层钢板组成，形成夹层，机身内腔中心带有搅拌机，无害化处理时将原料投入其中化制。目前广泛采用的大型立式高压罐，上部开口，将病死鸡由此口投入罐中，然后加水并加盖密封，由热蒸汽通过双层罐壁的夹层进行加热、加压。经过一段时间后，罐内内容物分为三层，上层为油脂，中间层为溶解的蛋白质有机物，下层为肉骨残渣。这三层物质可分别作为生产工业油、蛋白胨和骨肉粉的原料。

干化法的优点是处理过程快，油脂中水分和蛋白质含量较低，残渣既可做饲料又可做肥料。干化法不允许用于处理死于恶性传染病的鸡。

(二) 湿化法

湿化法是通过一种具有高压蒸汽的湿化机，利用其产生的高压饱和蒸汽，直接与尸体组织接触，当蒸汽遇到尸体而凝结成为水时，则放出大量热能，使被处理的病害动物尸体或相关产品中的油脂熔化、蛋白质凝固，同时借助于高温与高压，达到将病原体完全杀灭的目的。湿化法比干化法的杀菌力强，缺点主要是油脂中混有蛋白质、骨胶等，色泽不良；油渣中的蛋白质含量低，水分含量高，易氧化变质，并常有异味，不宜用作饲料，只能做肥料。

三、掩埋法

掩埋法是指按照相关规定，将动物尸体及相关动物产品投入掩埋坑或发酵井中并覆盖、消毒，利用土壤微生物将动物尸体及相关产品进行腐化、降解。

(一) 直接掩埋法

对非烈性传染病而死的鸡，可以采用直接掩埋法进行处理。掩埋地点应选择在地势高燥，处于下风向的地方；远离鸡场、动物屠宰加工场所、动物隔离场所、动物诊疗场所、动物和动物产品集贸市场、生活饮用水源地；远离城镇居民区、文化教育科研等人口集中区域、主要河流及公路、铁路等主要交通干线。

掩埋坑体容积以实际处理病死鸡的数量确定，坑壁垂直，坑深在 2 米以上，坑底应高出地下水位 1 米以上，要防渗、防漏。病死鸡等埋藏物最上层应距地表 1.5 米以上，坑底要撒 2 ~5 厘米厚的生石灰或漂白粉等消毒。掩埋前应对病死鸡等进行一定处理，如将病死鸡表面用 10% 漂白粉上清液喷洒作用

2小时,将病死鸡连同包装物等全部投入坑内,覆盖厚度不少于1.2米的覆土。掩埋后,立即用氯制剂、漂白粉或生石灰等对掩埋场所进行一次彻底消毒。第一周内应每天消毒1次,第二周起应每周消毒1次,连续消毒3周以上。掩埋处应设置警示标志,并应有专人进行定期检查,第一周内应每天巡查1次,第二周起应每周巡查1次,连续巡查3个月,掩埋坑塌陷处应及时加盖覆土。

直接掩埋法简单、费用低,且不易产生气味,但因其无害化过程缓慢,某些病原微生物能长期生存,如果做不好防渗工作,有可能污染土壤或地下水。在发生疫情时,为迅速控制与扑灭疫情,防止疫情传播扩散,最好采用直接掩埋的方法。

(二)密闭发酵池处理

密闭发酵池又称密闭沉尸池,是指按照《畜禽养殖业污染防治技术规范》(HJ/T 81—2001)要求,地面挖坑后,采用砖和混凝土结构施工建设的密封池。密闭发酵池处理即以适量容积的发酵池沉积动物尸体,让其自然腐烂降解。

密闭发酵池应结合鸡场地形特点,建在下风向;乡镇、村用于集中处理的发酵池应选择地势较高,处于下风向的地点;应远离动物饲养厂(饲养小区)、动物屠宰加工场所、动物隔离场所、动物诊疗场所、动物和动物产品集贸市场、泄洪区、生活饮用水源地;远离居民区、公共场所,以及主要河流、公路、铁路等主要交通干线。

密闭发酵池可采用砖和混凝土或者钢筋和混凝土密封结构,应防渗防漏。在顶部设置投置口,并加盖密封;设置异味吸附、过滤等除味装置。发酵池容积以实际处理动物尸体及相关动物产品数量确定。建为圆筒状的发酵池,内部直径一般为2~3米,深度应根据地势而定,一般在2~3米或更深。投放病死鸡尸体前,应在发酵池底部铺撒一定量的生石灰或消毒液。投放后,投置口加盖密封,并对投置口、发酵池及周边环境进行消毒。当发酵池内动物尸体达到容积的3/4时,应停止使用并密封。发酵池周围应设置围栏、设立醒目警示标志,实行专人管理,注意发酵池维护,发现发酵池破损、渗漏应及时处理。当封闭发酵池内的动物尸体完全分解后,应当对残留物进行清理,清理出的残留物进行焚烧或者掩埋处理,发酵池进行彻底消毒后,方可重新启用。

密闭发酵池处理法可进行分散布点,化整为零;病死鸡的尸体可以随时扔到池内,较为方便;采用密闭设施,建造简单,臭味不易外泄;在做好消毒工作

的前提下，生物安全隐患小；设施投入低、运行成本低。缺点是发酵池内病死鸡尸体自然降解过程受季节、区域温度影响很大。密闭发酵池处理法适用于养殖场（小区）、镇村集中处理场所等对批量鸡尸体的无害化处理。

四、化学水解法

化学水解是将病死鸡尸体投入水解反应罐中，在高温的环境中，通过碱性催化剂的作用加快分解反应，把动物尸体和组织消解转化为无菌水溶液（氨基酸为主）和骨渣的过程。化学水解法具有灭菌效果好、处理能力强、处理周期短等优点，但易形成二次污染。

五、堆肥处理法

将病死鸡尸体置于堆肥内部或将病死鸡尸体及相关动物产品与稻糠、木屑等辅料按要求摆放，加入特定生物制剂，利用微生物的作用，发酵、分解病死鸡尸体或相关动物产品，将其转化为有机肥的过程。目前多选择条垛式或发酵槽式静态堆肥及发酵仓堆肥处理病死鸡。

（一）条垛式或发酵槽式静态堆肥

条垛式堆肥发酵应选择平整、防渗地面；发酵槽可采用砖混结构，建成地上式或半地下式，有防渗防漏措施。处理前，在指定场地或发酵槽底铺设20厘米厚辅料，辅料可为稻糠、木屑、秸秆、玉米芯等混合物，或在稻糠、木屑等混合物中加入特定生物制剂预发酵后产物。在辅料上平铺病死鸡尸体或相关动物产品，厚度不超过20厘米，然后再覆盖20厘米厚的辅料，确保病死鸡尸体或相关动物产品全部被覆盖。这样依层堆摞，堆体厚度随需处理病死鸡和相关动物产品的数量而定，一般控制在2～3米。发酵1周后翻堆，一般3周后堆肥完成。

采用这种堆肥方法简单方便，处理成本低，高温发酵过程能杀死病原微生物，但处理过程中会产生恶臭气体，需有一定的除臭设施。

（二）发酵仓式堆肥

堆肥在发酵仓中完成，发酵仓大多采用钢筋混凝土结构。仓内由鼓风机进行强制供气，以维持仓内好氧发酵。发酵仓式堆肥不易受天气条件影响，发酵时间快，占地面积小，生物安全性好，堆肥过程中的温度、通风、水分含量等因素可以得到很好的控制，因此可有效提高堆肥效率和产品质量。

六、高温生物降解

高温生物降解是将高温化制和生物降解结合起来的技术，即在密闭环境中，通过高温灭菌，配合好氧生物降解处理病死鸡尸体及废弃物，将其转化为优质有机肥原料，达到灭菌、减量、环保和资源循环利用的目的。

高温生物降解过程：在处理器中放入病死鸡，加入20%左右的辅料（锯末、秸秆、稻草等），再加入降解剂（生物活性酶），在55～75℃作用1个周期，然后在160～180℃灭菌2小时，排放物再进一步后熟；或先140～160℃灭菌2小时，完全灭菌后再进行降解、后熟。高温生物降解法简单、安全，杀菌效果好；病死鸡处理全过程均在一体机内完成，没有二次污染。

第六章　现代养鸡场消毒与防疫技术

近年来在鸡病的发生和流行过程中出现了新的特点：大规模、高密度的养鸡生产导致疫病在鸡群中传播流行的速度加快。鸡的应激因素增多，抗病力下降，一些在散养条件下不易发生的疫病，如应激综合征等成为多发病。原有的疫病常以不典型症状和病理变化出现，同一疾病临床症状呈现多种类型同时并存，且各临床症状间相关性很小，自然康复后的交叉保护率很低，由于病原血清型的改变和新毒株的产生，造成的侵袭范围不断扩大，临床症状也出现多样化，因而出现同一病因的症状更加复杂。有些疾病病原的毒力不断增强，出现了强毒或超强毒株，鸡群虽然已免疫接种，仍不能获得保护或保护力不强，导致免疫失败。一些细菌性疾病的发生率增高，治愈率降低，危害性增大。混合感染增多，病情复杂，危害加大。因此，为保障养鸡业的健康发展，为社会提供优质安全的产品，提高人民健康水平，加强鸡场的消毒与防疫，从根源上控制鸡的疫病显得至关重要。

第一节　综合性卫生防疫措施

一、生物安全体系

(一)生物安全

生物安全是目前最经济、最有效的传染病控制方法,同时也是所有传染病预防的前提。它将疾病的综合性防控作为一项系统工程,在空间上重视整个生产系统中各部分的联系,在时间上将最佳的饲养管理条件和传染病综合防治措施贯彻于动物养殖生产的全过程,强调了不同生产环节之间的联系及其对动物健康的影响。该体系集饲养管理和疾病预防于一体,通过阻止各种致病因子的侵入,防止动物群受到疾病的危害,不仅对疾病的综合性防治具有重要意义,而且对提高动物的生长性能,保证其处于最佳生长状态也是必不可少的。因此,它是动物传染病综合防控措施在集约化养殖条件下的发展和完善。

养鸡生产的生物安全内容包括鸡场建设、环境净化、饲养管理、卫生消毒、免疫接种等各个环节,坚持"预防为主,防治结合"的鸡病防治原则,将鸡病防治与饲养管理放在首位,从管理和预防着手,做好平时的饲养管理和兽医防疫工作,针对鸡病发生的规律与特征,采取综合防控措施,从而可有效减少传染性和非传染性疾病的发生,即使一旦发生传染性疫病,也能及时得以有效控制。

(二)鸡场建设

1. 场址选择

鸡场应选在地势较高、干燥平坦、向阳背风及排水良好的场地,要避开低洼潮湿地,远离沼泽地。鸡场的土壤要求过去未被鸡的致病细菌、病毒和寄生虫所污染,透气性和透水性良好,以便保证地面干燥。鸡场要有水量丰富和水质良好的水源,同时便于取用和进行防护。为防止鸡场受到周围环境的污染,选址时应避开居民点的污水排出口,不能将场址选在水泥厂、化工厂、屠宰场、制革厂等容易产生环境污染企业的下风向处或附近。

2. 场区规划

鸡场的管理区、生产区、隔离区按主导风向,地势高低及水流方向依次排列。鸡场分区规划的总体原则是人、鸡、污三者以人为先、污为后,风与水以风为主。

鸡场内管理区和生产区应严格分开并相隔一定距离，四周建立围墙或防疫沟、防疫隔离带等。生产区是鸡场布局中的主体，应慎重对待，孵化室应远离鸡舍，最好在鸡场之外单设。鸡场生产区内，从上风方向至下风方向按代次应依次安排祖代、父母代、商品代鸡；按鸡的生长期应安排育雏舍、育成舍和成年鸡舍，这样有利于保护重要鸡群的安全。按规模大小、饲养批次将鸡群分成数个饲养小区，区与区之间应有一定的隔离距离。隔离区是卫生防疫和环境保护工作的重点，其隔离更严格，与外界接触要有专门的道路相通。鸡场内的净道和污道不能相互交叉，应以沟渠或林带相隔。场外的道路不能与生产区的道路直接相通。

为了更好地控制各项传播途径，必须在建场时同步建设完善的配套设施，如浴室、洗衣房、冲洗间、冲洗台、熏蒸房、料库、蛋库、草库、杂物库等。

3. 鸡舍设计

鸡舍应便于环境控制，主要针对温度、湿度、通风、气流大小和方向、光照等气候因素，为鸡群提供舒适的生存环境。

全敞开式、半敞开式鸡舍内外直接相通，可利用光、热、风等自然能源，防热容易保温难，易受外界不良气候的影响，适于炎热地区或北方夏季使用，低温季节需封闭保温。有窗式鸡舍既能充分利用阳光和自然通风，又能在恶劣的气候条件下实现人工调控室内环境，在通风形式上实现了横向、纵向通风相结合，因此兼备了开放与密闭式的双重特点。密闭式鸡舍减少了自然界严寒、酷暑、狂风、暴雨等不利因素对鸡的影响。但饲养管理技术要求高，由于密闭舍具有防寒容易防热难的特点，一般适用于我国北方寒冷地区。

鸡舍和设备在设计时应考虑易于冲洗和消毒。鸡舍必须使用水泥地面、可冲洗的墙面和顶部、易冲洗的通风管道。

(三)加强饲养管理

1. 改善与控制环境

对鸡群健康和生产影响密切的环境因素有场区的环境条件和鸡舍的小环境状况两方面。必须注重改善这两方面的环境条件，为维持鸡群的健康打下基础。改善鸡场环境的措施包括：采取减量化和资源化等有效措施，加强对鸡场粪便的处理；设置排水设施，及时排除污水；注意水源的保护，防止污染；做好灭鼠灭虫工作；严格执行病死鸡的无害化处理；采取绿化措施，改善小气候；搞好环境的消毒工作。

鸡舍对鸡群影响较大的因素主要有温热环境、有害气体、微粒、噪声等，应

从这几方面着手做好环境控制。如通过提高鸡舍结构的保温隔热性能、适宜的饲养密度、适当的通风量等措施来避免温度过高或过低；通过合理设计鸡舍、环境绿化、化学物质消除等措施来改善鸡舍有害气体污染；通过加强通风换气、鸡舍远离饲料加工厂、保持地面干净等措施减少舍内的有机微粒；选择安静的场址、噪声小的设备等措施减小噪声的污染。

2. 提供优质饲料，保证营养供给

根据鸡群的不同品种、生长阶段和季节的营养需要，提供全价配合饲料，满足鸡体生长、发育、产蛋、长肉以及维持良好的免疫机能所需要的营养。当鸡进行断喙、转群、免疫、饲养条件发生较大变化时会发生应激反应，应激情况下，对维生素A、维生素K和维生素C需求量增加，应及时予以补充。同时要做好饲料的保管，防止霉变的发生。

3. 做好日常管理、增强鸡体抵抗力

做好日常管理、增强鸡体抵抗力包括选择适宜的饲养方式、选择优质雏鸡、减少应激反应、注意观察鸡群、做好日常记录等工作来提高疾病的防治能力。

（四）控制人员和物品的流动

养鸡场中应专门设置供工作人员出入的通道，进场时必须通过消毒池，大型鸡场或种鸡场，进鸡舍前必须淋浴更衣。对工作人员及其常规防护物品应进行可靠的清洗和消毒，最大限度地防止可能携带病原体的工作人员进入养殖区。同时应严禁一切外来人员进入或参观养殖场区。

在生产过程中，工作人员不能在生产区内各鸡舍间随意走动，工具不能交叉使用，非生产区人员未经批准不得进入生产区。直接接触生产群的工作人员，应尽可能远离外界同种动物，家里不得饲养鸡，不得从场外购买活鸡和鲜蛋等产品，以防止被相关病原体污染。

物品流动的控制包括对进出养鸡场物品及场内物品流动方式的控制。养鸡场内物品流动的方向应该是从最小日龄鸡流向较大日龄的鸡，从正常鸡的饲养区转向患病鸡的隔离区，或者从养殖区转向粪污处理区。

（五）防止动物传播疾病

1. 死鸡处理

（1）焚烧法　这是一种传统的处理方式，是杀灭病原最可靠的方法。可用专用的焚尸炉焚烧死鸡，也可利用供热的锅炉焚烧。但近年来，许多地区制定了防止大气污染条例，限制焚烧炉的使用。

（2）深埋法　这是一个简单的处理方法，费用低且不易产生气味，但埋尸

坑易成为病原的储藏地，并有可能污染地下水。故必须深埋，且有良好的排水系统。

(3)堆肥法　已成为场区内处理死鸡最受欢迎的选择之一。经济实用，如设计并管理得当，不会污染地下水和空气。堆肥设施建造：每1万只种鸡的规模，建造高2.5米、面积3.7米^{2}的建筑，该建筑地面混凝土结构，屋顶要防雨。至少分隔为两个隔间，每个隔间面积不得超过3.4米^2，边墙要用5厘米×20厘米的厚木板制作，既可以承受肥料的重量压力，又可使空气进入肥料之中使需氧微生物产生发酵作用。

在堆肥设施的底部铺放一层15厘米厚的鸡舍地面垫料。再铺上一层15厘米厚的棚架垫料，在垫料中挖出13厘米深的槽沟，再放入8厘米厚的干净垫料。将死鸡顺着槽沟排放，但四周要离墙板边缘15厘米。将水喷洒在鸡体上，再覆盖上13厘米部分地面垫料和部分未使用过的垫料。

堆肥过程在30天内将全部完成，可有效地将昆虫、细菌和病原体消灭。堆肥后的物质可用于改良土壤的材料或肥料。

2. 杀虫

鸡场重要的害虫包括蚊、蝇和蜱等节肢动物的成虫、幼虫和虫卵。

(1)物理杀虫法　对昆虫聚居的墙壁缝隙、用具和垃圾等，可用火焰喷灯喷烧杀虫，用沸水或蒸汽烧烫车船、圈舍和工作人员衣物上的昆虫或虫卵，当有害昆虫聚集数量较多时，也可选用电子灭蚊、灭蝇灯具杀虫。

(2)生物杀虫法　主要是通过改善饲养环境，阻止有害昆虫的滋生，达到减少害虫的目的。通过加强环境卫生管理、及时清除圈舍地面中的饲料残屑和垃圾以及排粪沟中的积粪，强化粪污管理和无害化处理，填埋积水坑洼，疏通排水及排污系统等措施来减少或消除昆虫的滋生地和生存条件。

(3)化学杀虫法　在养殖场舍内外的有害昆虫栖息地、滋生地大面积喷洒化学杀虫剂，以杀灭昆虫成虫、幼虫和虫卵的措施。但应注意化学杀虫剂的二次污染。

3. 灭鼠

作为人和动物多种共患病的传播媒介和传染源，鼠类可以传播许多传染病。因此，灭鼠对兽医防疫和公共卫生都具有重要的现实意义。

鼠类繁殖快，一般每年能繁殖3~6窝，每窝产子5~8只，少量老鼠的存在就能繁殖一大群，而且某局部地域的老鼠消灭后，其周边地区的老鼠很快占领该地域，重新形成鼠患，所以要经常灭鼠。

老鼠常在杂乱的角落打洞做窝，针对这一习性，养鸡场环境要求整洁，地面硬化，不用的器具、物品最好清除出去，使老鼠无处藏身。鸡舍建筑最好采用砖混结构，不让老鼠打洞。房舍大门要严紧，通风孔和窗户加金属网或栅栏遮挡。

根据老鼠多数栖息在养鸡场外围隐蔽处、部分栖息在屋顶、少数在舍内打洞筑巢的生活习性，全面投放毒饵，场内外夹攻。在养鸡场内的生活区、办公室、饲料库、加工间、孵化室、储蛋库、厨房、厕所、垃圾堆、空地等都应与鸡舍同时进行，以扩大灭鼠面积，防止老鼠漏风及邻近老鼠迁入。有条件可在邻近鸡场500米范围内的农田、森林、荒地、河滩、居民区同时进行灭鼠。如鼠患严重时，也可选用高效低毒安全的灭鼠剂毒杀，或采取毒气熏杀。

饲料库为防止污染最好用电子捕鼠器、粘鼠板、诱鼠笼、鼠夹捕打、人工捕杀等方法捕杀老鼠。

4. 野鸟的控制

野鸟也是传播病原的主要途径之一，但对野鸟的控制通常比较困难。一般的做法是在鸡舍周边约50米范围内只种草，不种树，减少野鸟栖息的机会。另外，搞好鸡舍周边环境卫生，对撒落在鸡舍周边的饲料要及时清扫干净，避免吸引野鸟飞进鸡场采食。最重要的是，鸡舍所有出入风口、前后门、窗户等，必须安装防护网，防止野鸟直接飞入鸡舍内。

5. 隔离

由于传染源具有持续或间歇性排出病原微生物的特性，为了防止病原体的传播，将疫情控制在最小的范围内就地扑灭，必须对传染源进行严格的隔离、单独饲养和管理。

隔离是控制疫病的重要措施之一。传染病发生后，兽医人员应深入现场，查明疫病在群体中的分布状态，立即隔离发病动物群，并对其污染的圈舍进行严格消毒处理。同时，应尽快确诊并按照诊断的结果和传染病的性质，确定将要进一步采取的措施。在一般情况下，需要将全部动物分为患病动物群、可疑感染群和假定健康群等，并分别进行隔离处理。

二、消毒

消毒是鸡饲养过程中最重要的生物安全措施之一，也是鸡场环境管理和卫生防疫的重要内容。消毒的目的是杀灭或清除环境中的病原体，切断传播途径，阻止疫病传播和蔓延。

（一）消毒方法

1. 机械消毒

用清扫、铲刮、洗刷等机械方法清除降尘、污物及沾染在墙壁、地面、设备上的粪尿、残余饲料、废物、垃圾等，这样可减少大气中的病原微生物。必要时，应将舍内外表层附着物一齐清除，以减少感染疫病的机会。在进行消毒前，必须彻底清扫粪便及污物，对清扫不彻底的鸡舍进行消毒，即使用高于规定的消毒剂量，效果也不显著。

通风可以减少空气中的微粒与细菌的数量，减少经空气传播疫病的机会。在通风前，使用空气喷雾消毒剂，可以起到沉降微粒和杀菌作用。然后，再依次进行清扫、铲刮与洗刷。最后，再进行空气喷雾消毒。

2. 物理消毒

(1) 日光照射　日光照射消毒是指将物品置于日光下暴晒，利用太阳光中的紫外线、阳光的灼热和干燥作用使病原微生物灭活的过程。这种方法适用于对鸡场、运动场场地、垫料和可以移出室外的用具等进行消毒。

在强烈的日光照射下，一般的病毒和非芽孢菌经数分钟到数小时即可被杀灭。阳光的杀菌效果受空气温度、湿度、太阳辐射强度及微生物自身抵抗能力等因素的影响。

(2) 辐射消毒　用紫外线灯照射可以杀灭空气中或物体表面的病原微生物。紫外线照射消毒常用于种蛋室、兽医室等空间以及人员进入鸡舍前的消毒。由于紫外线容易被吸收，对物体（包括固体、液体）的穿透能力很弱，所以紫外线只能杀灭物体表面和空气中的微生物。当空气中微粒较多时，紫外线的杀菌效果降低。

(3) 高温消毒　高温消毒是利用高温环境破坏细菌、病毒、寄生虫等病原体结构，杀灭病原的过程，主要包括火焰、煮沸和高压蒸汽等消毒形式。

火焰消毒是利用火焰喷射器喷射火焰灼烧耐火的物体或者直接焚烧被污染的低价值易燃物品，以杀灭黏附在物体上的病原体的过程。这是一种简单可靠的消毒方法，杀菌率高，平均可达97%；消毒后设备表面干燥。常用于鸡舍墙壁、地面、笼具、金属设备等表面的消毒。使用火焰消毒时应注意以下几点：每种火焰消毒器的燃烧器都只和特定的燃料相配，故一定要选用说明书指定的燃料种类；要撤除消毒场所的所有易燃易爆物，以免引起火灾；先用药物进行消毒后，再用火焰消毒器消毒，才能提高灭菌效率。

煮沸消毒是将被污染的物品置于水中蒸煮，利用高温杀灭病原的过程。

煮沸消毒经济方便,应用广泛,消毒效果好。一般病原微生物在100℃沸水中5分即可被杀死,经1~2小时煮沸可杀死所有的病原体。这种方法常用于体积较小而且耐煮的物品如衣物,金属、玻璃等器具的消毒。

高压蒸汽消毒则是利用水蒸气的高温杀灭病原体。其消毒效果确实可靠,常用于医疗器械等物品的消毒。常用的温度为115℃、121℃或126℃,一般需维持20~30分。

3. 化学消毒

化学消毒比其他消毒方法速度快、效率高,能在数分钟内进入病原体内并杀灭之。所以,化学消毒法是鸡场最常用的消毒方法。

(1)化学消毒剂的分类

1)醛类消毒剂　常用的有甲醛和戊二醛2种。甲醛是一种杀菌力极强的消毒剂,但它有刺激性气味且杀菌作用非常迟缓。可配成5%甲醛混合溶液,用于手术部位消毒,福尔马林是甲醛的水溶液,含甲醛37%~40%,并含有8%~15%的甲醇。福尔马林溶液比较稳定,可在室温下长期保存,而且能与水或醇以任何比例相混合。对细菌芽孢、繁殖体、病毒、真菌等各种微生物都有高效的杀灭作用。甲醛常利用氧化剂高锰酸钾、氯制剂等发生化学反应。戊二醛用于怕热物品的消毒,效果可靠,对物品腐蚀性小,但作用较慢。

2)酚类消毒剂　酚类消毒剂是一种古老的中效消毒剂,只能杀灭细菌繁殖体和病毒,而不能杀灭细菌芽孢,对真菌的作用也不大。酚类化合物有苯酚、甲酚、氯甲酚、氯二甲苯酚、六氯双酚、来苏儿等。由于酚类消毒剂对环境有污染,这类消毒剂应用的趋向逐渐减少。

3)醇类消毒剂　最常用的是乙醇和异丙醇,它可凝固蛋白质,导致微生物死亡,属于中效水平消毒剂,可杀灭细菌繁殖体,不能杀灭芽孢。醇类杀微生物作用亦可受有机物影响,而且由于易挥发,应采用浸泡消毒,或反复擦拭以保证其作用时间。醇类常作为某些消毒剂的溶剂,而且有增效作用。

临床上常用乙醇进行注射部位皮肤消毒、脱碘、器械灭菌、体温计消毒等。常配成70%~75%乙醇溶液用于注射部位皮肤、人员手指、注射针头及小件医疗器械等消毒。

4)季铵盐类消毒剂　季铵盐又称阳离子表面活性剂,它主要用于无生命物品或皮肤消毒。季铵盐化合物的优点,毒性极低,安全、无味、无刺激性,在水中易溶解,对金属、织物、橡胶和塑料等无腐蚀性。它的抑菌能力很强,但杀菌能力不太强,主要对革兰阳性菌抑菌作用好,阴性菌较差。对芽孢、病毒及

结核杆菌作用能力差,不能杀死。复合型的双链季铵盐化合物,比传统季铵盐类消毒剂杀菌力强数倍。有的产品还结合杀菌力强的溴原子,使分子亲水性及亲脂性倍增,更增强了杀菌作用。

常用的季铵盐类清毒剂如新洁尔灭,临床上常配成0.1%浓度作为外科手术器械以及人员手、臂的消毒;百菌灭能杀灭各种病毒、细菌和霉菌,可作为平常预防消毒用,按1:(800~1 200)稀释做鸡舍内喷雾消毒,按1:800稀释可用于疫情场内、外环境消毒,按1:(3 000~5 000)稀释可长期或定期用于饮水系统消毒。

5)过氧化物类消毒剂　过氧乙酸:为强氧化剂,性能不稳定,高浓度(25%以上)加热(70℃以上)能引起爆炸,故应密闭避光储放在低温3~4℃处。有效期半年,使用时应现配现用,过氧乙酸对病原微生物有强而快速的杀灭作用,不仅能杀死细菌、真菌和病毒,而且能杀死芽孢,常用0.5%溶液喷雾消毒鸡舍地面、墙壁、食具及周围环境等,用1%溶液做呕吐物和排泄物的消毒。本品对金属和橡胶制品有腐蚀性,对皮肤有刺激性,使用前应当多加注意。

过氧化氢(双氧水):是一种氧化剂,弱酸性,可杀灭细菌繁殖体、芽孢、真菌和病毒在内的所有微生物。0.1%的过氧化氢可杀灭细菌繁殖体。常用3%溶液对化脓创口、深部组织创伤及坏死灶等部位消毒。30毫克/千克的过氧化氢对空气中的自然菌作用20分,自然菌减少90%。用于空气喷雾消毒的浓度常为60毫克/千克。

(2)选择消毒剂的原则

1)适用性　不同种类的病原微生物构造不同,对消毒剂反应不同,有些消毒剂为广谱性的,对绝大多数微生物都具有杀灭效果,也有一些消毒剂为专用的,只对有限的几种微生物有效。因此,在购买消毒剂时,须了解消毒剂的药性,消毒的对象如物品、畜舍、汽车、食槽等特性,应根据消毒的目的、对象,消毒剂的作用机理和适用范围选择最适宜的消毒剂。

2)杀菌力和稳定性　在同类消毒剂中注意选择消毒力强、性能稳定、不易挥发、不易变质或不易失效的消毒剂。

3)毒性和刺激性　大部分消毒剂对人、鸡具有一定的毒性或刺激性,所以应尽量选择对人、鸡无害或危害较小的,不易在畜产品中残留的并且对鸡舍、器具无腐蚀性的消毒剂。

4)经济性　应优先选择价廉、易得、易配制和易使用的消毒剂。

(3)化学消毒剂的使用方法

1)清洗法　清洗法是用一定浓度的消毒剂对消毒对象进行擦拭或清洗，以达到消毒目的。常用于对种蛋、鸡舍地面、墙裙、器具进行消毒。

2)浸泡法　浸泡法是一种将需消毒的物品浸泡于消毒液中进行消毒的方法。常用于对医疗器具、小型用具、衣物进行消毒。

3)喷洒法　喷洒法是将一定浓度的消毒液通过喷雾器或洒水壶喷洒于设施或物体表面以进行消毒。常用于对鸡舍地面、墙壁、笼具及动物产品进行消毒。喷洒法简单易行、效力可靠。

4)熏蒸法　熏蒸法是利用化学消毒剂挥发或在化学反应中产生的气体，以杀死封闭空间中的病原体。这是一种作用彻底、效果可靠的消毒方法。常用于对孵化室、无鸡的鸡舍等空间进行消毒。

5)气雾法　气雾法是利用气雾发生器将消毒剂溶液雾化为气雾粒子对空气进行消毒。由于气雾发生器喷射出的气雾粒子直径很小(小于200微米)，质量极小，所以，能在空气中较长时间地飘浮并可以进入细小的缝隙中，因而消毒效果较好，是消灭气源性病原微生物的理想方法。如全面消毒鸡舍空间，每立方米用5%过氧乙酸溶液2.5毫升。

(二)鸡场的消毒技术

1. 鸡舍的消毒方法

鸡舍消毒分为空舍消毒和带鸡消毒两种情况，但无论哪种情况都必须掌握科学的消毒方法才能达到良好的消毒效果。空舍消毒有六大消毒程序，即清扫、洗刷、冲洗、粉刷、火焰消毒、熏蒸消毒。

(1)清扫　在饲养期结束时，将舍内的鸡全部移走，清除舍内存留的饲料，未用完的饲料不再存留在鸡舍内，也不应在另外鸡群中使用，然后将地表面上的污物清扫干净，铲除鸡舍周围的杂草，并将其一并送往堆集垫料和鸡粪处。将可移动的设备运输到舍外，经清洗和阳光照射后，放置于洁净处备用。

(2)洗刷　用高压水枪冲洗舍内的天棚、四周墙壁、门窗、笼具及水槽和料槽，达到去尘、湿润物体表面的作用。然后用清洁刷将水槽、料槽和料箱的内外表面污垢彻底清洗；用扫帚刷去笼具上的粪渣；用板铲清除地表上的污垢，然后再用清水冲洗。反复2~3次，到物见本色为止。

(3)冲洗消毒　鸡舍洗刷后，用酸性消毒剂和碱性消毒剂交替消毒，使耐酸的细菌和耐碱的细菌均能被杀灭。为防止酸碱消毒剂发生中和反应消耗消毒剂用量，在使用酸性消毒剂后，用清水冲洗后再用碱性消毒剂，冲洗消毒后

要清除地面上的积水，打开门窗风干鸡舍。

(4)粉刷消毒　对鸡舍不平整的墙壁用10%～20%的氧化钙乳剂进行粉刷，现配现用。同时用1千克氧化钙加350毫升水，配成乳剂，洒在阴湿地面、笼下粪池内。在地与墙的夹缝处和柱的底部涂抹杀虫剂，以保证能杀死进入鸡舍内的昆虫。

(5)火焰消毒　用专用的火焰消毒器或火焰喷灯，对鸡舍的水泥地面、金属笼具及距地面1.2米的墙体进行火焰消毒，要求各部位火焰灼烧的时间达3秒以上。

(6)熏蒸消毒　鸡舍清洗干净后，紧闭门窗和通风口，舍内温度要求在18～25℃，相对湿度在65%～80%，用适量的消毒剂进行熏蒸消毒（表6－1）。具体消毒程序见图6－1。

表6－1　鸡舍熏蒸消毒用药剂量

鸡舍状况	浓度等级	甲醛（毫升/米^3）	高锰酸钾（克/米^3）	热水（毫升/米^3）
未使用过的鸡舍	1倍浓度	14	7	10
未发疫病鸡舍	2倍浓度	28	14	10
已发疫病鸡舍	3倍浓度	42	21	10

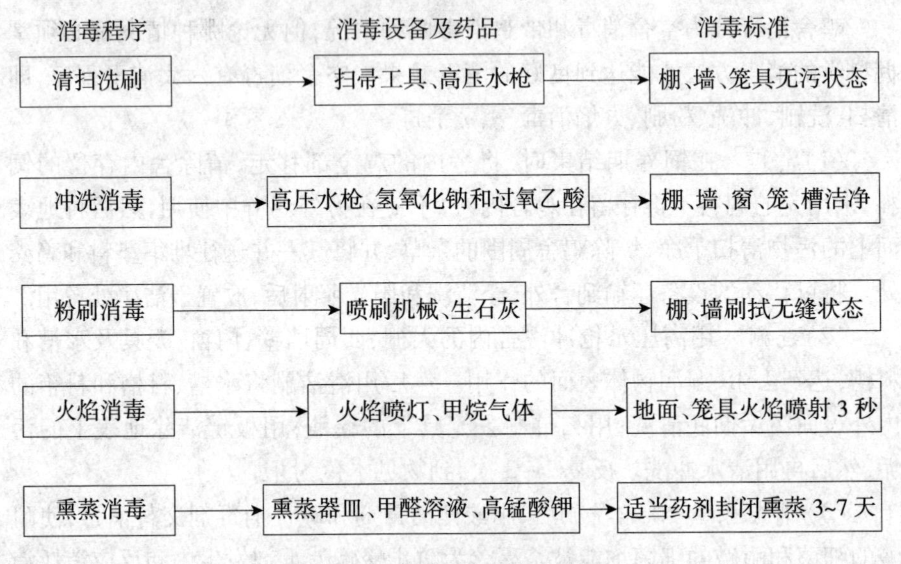

图6－1　鸡舍消毒程序示意图

2. 进场人员的消毒

人员是鸡疾病传播中最危险、最常见也最难以防范的传播媒介，必须靠严格的制度并配合设施进行有效控制。在生产区入口处要设置更衣室与消毒室。更衣室内设置淋浴设备，消毒室内设置消毒池和紫外线消毒灯。工作人员进入生产区要淋浴，更换干净的工作服、工作靴，并通过消毒池对鞋进行消毒，同时要接受紫外线消毒灯照射 5 ~ 10 分。常用的紫外线消毒灯规格为 220 伏/30 瓦。

工作人员进入或离开每栋舍要养成清洗双手、脚踏消毒池的习惯。尽可能减少不同功能区内工作人员交叉现象。主管技术人员在不同单元区之间来往应遵从清洁区至污染区，从日龄小的鸡群到日龄大的鸡群的顺序。当进入隔离舍和检疫室时，还要换上另外一套专门的衣服和雨靴。

尽可能谢绝外来人员进入生产区参观访问，经批准允许进入参观的人员要进行淋浴洗澡，更换生产区专用服装、靴帽。工作人员应定期进行健康检查，防止人畜互感疾病。创造条件，最好采用微机闭路监控系统，便于管理人员和参观者不必轻易进入生产区。

3. 饲养设备及用具的消毒

料槽、水槽以及所有的饲养用具，除了保持清洁卫生外，要每天刷洗 1 次，饲养用具要求每隔 7 天消毒 1 次，每个月全面消毒 1 次。各舍的饲养用具要固定专用，不得随便串用，生产用具每周消毒 1 次。

4. 鸡场及生产区等出入口的消毒

在鸡场入口处供车辆通行的道路上应设置消毒池，在供人员通行的通道上设置消毒槽，池（槽）内用草垫等物体做消毒垫。消毒垫以 20% 新鲜石灰乳、2% ~4% 的氢氧化钠或 3% ~5% 的煤酚皂液（来苏儿）浸泡，对车辆、人员的足底进行消毒，值得注意的是应定期（如每 7 天）更换一次消毒液。

5. 环境消毒

鸡转舍前或入新舍前对鸡舍周围 5 米以内及鸡舍外墙用 0.2% ~0.3% 过氧乙酸或 2% 的氢氧化钠溶液喷洒消毒；对场区的道路、建筑物等要定期消毒，对发生传染病的场区要加大消毒频率和消毒剂量。

6. 运输工具的消毒

使用车辆前后都必须在指定的地点进行消毒，对运输途中未发生传染病的车辆进行一般的粪便清除及热水洗刷即可。运输过程中发生过一般的传染病或有感染一般传染病可疑者，车厢应先清除粪便，用热水洗刷后再进行消

毒。运输过程中发生恶性传染病的车厢、用具应经2次以上的消毒，并在每次消毒后再用热水清洗。处理的程序是先清除粪便、残渣及污物，然后用热水自车厢顶棚开始，渐及车厢内外进行各部冲洗，直至洗水不呈粪黄色为止，洗刷后进行消毒。发生过恶性传染病的车厢，应先用有效消毒药液喷洒消毒后再彻底清扫，清除污物后再用消毒药消毒。两次消毒的间隔时间为0.5小时。最后一次消毒后3小时左右用热水洗刷后再行使用。

三、免疫接种与免疫监测

（一）免疫接种

根据免疫接种的时机不同，可将免疫接种分为预防接种和紧急接种。

1. 接种方法

（1）饮水免疫法　饮水免疫的疫苗是高效价的活毒弱疫苗，如鸡新城疫弱毒疫苗、禽霍乱弱毒疫苗、鸡传染性法氏囊病弱毒疫苗、鸡传染性支气管炎弱毒疫苗等。稀释疫苗应把握适宜的浓度和适度的用水量。采用饮水免疫稀释配制疫苗可用深井水或凉开水，饮水中不应含有任何使疫苗灭活的物质，如氯、锌、铜、铁等离子，饮水器要保持清洁干净，不可有消毒剂和洗涤剂等化学物质残留，饮水的器皿不能是金属容器，可用瓷器和无毒塑料容器。稀释疫苗的用水量应根据鸡大小来确定，稀释疫苗宜将疫苗开瓶后倒入水中搅匀，为有效地保护疫苗的效价，可在疫苗稀释液中加入0.2%～0.5%的脱脂奶粉混合使用。饮水免疫前后应控制鸡饮水和避免使用其他药物。施用饮水免疫前的鸡，应提前2～4小时停止供水，确保鸡在半小时内将疫苗稀释液饮完。鸡在饮水免疫前后24小时内，其饲料和饮水中不可使用消毒剂和抗生素类药物，以防引起免疫失败或干扰机体产生免疫力。

（2）喷雾免疫法　喷雾免疫适用于鸡新城疫Ⅲ系、Ⅳ系弱毒苗、传染性支气管炎弱毒苗等。用去离子水和蒸馏水稀释疫苗，不能选用生理盐水等含盐类的稀释剂，以免喷出的雾粒迅速干燥致使盐类浓度升高而影响疫苗的效力。配液量应根据免疫的具体对象而定，1日龄雏鸡每1 000只的喷雾量是200毫升，平养鸡每1 000只的喷雾量是250～500毫升，笼养鸡每1 000只的喷雾量是250毫升。实施喷雾免疫时，应将鸡相对集中，关闭门窗及通风系统。用疫苗接种专用的喷雾器或用能够迅速而均匀地喷射小雾滴的雾化器，在鸡群顶部30～50厘米处喷雾，边喷边走，将疫苗均匀地喷向相应数量的鸡，使整个鸡舍的雾滴均匀分布。雏鸡的雾滴应大些，直径为30～100微米，成鸡为5～30

微米。至少应往返喷雾 2 ~ 3 遍后才能将疫苗均匀喷完,喷雾后 20 分再开启门窗。该接种法在有慢性呼吸道等疾病的鸡群中应慎用。

(3)滴鼻、点眼法　这是弱毒疫苗的最佳接种方法,效果确实可靠,适用于鸡新城疫Ⅱ、Ⅲ、Ⅳ系疫苗,传染性支气管炎疫苗及传染性喉气管炎弱毒疫苗的接种。采用这种方法时应注意:疫苗稀释液一般用生理盐水、蒸馏水或者凉开水;稀释液的用量要准确,一般每 1 000 羽份的疫苗用 100 毫升稀释液;为使操作准确无误,每次一手只能抓一只鸡,在滴入疫苗之前,应把鸡的头颈摆成水平的位置,并用一只手指按住向地面的一侧鼻孔。用清洁的吸管在每只鸡的一侧眼睛和鼻孔内分别滴 1 滴稀释的疫苗,稍停,当滴入眼结膜和鼻孔的疫苗吸入后再将鸡轻轻放开;稀释的疫苗要在 1 ~ 2 小时内用完。

(4)注射法　分为皮下注射法和肌内注射法。本法多用于灭活疫苗(包括亚单位苗)和某些弱毒疫苗的接种。

一般使用连续注射器,调整好剂量,颈部皮下注射常用于马立克病疫苗的接种,针头应向后向下,与颈部纵轴平行。用食指和拇指将雏鸡的颈背部皮肤捏起呈三角形,针头近于水平刺入。胸肌注射时,应沿胸肌呈 45°斜向刺入,切忌垂直刺入胸肌;腿肌注射时,针头应朝鸡体方向在外侧腿肌刺入。雏鸡的插入深度为 0.5 ~1 厘米,日龄较大的鸡可为 1 ~2 厘米;吸取疫苗的针头和注射鸡的针头应分开,针头的数量要充足(水剂使用 5 ~6 号针头,油乳剂使用 8 ~9 号针头)。

(5)刺种法　主要用于鸡痘疫苗的接种。将疫苗用灭菌生理盐水稀释,混匀后用清洁的蘸笔尖或接种针蘸取疫苗稀释液,刺种于鸡翅膀内侧无血管处的翼膜内。小鸡刺 1 针,较大的鸡刺 2 针。接种后 1 周左右检查刺种部位,若产生绿豆大小的小疱,以后干燥结痂,说明接种成功,否则需要重新刺种。

(6)滴肛或擦肛法　这种免疫方法只用于强毒型传染性喉气管炎疫苗。在对发病鸡群进行紧急预防接种时,可将 1 000 羽份的疫苗稀释于 25 ~30 毫升生理盐水中(或按产品说明书稀释),将鸡抓起,头向下,肛门向上,翻出黏膜,滴一滴疫苗,或用接种刷(小毛笔或棉拭子)蘸取疫苗在肛门黏膜上刷动 3 ~4 次。接种 3 ~5 天可见泄殖腔黏膜潮红,否则应重新接种。从未发生过该病的鸡场,不宜接种。

2. 基础免疫程序

免疫程序即根据鸡场或鸡群的实际情况与可能发生的疾病,对需要接种的疫苗种类、接种时间和方法等预先合理安排的计划或方案。免疫程序的制

定必须根据本地鸡病流行情况及其规律，鸡的品种、年龄、母源抗体水平和饲养条件，以及疫苗情况等方面因素而定，不能机械地照搬他人的免疫程序。所制定的免疫程序还应根据实际应用效果、疫情变化、鸡群动态等随时调整。

（1）禽流感（AI）

1）种鸡、蛋鸡接种 H5 亚型禽流感疫苗　14 日龄每只接种 0.3～0.4 毫升，35～40 日龄每只接种 0.5～0.6 毫升，以后每 4 个月加强免疫 1 次，每只 0.6～0.8 毫升。

2）肉鸡（中、慢速型）接种 H5 亚型禽流感疫苗　10 日龄，每只接种 0.3 毫升；30～35 日龄接种第二次，每只 0.5～0.6 毫升；80～90 日龄，接种第三次，每只 0.8～1.0 毫升。

（2）鸡新城疫（ND）　本病免疫应在抗体监测的基础上采用弱毒苗和油乳剂灭活苗相结合的方法进行免疫。

1）蛋鸡 1～3 日龄　新支灵或 $C_{30}-H_{120}$ 1 羽份气雾或点眼。7～10 日龄：新支灵或 $L-H_{120}$ 1 羽份气雾或点眼，同时新城疫油乳剂灭活苗 0.3～0.4 毫升。在污染重的地区，产蛋鸡开产前用克隆－Ⅰ（CS2）3 倍量注射，同时新支减三联苗 0.5～0.7 毫升注射。150～160 日龄再用克隆－Ⅰ（CS2）3 倍量注射，以后每 8 周左右克隆－Ⅰ（CS2）3 倍量注射。

2）肉鸡 7～10 日龄　用弱毒苗（Ⅱ、Ⅳ系或克隆 30）滴鼻、点眼或大雾滴气雾免疫。25～30 日龄重复上述免疫。也可在 10 日龄用弱毒苗（Ⅱ、Ⅳ系或克隆 30）滴鼻、点眼或大雾滴气雾免疫的同时皮下注射半个剂量灭活苗。

（3）马立克病（MD）　1 日龄皮下注射马立克病疫苗。根据本场情况可以用小时 VT 冻干苗或细胞结合苗；也可用双价苗（如小时 VT＋SBI 苗），但要确保一个剂量不少于 4 000 个蚀斑单位。

（4）传染性法氏囊病（IBD）　一般鸡场 10～12 日龄雏鸡用中等毒力弱毒苗（如 B87）首免，18～20 日龄二免；污染重的鸡场，可采用中等偏强毒力疫苗免疫，肉子鸡 10～14 日龄、蛋雏鸡 12～16 日龄免疫 1 次即可；种鸡还应在 18～20周龄和 40～42 周龄注射灭活苗免疫，以提高雏鸡的母源抗体。

（5）鸡传染性喉气管炎（ILT）　在疫场进行本病免疫。20～42 日龄用弱毒苗点眼免疫，间隔 6 周后重复免疫 1 次。

（6）鸡传染性支气管炎（IB）　1 周龄内尽早用 H_{120} 饮水或滴鼻免疫。3 周后用 H52 重复饮水免疫，120～140 日龄用 H52 饮水或注射油苗。在肾型传支疫区，进行肾型传支疫苗免疫。

(7)鸡痘(FP)　25～35日龄用鸡痘鹌鹑化弱毒疫苗刺种(在本病早发区可在1周内用鸽痘源鸡痘蛋白明胶弱毒疫苗刺种)。120～140日龄再次刺种免疫。

(8)传染性脑脊髓炎(AE)　在疫场进行本病免疫。10～13周龄用弱毒苗饮水或刺种免疫。

(9)病毒性关节炎(REO)　肉种鸡进行本病免疫。2周龄用弱毒苗或油苗注射免疫。

(10)传染性鼻炎(IC)　3～5周龄用半个剂量油苗注射。120～140日龄油苗注射。

(11)产蛋下降综合征(EDS－76)(减蛋综合征)　在疫场进行本病免疫。120～140日龄注射油苗。

3. 制订免疫程序应注意的问题

(1)疫病流行情况　在制订免疫程序时首先应考虑当地疫病流行情况，一般而言，免疫的疫病种类主要是可能在该地区暴发、流行的疫病。对强毒型的疫苗应非常慎重，非不得已不引进使用，避免疫苗免疫时带来的新病毒毒株，对本地或本场其他未免疫同类疫苗的鸡群构成威胁。

(2)鸡群抗体水平　鸡体内存在的抗体依据来源可分为两大类：一类是先天所得，另一类是通过后天免疫产生。鸡体内的抗体水平与免疫效果有直接关系。在鸡体内，抗体会中和接种的疫苗，因此在鸡体内抗体水平过高或过低时接种疫苗，效果往往不理想。免疫应选在抗体水平到达临界线时进行。

(3)疾病种类　有的疾病对各日龄的鸡都有致病性，而有的疾病只危害某一生长阶段的鸡，如新城疫、传染性支气管炎，各种年龄的鸡都易感，而减蛋综合征只危及产蛋高峰期的蛋鸡，法氏囊病主要危及青年鸡等。因此，应在不同生产年龄进行不同的免疫，而且免疫时间应设计在本场发病高峰期前1周，这样既可减少不必要的免疫次数，又可把不同疾病的免疫时间分隔开，避免了同时接种疫苗所导致的干扰及免疫应激。

(4)生产需要　根据生产需要可将鸡分为肉鸡与蛋(种)鸡两大类。两者的免疫程序在同一疾病流行区是不同的。蛋(种)鸡的生产周期较长，一次免疫不足以提供长效的免疫力，因此需进行多次免疫，且疫苗种类还应加上危及产蛋率、孵化率的疫苗。蛋(种)鸡免疫后还应保证其孵出的雏鸡含有较高水平的母源抗体。肉鸡由于生产周期较短，因此免疫次数及疫苗种类都比蛋(种)鸡少。

(5) 饲养管理水平　在先进的饲养管理方式下，养鸡场一般不易受强毒的攻击，且免疫程序实施较为彻底；在落后的饲养管理水平下，鸡与各种传染病接触的机会较多，免疫程序不一定得到彻底落实，此时免疫程序设计就应考虑周全，以使免疫程序更好地发挥作用。一般而言，饲养管理水平低的养鸡场，其免疫程序比饲养管理水平高的养鸡场复杂。

(6) 疫苗种类　设计免疫程序时应考虑用合理的免疫途径、疫苗类型来刺激鸡产生免疫力。活疫苗一般是减毒苗，可在体内繁殖，因此可提供强而持久的免疫力，但是活疫苗未完全丧失感染力，有的活疫苗自身容易产生突变。肉鸡多用毒力较弱的疫苗以预防气囊炎，而蛋鸡或母源抗体较高的鸡群可用中等毒力疫苗。由于活疫苗之间存在相互干扰，故一般活疫苗不用联苗。建议各养鸡场选择正规厂家提供的弱毒疫苗（最好是单苗）进行基础免疫，选用灭活苗进行加强免疫（在发病严重地区用单苗，在安全地区可选用联苗）。对于一些血清型变异较大的疾病，可选用地方毒株制备灭活疫苗进行加强免疫。

(7) 免疫方法　免疫应根据使用说明进行。一般活疫苗采用饮水、喷雾、滴鼻、点眼、注射免疫，灭活苗则需肌内或皮下注射。合适的免疫途径可以刺激鸡尽快产生免疫力，不合适的免疫途径则可能导致免疫失败，如油乳剂灭活苗不能做饮水、喷雾，否则易造成严重的呼吸道或消化道障碍。同一种疫苗用不同的免疫途径所获得的免疫效果也不一样，如新城疫，滴鼻、点眼的免疫效果比饮水好。

(8) 免疫效果　一个免疫程序应用一段时间后，效果可能变差，此时可根据免疫效果结合免疫监测情况适当调整免疫程序。

(二) 免疫监测

免疫监测包括病原监测和抗体监测两方面。病原监测包括微生物监测和疫病病原监测。抗体检测包括母源抗体、免疫前后的抗体、主要疫病抗体水平的定期监测以及未免疫接种疫病抗体水平的定期监测等。通过摸清抗原抗体水平的动态及高低，科学地制定免疫程序，把防疫工作认认真真落到实处。

四、鸡场扑灭疫病的措施

在饲养管理过程中，尽管有严格的卫生防疫措施，但仍不免会发生疫情。因为疫病具有流行的能力，危害的范围大。当鸡场暴发疫病时，根据疫病的种类，应采取相应的扑灭措施。

(一)诊断和疫情报告

当饲养员发现鸡突然死亡或怀疑发生传染病时,应立即报告技术人员,场部应及时组织专家会诊并做出正确诊断。确诊为传染病后,应向邻近的鸡场通报疫情,以便共同采取措施,把发生的疫情控制在最小的范围内,及时扑灭。当发生烈性传染病时,一定要迅速上报疫情,政府防疫部门应及时组织力量对周围地区进行必要的检疫,以便确定封锁、隔离的区域。

(二)封锁

经确诊为烈性传染病时,对鸡场立即进行封锁,严禁人员、车辆来往,停止苗鸡、种蛋的引进、出售或外调,以防止扩大疫情。病鸡的用具、饲料、粪便等,未经彻底消毒处理不得运出,以防病原扩散。若发生重大疫情,则由政府有关部门发布封锁令,公布封锁的范围和采取的措施。疫情结束后,全场应彻底消毒,经检测合格后方可结束封锁,重新进鸡。

(三)隔离

对已经发生传染病的鸡群或鸡舍应迅速采取隔离措施,不得再与健康鸡接触。隔离群或隔离舍应设专人管理,禁止无关人员进入,工作人员应严格遵守消毒制度。

(四)消毒

为了尽快地消灭由鸡排出的病原体,必须强化各个环节的消毒工作。对疫区内的鸡舍、环境、车辆、用具、人员、衣物和污染地等进行彻底消毒,粪便进行无害化处理。对没有发病的鸡群也应增加鸡体消毒的次数。

(五)紧急免疫接种

紧急免疫接种就是在鸡场或鸡场邻近地区发生传染病时,为了迅速控制和扑灭疫病,对疫区和受威胁区尚未发病的鸡进行紧急性免疫接种。使用免疫血清进行紧急免疫接种,安全有效,但因来源不足、代价高、免疫期短,所以鸡场很少使用。一般在疫区使用疫苗进行紧急接种,能迅速控制疫情。

当使用疫苗进行紧急免疫接种时,要选择适当的疫苗。例如新城疫紧急接种时,使用Ⅰ系苗效果较好。此外,接种前首先把鸡群分为假定健康群、可疑群和病鸡群,接种顺序是先假定健康群、最后病鸡群,接种时做到每只鸡一支针头。

(六)药物治疗

药物治疗的重点是病鸡和疑似病鸡,但对假定健康鸡的预防性治疗也不能放松。治疗的关键是在确定诊断的基础上尽早实施,这对消灭传染来源和

阻止其疫情蔓延方面意义重大。治疗的药品有生物药品、抗生素和化学药品以及中草药。

(七)处理病鸡与病死鸡

患传染病的鸡随分泌物、排泄物不断排出病原体污染环境,病死鸡的尸体也是特殊的传染媒介,对其必须严加管理并妥善处置。对于重病鸡和病死鸡,在严格防止扩散的条件下进行深埋或焚烧,严禁出售和运出疫区。对治疗有望的轻病鸡,及时进行对症治疗。

第二节 养鸡场卫生防疫制度

为防止疫病的发生与蔓延,保证养鸡生产的正常进行和健康发展,充分提高经济效益,应制定卫生防疫制度。

一、总则

本场所有人员都要提高科技意识,正确认识"防重于治"的原则,遵守本制度。场部成立兽医卫生防疫领导小组,负责兽医卫生防疫制度的制定、完善、领导、实施和监督检查工作。注意讲究卫生,搞好各自所辖区域的卫生工作,全场每月进行一次大扫除。搞好除"四害"(鼠、蚊、蝇、鸟)活动,根据季节统一组织,随时进行。鸡场食堂不准从场外购进鸡肉及其产品。

二、大门卫生防疫制度

大门必须关闭,一切车辆、人员不准入内,办事者必须到传达室登记、检查,经同意后必须经过消毒池消毒后方可入内,自行车和行人从小门经过脚踏消毒池消毒后才准进入,消毒池内投放2%~3%的氢氧化钠溶液,每3天更换1次,保持有效。不准带进任何鸡及其产品,特殊情况由门卫代为保管并报场部。进入场内的人员、车辆必须按门卫指示路线和地点行走和停放。搞好大门内外卫生和传达室卫生,做到整洁、整齐,无杂物。

三、生产区卫生防疫制度

生产区谢绝参观,非生产人员未经场部领导同意不准进入生产区,自行车和其他非生产用车辆不准进入生产区,必须进入生产区的人员应身着消毒过的工作衣、鞋、帽经过消毒池后方可进入,消毒池投放2%~3%的氢氧化钠溶

液，并且每3天更换1次，保持有效。生产区内不允许有闲杂人员的出现。非生产需要，饲养人员不要随便出入生产区和串舍。生产区内的工作人员必须管好自己所辖区域的卫生和消毒工作；外界环境，正常情况下，春、夏季每周用2%～3%氢氧化钠溶液消毒1次，秋冬每半月消毒1次。饲养员、技术人员工作时间都必须身着卫生清洁的工作衣、鞋、帽，每周洗涤1次或2次（夏季），并消毒1次，工作衣、鞋、帽不准穿出生产区。生产区设有净道、污道，净道为送料、人行专道，每周消毒1次；污道为清粪专道，每周消毒2次。

四、鸡舍卫生防疫制度

未经场部技术人员和领导同意，任何非生产人员不准进入鸡舍，必须进入鸡舍的人员经同意后应身着消毒过的工作衣、鞋、帽，经消毒后方可进入，消毒池内的消毒液每2天更换1次，保持有效。鸡舍门口的内侧放置消毒水盆，进入鸡舍后需先进行洗手消毒。消毒水一般用0.1%百毒杀或1%的来苏儿，消毒水每隔1天更换1次。工作用具每周消毒最少2次，并要固定鸡舍使用，不得串用。每半月进行1次鸡群喷雾消毒。饲养员要每天保持好舍内外卫生清洁，每周消毒1次，并保持好个人卫生。每天清粪2次，清粪后要对粪锨、扫帚进行冲刷清洗。饲养员每天要对饲养的鸡进行观察，发现异常，及时汇报并采取相应的措施。对鸡群按指定的免疫程序和用药方案进行免疫和用药，并加强饲养管理，增强鸡群的抵抗力。兽医技术人员每天要对鸡群进行巡视，发现问题及时处理。饲养人员每天都要按一天工作程序规定要求进行工作。对新引进的鸡群应在隔离观察舍内饲养观察1个月以上方可进入正常鸡舍饲养。

五、鸡舍空栏后的兽医卫生防疫措施

鸡舍空栏后，应马上对鸡舍进行彻底清除、冲刷，不留死角。将舍内的粪、尿、蛛网、灰尘等全部彻底清除干净。用3%的氢氧化钠溶液对地面、食槽、墙壁、顶棚等进行严格的消毒，然后空舍半个月以上。进鸡前2天清刷食槽、水槽，把火碱水等清刷干净。进鸡前一天，把整体卫生再整理一遍，然后把卫生清洁的饲养工具备齐放好，再用百毒杀、过氧乙酸或其他消毒剂彻底消毒1次，准备接鸡。

六、发现疫情后的紧急措施

当鸡群发生疫情时，要立即报告场部领导及兽医卫生防疫领导小组，及早

隔离或淘汰病鸡,对死淘的鸡用不漏水的专车或专用工具送往诊断室诊断或送往处理车间处理,不准在生产区内解剖和处理。立即成立疫情临时控制领导小组,负责对以上工作进行综合的实施控制和监督检查。及时确定疫情发生地点,并进行控制,尽量把病情及其污染程度局限在最小的范围之内,并严格控制人员的流动,饲养员及疫点内的工作人员不能随便走出疫点,并严格限制外界人员进入鸡场。对疫点及周围环境从外到内实行严格彻底的消毒,饲养设备和用具,工作衣、鞋、帽全部进行消毒。对疫病进行早诊断、早治疗;做出正确诊断后,对其他健康鸡群和假定健康鸡群先后及时地进行相应的紧急免疫接种。加强鸡群的饲养管理,喂给鸡群以富含维生素的优质全价饲料,供给以新鲜清洁的饮水,增强鸡群的抵抗力。

七、对供销的兽医卫生防疫要求

本场对饲养鸡采取"全进全出"制。不准从疫区购买饲料,不准购进霉变饲料。不准从疫区和发病鸡场购鸡。从外地购进鸡苗时,应会同兽医技术人员一起了解当地及其周边地区的疫情及所购鸡群的免疫情况及用药情况等,并经当地兽医检疫机构检疫后签发检疫证明,才能购入。对所购鸡苗入场前要进行严格的消毒,然后放入隔离观察栏饲养。销售鸡时,应经兽医技术人员检查批准后备档方可销售。

第七章 福利化养鸡概论

动物作为一种生命形式，同人类一样有着基本生存需要和高层次的心理需要，它们需要基本的饮食、饮水，需要适宜的活动空间和生活环境，需要安全感，需要表达自己的天性。动物福利的实质是善待活着的动物，为其提供舒适的饲养环境，给予其完善的营养，保持其身体健康，以求提高饲料消化率，降低饲养成本，增加生产，以获取更高的经济、社会和生态效益。

第一节　福利养鸡的理论基础

目前有关家禽的福利研究主要集中在蛋鸡生产。普遍认为目前笼养蛋鸡严重限制了蛋鸡的活动,不仅不能使鸡舒展翅膀,连饮水和采食也很困难,而且没有栖架,难以正常栖息。更有甚者是蛋鸡生产普遍使用强制换羽达到增加产蛋数的方法,许多动物福利组织认为这是一种残忍的做法,使蛋鸡连续饥饿数天,降低了鸡的抵抗力而易发生疾病。

在北欧一些高福利国家,例如瑞士,已通过立法禁止出售和进口由笼养系统产出的鸡蛋。与此同时,替代蛋鸡笼养的生产模式是在舍饲的基础上,结合散养,辅以厚褥草,并设置栖架和产蛋箱。用这种方法生产的鸡蛋,再标以品牌,虽然价格较高,但消费者却乐意接受。

通过改善蛋鸡养殖中的饲养设备和设施可提高蛋鸡的生产性能和福利状况。对于笼养蛋鸡,欧盟目前推广使用富集型鸡笼,该鸡笼配有栖架、垫料和泥土浴,另配有产蛋的巢箱。有研究表明,富集型笼养相比交替式饲养方式(平养和大笼饲养),能够减少啄癖行为,提高鸡舍环境质量。荷兰的广泛研究表明,产蛋箱至少需要135厘米^{2}才能较好地改善蛋鸡福利状况,栖架的材质和结构很重要,垫料用木屑效果较佳。Michelle等研究发现,采用改良型的鸡笼饲养蛋鸡,能够改善鸡的羽毛状况,栖木可改善鸡的脚垫状况。Freire等研究发现,相比传统笼养,采用大群饲养模式能够缓解蛋鸡的啄癖行为,改善部分蛋鸡的福利状况。郭盈盈(2010)研究表明,福利改进型鸡笼可显著改善蛋鸡的行为,啄癖、站立和趴卧等呆板行为明显降低,背部羽毛覆盖良好,足部损伤及畸形明显降低。在不改变饲养场所主要设施的情况下,利用环境富集方式来改善蛋鸡福利已得到越来越多的学者和生产者的认同。

饲养密度可以直接影响鸡的活动空间范围,也间接影响其他因素如温度、湿度以及垫料和空气的质量。1999年欧盟保护蛋鸡的最低标准指令规定:对当前正在使用的普通型鸡笼要求蛋鸡拥有的笼底面积最小为550厘米^2/只。美国鸡蛋生产者协会推荐笼养蛋鸡笼底面积为432~555厘米^2/只。英国零售商和食品服务部门允许禽类实际标准更高可达到38千克/厘米^2。研究认为密度小于25千克/厘米^2(800厘米^2/只)时,家禽的大部分福利问题都可以避免。王龙等(2015)研究表明,饲养密度对蛋鸡血液指标以及抗体水平具有一定的影响,随着饲养密度的增加,血液皮质酮CORT水平逐渐增高,鸡群受

到的应激刺激逐渐增大,饲养密度越大鸡群羽毛覆盖程度越差,羽毛福利评分越低。

饲养管理与蛋鸡生产性能和福利状况息息相关。育雏期仔鸡断喙容易对鸡造成应激,易出血和感染,而使用红外线断喙方法,即红外线光束穿透鸡喙硬的外壳层,直至喙部的基础组织,这种方法能够减轻鸡断喙过程中的应激,体现出良好的动物福利。蛋鸡在性成熟前或者产蛋后期会出现换羽现象,生产上为缩短换羽时间,延长蛋鸡的生产利用年限,常对蛋鸡采用人工强制换羽,包括限饲、光照控制等方法,这些方法严重损害了蛋鸡的福利。动物权益组织强烈要求采用替代方法,Bigger 等研究发现,饲喂麦麸、玉米、玉米麸或者 3 种料混合的饲料能有效促进蛋鸡换羽,且增加蛋鸡对沙门菌的抵抗力,提高成活率,这种非断料的换羽方法体现了动物福利的主张。

欧洲食品安全局调查认为,动物运输过程中的各类刺激会对蛋鸡造成极大的伤害,如产生脂肪肝、产蛋率降低、死亡率增加。Nijdam 等研究认为鸡运输过程中死亡率较高的原因多是鸡笼装载量超标。Mohan 认为鸡运输时在鸡笼中待的时间不得超过 12 小时。研究者发现,鸡在夏天的死亡率最高,当温度高于 23℃时,死亡率几乎增加 7 倍。因此,欧盟对运输的车辆做出了特别要求,运输超过 8 小时的车辆上必须安装机械通风设备。

动物福利要求善待活着的动物,减少死亡的痛苦。国际上比较认可的福利宰杀工艺主要有电击法、二氧化碳法、颈部脱臼法。有研究表明,运用二氧化碳气晕比电晕可减少家禽出成损失,提高肉品质。但家禽对二氧化碳会产生逃避反应,这非常不利于家禽的福利,因此在动物安乐死时,注入的二氧化碳中通常加入不同浓度的惰性气体,如氩气、氮气等。有研究表明,采用两相气体系统即在开始鸡处于含有 40% 二氧化碳、30% 氮气的环境中 60 秒,然后处于 80% 二氧化碳和空气的安乐死环境中,这样的系统有益于动物福利和胴体质量。

第二节　福利养鸡的特殊性与相对性

我国是世界禽蛋生产大国。2015 年全年禽蛋产量 2 999 万吨,位居世界第一位,但家禽福利状况却很少受到关注。近年来,随着我国家禽业集约化程度的提高,蛋鸡笼养、肉鸡健康以及屠宰运输中存在的动物福利问题逐渐引起了国际动物福利组织的关注,尤其是蛋鸡笼养问题更是备受责难。但目前蛋

鸡笼养在我国以及许多国家仍是主要的养殖模式。究其原因，主要是蛋鸡笼养具有提高生产效率和蛋鸡生产性能的优点，同时也避免蛋鸡与粪便直接接触，有利于减少疾病的发生。

随着社会的发展和人们对生态、动物保护意识的提高，笼养所带来的蛋鸡福利问题也逐渐引起了人们的关注。目前关注最多的主要集中于蛋鸡笼养方式本身，笼养条件如笼养密度、笼养环境、管理等几个方面。笼养方式虽然有益于生产，但对蛋鸡自身来说其行动和自由受到了极大的限制，如蛋鸡在笼内不能正常地伸展或拍打翅膀，不能转身，不能啄理自己的羽毛；它们始终站卧于倾斜的铁丝网板上，始终处于无奈的状态之中，不能正常地表现它们的本能行为。加上长期缺乏运动，导致蛋鸡的骨骼十分脆弱。有人统计，最后从笼内取出送去屠宰的蛋鸡，捕捉和运输可造成30%以上的母鸡发生主要骨骼的断裂。严重者，甚至会造成笼养产蛋鸡疲劳症，表现为骨骼脆弱，不能站立但是仍能采食和饮水。被侵袭的母鸡消瘦，如果不给予帮助则会发生死亡。但是，如果放到地面上饲养，大多数鸡可以在几天内痊愈。

此外，蛋鸡在笼养的条件下，除了不能充分运动、互相挤压、经常受到抓取之外，如果管理不当，同样也会面临饥渴、过冷或过热的环境、疾病发生的威胁。因此蛋鸡笼养已成为当前世界动物福利和动物保护组织十分关注的问题，也是家禽业所面临的动物福利最为紧迫的问题。

第三节　福利养鸡的必然性与紧迫感

一直以来人类把自然界其他生灵看作人的附属物，或者当作单纯的生产工具，或者当作商品，而忽视了它们的基本福利，随着人类文明的发展，人们逐渐意识到动物的重要性。随着我国畜牧业的迅速发展，动物生产在农业经济中所占的比例越来越大。国内外养殖业的发展证明，只有注重动物保护福利与保健，保障动物福利，保持动物养殖与农业生态环境的协调与统一，才能保障动物健康，减少疫病的流行，促进畜产品的安全，提高经济效益，从根本上保障养殖业长期持久的发展。因此，动物福利也逐渐被关注，成为检验一个国家文明程度的重要标准和进行国际贸易的重要条件。

一、福利养鸡有利于提高生产力

当动物受到应激因子如饥饿、痛苦、惊恐等的刺激后，首先引起交感神经兴奋，使呼吸、心跳加快，增加中枢器官的供血量，数秒后肾上腺分泌肾上腺素和去甲肾上腺素以增加机体处理应激的能量供应。这一系列的反应，短期内对动物是有利的，但长期存在将对动物生产造成不利影响。

二、福利养鸡是国际贸易的必然需求

动物福利将成为西方国家新的贸易技术壁垒。主要表现在：一是发达国家按世界动物卫生组织（OIE）标准设置第一道障碍。日前OIE标准已有关于动物福利的基本要求，如果发展中国家没有达到这些要求，就无法进入发达国家的市场，由此引起的贸易纠纷，也无法向世界贸易组织（WTO）提出仲裁。二是即便发展中国家的动物产品已达到OIE标准，但仍低于进口国的动物福利标准，还是不能在进口国市场销售。例如，欧盟规定从2004年开始，要求市场上出售的鸡蛋必须注明是"放养母鸡所生"，还是"笼养母鸡所生"，对笼养鸡蛋限期退出市场。三是发达国家可以动物福利问题作为借口，实际限制进口已达到OIE标准的动物产品。

那么，西方国家为什么会选择"动物福利"作为新的贸易壁垒呢？首先是商业利益。西方国家的畜产品生产成本与价格相对较高，在国际贸易一体化原则下，如何使本国生产成本与价格处于劣势的畜牧业持续发展，选择"动物福利"作为新的贸易壁垒，即成为保护本国商业利益的基本原则。第二是国家之间"动物福利"的差距。西方国家明明知道发展中国家很难在一定时期内达到他们要求的动物福利标准，又在其他方面很难找出借口，只有以己之长克人所短，从而达到自己的目的。第三是这种贸易壁垒具有隐蔽性和合法性。他们不仅可以借助本国或共同体有关动物福利法律的支持，而且容易获得社会舆论的共鸣。因为"动物福利"涉及社会道德，一般来说社会道德优先于商业利益。第四是它与真正的"技术壁垒"不同，因为真正的技术壁垒有违WTO规则；而动物福利可在不违反OIE标准的情况下，依然具有实际的壁垒效应。

三、动物福利对畜牧业生产方式的影响

实施动物福利制度已经成为国际规则和通行做法。一是有关"动物福利"条款已列入新一轮农业谈判方案。2004年2月，WTO农业委员会提出的《农业谈判关于未来承诺模式的草案》已将"动物福利支付"列入"绿箱政策"之中。许多国家敦促应加大实施动物福利规则之力度，且已得到国际社会普遍认可。有的学者认为，世界范围内畜禽重大疫病不断蔓延，与忽视动物福利

有关,这又为推进这种规则提供了实据。二是一些国家目前已将动物福利作为进口农产品的审核标准之一。2004 年 1 月,欧盟理事会明确提出,其成员国在进口农产品时,应将动物福利作为考虑的一个重要因素。三是动物福利立法已成趋势。目前,世界已有几十个国家通过动物福利立法进行动物“自由食品”生产,并以此作为市场销售的标识。今后随着全球经济和竞争一体化进程的加快,动物福利和动物保护理念将会给动物及动物产品贸易带来更大的影响。

实施动物福利也是畜产品安全生产的需要。据研究,疯牛病是由于污染的饲料所致,禽流感与现代集约化生产方式有关。在饲料中使用违禁的抗生素、“瘦肉精”或其他药物,或超量使用微量元素,均会造成有害物质在畜产品中的残留,既影响动物健康,也影响人类健康。只有实施“无营养不良”的动物福利原则,按照其自身营养需要投喂饲料,避免各种有害物质在畜禽体内的残留,才能保证畜禽的健康,才能使畜禽获得良好生产力,最终实现畜产品安全生产。

第四节 家禽养殖福利的现状与评价

一、家禽养殖福利的现状

我国在家禽福利领域的研究与应用相对滞后于欧美发达国家,包括家禽福利科学方面的研究滞后、家禽福利评价标准缺失、相关法律不健全和对家禽福利认知度低等方面。

(一)家禽养殖的福利标准较少

我国涉及畜禽生产的法律主要有《中华人民共和国动物防疫法》和《中华人民共和国畜牧法》。在这些法律法规中均涉及对动物的需求、防疫治疗、畜舍设备等福利问题的关注。这些法规为后期有针对性地制定家禽生产中的保护立法提供了法律支撑。

(二)家禽养殖的福利认知不足

家禽福利的认知取决于生产者、饲养管理技术人员、消费者和舆论对家禽福利的关注度,采取有效的福利措施是改善家禽福利的有效手段。畜牧兽医工作者应当提高自身对家禽福利的认知,作为家禽福利的主要研究者、应用和宣传者有责任增强对家禽福利的认识,充分认识改善家禽福利水平是提高家

禽健康和生产水平的技术措施，是研制新型养殖设施设备和开展环境控制的评价依据，是生产优质、安全畜产品的技术保证。

(三) 家禽养殖的福利研究滞后

在家禽生产实践中，环境应激普遍存在，也受到生产管理人员重视。但是，在应激源的控制方面却缺乏有效的认识和控制方式。家禽福利科学研究涉及生理、营养、神经内分泌、行为及工程技术等多个学科，需要各学科研究团队的协同攻关。

(四) 家禽养殖的福利技术缺乏

集约化家禽养殖模式中注重追求经济利益，降低饲养成本，把家禽当作"生产机器"，从而忽略了家禽的生物学需求，导致一系列的应激问题，造成抵抗力下降，环境易感性增加，严重影响其生产力和健康水平，迫使人们大量使用抗生素来提高家禽生产性能和抗病力，以控制家禽的发病率和死亡率。长此以往，造成病原微生物抗药性提高，形成了抗生素滥用和病原微生物耐药性提高的恶性循环怪圈，使得禽产品品质下降，药物残留问题突出，食品安全性和环境污染等问题涌现，危及消费者的健康。

二、家禽福利的评价

家禽福利状态的好坏直接关系到家禽和消费者的健康，因此有必要对家禽的饲养、运输、屠宰环节的福利、健康和管理水平进行客观的评价。评价指标的选择既要有科学依据，又要可用于生产实践。每个指标的选择都是人为根据评价目标而设定。因此，在家禽福利的评价体系中，主观评价和客观评价共存，只能通过不断完善评价指标体系尽量做到客观评价。

家禽福利关注的焦点主要在于福利较低的生产系统，生产过程中福利化水平低，既无法满足家禽的生理和行为要求，也会给家禽带来疾患和痛苦，进而影响生产性能和禽产品品质。评价饲养阶段家禽福利好坏的指标包括饲料、饮水、鸡舍环境、疾病诊疗、损伤、自然行为表达、精神状态、人鸡关系等方面，而屠宰环节家禽福利状态的决定因素有宰前处置、屠宰设备、有效击晕和放血方法等。

(一) 评价指标

判定家禽福利优劣的指标主要有疾病、损伤、行为和生理指标等。多年来国际通用的做法是利用生理和行为指标评价家禽的福利状况，这两类指标非常有用。但利用行为指标评价时结果带有一定主观性和不确定性；使用生理

指标评价时收集数据则需要非常小心，以免测定过程造成二次应激，导致结果不准确。受伤和患病的家禽福利要比健康的家禽差，影响程度从轻微到严重不等，因此也可以从疾病预防和控制的角度评价家禽福利。

1. 疾病

疾病会导致家禽的福利低下，有些疾病甚至引起家禽死亡，所以评价家禽疾病的方法对家禽福利研究特别重要。疾病研究的重要性不但取决于疾病的发生率或死亡率，还取决于疾病的持续时间和患病家禽体验的疼痛或不适宜的程度。当评价饲养阶段家禽福利时，传染病的发病率和死亡率是重要的评价指标。

在考虑舍饲环境与家禽福利的关系时，与生产相关的疾病对家禽福利的影响较大，主要的疾病有腿病、关节病、肾病、生殖系统疾病、心血管系统疾病、呼吸系统疾病、消化系统疾病等。在每种病例中，对疾病的严重性进行临床观察和分析，再结合该病发生的频率和严重程度对家禽福利进行评价。

2. 生理指标

家禽的生理指标如体温、呼吸频率、血液代谢指标（血糖、尿酸、谷丙转氨酶、乳酸脱氢酶）、抗体水平和激素水平（如皮质酮等）能够部分反映出机体生理与代谢状态。

3. 行为指标

家禽行为是最容易观察到的家禽应对环境变化的反应，目前，有很多行为指标可以用来评价家禽福利。

通常可以采用偏爱性测试、厌恶测试、限制行为表现测试等方法，测量家禽为满足某种需求付出努力的程度、对厌恶刺激的反应程度以及环境受限时表现出的异常行为。偏爱性测定需要给予家禽充分的自由，但试验结果只能提供福利问题的相对信息和试验信息的相对结果。直接针对家禽特定福利问题开展偏爱性测定是非常有用的方法，如雏鸡选择与机体适宜温度相吻合的环境。但在某些情况下，家禽可能不表现出任何反应。另外，测量家禽对厌恶刺激的反应程度是否能够评价家禽福利还不能确定。

家禽受到环境限制时无法表现其自然行为，但它们仍存在表现这些行为的冲动，如此会导致异常行为的出现。异常行为是异于常规的或异于种群内绝大多数表现的行为，如采食异常、性行为异常等。刻板行为是典型的异常行为，即反复地、无目的地机械性重复某一姿势或动作。测量刻板行为发生的频率和强度，有助于明确家禽福利与禽舍环境的关系，当家禽长期受到限制，刻

板行为就会出现。刻板行为是家禽福利差的主要行为表现之一。例如，在肉种鸡养育过程，为控制体重而采取限饲，常常导致啄食槽或饮水器乳头等刻板行为出现。

（二）评价方法

科学评估家禽福利要考虑多种因素，没有一种方法是完美的，需采用不同方法综合评价家禽福利。以下分别介绍了以家禽、生产者、消费者为基础的家禽福利评价方法。

1. 以家禽为基础的评价方法

现代畜牧兽医科学能够提供许多与家禽福利水平相关的重要指标及其参数。由于影响家禽福利状态的因素众多，因此准确评估家禽的福利水平，需要确定影响家禽福利的众多指标及其参数，根据这些参数进行定性或定量评价。目前，产蛋率下降、免疫机能下降、皮质酮和催乳素的变化被认为可反映家禽低的福利水平。这些指标的测定虽然简单，但这些指标之间并无协同性变化，其相对重要性也很难确定，因此很难得出准确的结论。同时，伤害性刺激的类型、时间和持续期以及家禽的种类、性别和生理状态都可能会影响家禽对相同刺激的反应，在不同时间点测量以及品种和个体之间也存在着差异，所以这些因素使评价家禽的福利变得十分困难。行为参数可以用来评价家禽的福利水平，如刻板行为的发生。这些行为大多通过监控摄像头进行远距离观察，记录各种行为的发生频率。

以家禽为基础的评价方法会受到诸多限制，需要使用者仔细地设计试验才能得到各种家禽生产条件下的福利状态的有效结果，对所有结果进一步分析后可增强该研究的价值。

2. 以生产为基础的评价方法

饲养环境和管理措施对家禽的福利、生产和健康有重要影响，以生产为基础的评价方法是测量家禽福利水平最实用的方法。其弊端在于包含了过多的主观因素在里面。这一评价方法需要与相关生理测定数据、家禽健康与疾病发病率结合起来考虑。

3. 以消费者为基础的评价方法

家禽福利问题不仅是畜牧兽医科学领域的问题，还受到消费者的影响。在消费者看来，家禽福利意味着自由放养的禽蛋或有机鸡肉，还包括一些隐含的信息，如生态环境保护、家禽业可持续发展和食品安全等。

以消费者为基础的评价方法采用调查问卷的方式，询问消费者对于贴有

动物福利标签的禽蛋和鸡肉是否认同，即可得出评价结果，同时将数据反馈给生产者，从而实施改善家禽福利的措施，扩大经济利益。但这种方法存在一些问题：消费者对家禽福利的了解有限，可能与实际的生产实践脱离，造成结果的差异。理论上，可以通过向消费者提供关于各种生产系统中的家禽福利问题的精准的科学信息，但并不是所有消费者都能够理解，从而做出正确的评价选择。总之，此类方法多见于测量人类对某一事物的看法，因此用来测量家禽福利水平是会受到限制的。

家禽福利评价指标体系以饲养、运输和屠宰环节为目标，由目标层、原则层、标准层和指标层4个层级构成。其中，原则层有4项，标准层有12项。根据不同家禽的生物学习性，每个标准下设不同数量的评价指标。评价指标的选择基于"宜少不宜多""宜集中不宜分散"的明确原则，且具有科学性、可操作性和实用性的特点。评价指标的选择从动物、管理和设施角度反映了家禽从"出生"到"出栏"（或淘汰）过程面临的主要福利问题（表7－1）。

表7－1　家禽福利评价指标体系框架

目标层	原则层（权重）	标准层	指标层
饲养、运输、屠宰环节家禽福利评价	良好的饲喂条件（0.2）	1. 无饲料缺乏	料位、禁食时间、瘦弱率
		2. 无饮水缺乏	饮水面积、禁水时间
		3. 栖息舒适	羽毛清洁度、垫料质量、防尘单测试、栖架类型与有效长度、红螨感染率
	良好的养殖设施（0.3）	4. 温度舒适	热喘息频率、冷战频率、运输箱或待宰栏内的喘息频率
		5. 活动舒适	饲养密度、运输密度、漏缝地板
	良好的健康状态（0.3）	6. 体表无损伤	胸囊肿、跛行、跗关节损伤、脚垫皮炎、鸡翅损伤、擦伤、龙骨畸形、皮肤损伤、脚趾损伤
		7. 没有疾病	养殖场死淘率、运输死亡率、腹水症、脱水症、败血症、肝炎、心包炎、脓肿、嗉囊肿大、眼病、呼吸道感染、肠炎、寄生虫、鸡冠异常

续表

目标层	原则层(权重)	标准层	指标层
饲养、运输、屠宰环节家禽福利评价	良好的健康状态(0.3)	8. 没有人为伤害	断喙、宰前击晕惊吓、宰前击晕效果
	恰当的行为模式(0.2)	9. 社会行为表达	打斗行为、羽毛损伤、冠部啄伤
		10. 其他行为表达	室外掩蔽物、放养自由度、产蛋箱的使用、垫料的使用、环境丰富度、放养自由度、阳台(设有掩蔽物)
		11. 良好的人和鸡关系	回避距离测试(ADT)
		12. 良好的精神状态	定性行为评估(QBA)、新物体认知测试(NOT)、鸡翅振动频率

第八章　鸡的福利基础

鸡的福利水平有高有低，如何对不同水平的福利进行定性和定量的描述非常重要。鸡福利的评价可以从动物健康、生产性能、生理学、道德等方面进行，也可以从身体的、生理的和行为的角度来进行。大部分身体方面的福利很容易确定，因为生产者可以通过传统的参数来评价生产性能和健康，如生长率、体重、鸡冠颜色和羽毛状态等，但是其他方面的福利标准如行为福利和心理福利却难以判定。除此以外，生理学参数，包括皮质酮水平或机体的免疫状况等通常也作为评价福利状况的可靠指标。鸡福利也涉及了关于“动物的感受”的心理学标准和一个重要的道德标准，即“它们的基本生活条件”。以下从生理、环境、卫生、行为、心理等福利的5个方面予以阐述。

第一节　生理福利

生理福利是动物最基本的福利内容，就是动物免遭饥渴的痛苦。要保证动物不采食变质饲料；保证干净充足饮水，不被雨淋；不被暴晒；有病应医，不被活埋；不被以任何方式殴打；尽可能免受蚊、绳、鼠干扰；尽可能避免阴冷潮湿、闷热与不透气环境；保持生活场地卫生、干燥、适温。满足动物的生理福利要满足以下几个方面：

一、饲料的质量要求

要生产出符合动物福利要求的饲料，首先要有优质的原料。优质原料的基本要求是纯度要高，即其中有效成分或活性成分含量高，不含有毒有害物质或其含量应控制在允许范围内。另外，用作饲料添加剂的化合物必须具备生物学效价高、物理性质稳定和有毒有害物质少等特点。饲料还需符合以下要求。

1. 感官指标

色泽一致、有光泽，成色均匀、无灰尘色或死色。气味正常，具有该饲料固有气味，无霉味及其他异味。

2. 物理指标

形状规则、无明显弯曲、端面切口平整，表面光滑。无发霉、变质、结块现象，无鸟、鼠、虫污染。一般杂质含量≤0.1%，不得检出有害杂质。粉料98%通过40目筛孔，80%通过60目筛孔。

3. 营养指标

水分含量<12%，其他营养成分含量符合品种标准。主要检测粗蛋白质、粗灰分、粗脂肪、钙、磷等指标。

4. 卫生指标

（1）微生物　大肠菌群<300个/克，霉菌≤3×10^4个/克，沙门菌、大肠杆菌O157、单核细胞增生李斯特菌等致病菌不得检出。

（2）有害重金属　总砷含量≤10.0毫克/千克，铅含量≤30.0毫克/千克，汞≤0.5毫克/千克，镉≤0.5毫克/千克，铬≤10毫克/千克，氟≤350毫克/千克。

（3）农药残留　多氯联苯≤0.3毫克/千克，异硫氰酸脂≤500毫克/千

克,噁唑烷硫酮≤500毫克/千克,六六六≤0.3毫克/千克,滴滴涕≤0.2毫克/千克。

(4)生物毒素　黄曲霉毒素≤20微克/千克,脱氧雪腐镰刀菌烯醇≤1毫克/千克,展青霉素≤50微克/千克。

二、饮用水的质量要求

1. 水质要求

饲养场生产用水要求无色、透明、无异味;总硬度水平一般保持在60～180毫克/升,可溶性固化物小于1 000毫克/升;细菌指标要求每毫升水中细菌总数低于100个,大肠杆菌不得检出(夏圣奎等,2005)。目前,总体选用地下水为饲养场饮用水基本合乎要求。但河水、井水主要问题在水的感官方面,表现为有色、浑浊、有异味,水质受污染严重,总硬度偏高,细菌总数和大肠杆菌数严重超标,汞、铅等有害物质超过畜禽用水的标准,所以饮用水应首选地下水。水在选用之前,一定要对水质进行检测。只有合乎标准后,方可允许饲养场选用。否则,易造成动物疾病的发生,特别是营养性代谢疾病和消化道疾病。

2. 饮用水的温度要求

水温是维持动物体重和生产性能的一个重要因素。水的温度直接关系到动物饮水量的多少,水温处于10～15℃时,一般的动物都会很舒服地饮用,但低于10℃或高于30℃,则饮水量会下降。水温超过30℃,动物拒绝饮水。水温剧烈变化还可直接导致鸡群较大应激(夏圣奎等,2005)。一般情况下,水温由周围环境温度调控,随着环境温度变化而变化。为使饮用水保持一定的温度范围,需对供水管线进行预处理,以免环境温度变化而影响饮用水的温度。自动饮用水系统分舍内管道、舍外管道和水箱,舍外管道应埋于地下0.6～1米处,以避免冬季地表温度过低冻结流水,夏季地表温度过高而使水管道中水温过高。畜禽舍内的供水管线应包扎保温材料,目前常用的为泡沫隔热保温管。

3. 饮用水的保洁与消毒

当水停滞于水槽、水箱、水壶、水桶或饮水管道中时,可在容器内壁附着绿藻、矿物质、淤渣、菌落、水垢,应对其定期清洗消毒,以保证畜禽饮用清洁卫生的水。水槽、水箱、水壶、水盆、水桶等和较大容器一般采用手工清洗,然后用消毒剂消毒,再以清水彻底清洗,即可盛水供鸡群使用。其清洗频率视具体情况而定,一般每周1次为宜,夏季可适当增加次数。自动饮水系统清洗难度较

大,可在进水管道上采用高压水流冲洗,然后根据养殖场饮用水的具体酸碱情况,在偏酸性的水中投放白醋,偏碱性的水中投放柠檬酸。正常养殖期间,最好对饮用水进行氯处理,因为氯是目前最佳的、能杀灭沙门菌的制剂;其使用浓度,一般以整个饮水系统最末端的水浓度为准,氯浓度 2 ~ 3 毫克/升为最佳(夏圣奎等,2005)。在用药和疫苗期间,禁用含氯的水,否则会影响其效果。

4. 还原水与氧化水

养鸡过程中,人们往往只考虑水的感官性状、水的卫生状况和水的一些物理性状,而水的还原态和氧化态一直没有受到人们的关注。其实水是还原态还是氧化态,是关系到动物健康的一个重要方面,它影响到营养物质在体内的代谢运输。饮用水受污染程度已越来越严重,特别是重金属和畜禽粪尿的污染,使得自然水系氧化程度升高,地下水也受到了一定的影响,动物饮用氧化水后,会严重影响体内细胞、器官组织的生理功能特性,细菌在氧化水环境中生存,溶液的电位低于细胞膜的电位,水分子团增大,使水通过细胞膜的难度增大,进出细胞膜的通透性降低。因此,水中溶解的营养物质进入细胞进行代谢降低,使得细胞生命活力下降,动物呈现亚健康状态,甚至发生疾病。而饮用还原态水可有效避免代谢障碍。所以,养殖场应尽量选用无污染呈还原态的深层地下水供动物饮用。

三、管理要求

加强动物养殖环节科学管理对改善动物福利状况显得尤为重要。科学的管理方式不仅能够极大地改善和保证动物福利,而且有利于不断地提高动物个体与群体的生产水平,预防和控制疫病发生,减少各种应激反应,改善和提高动物产品质量,保证动物产品安全。

1. 动物饲养管理人员的资质要求

饲养管理人员应了解饲养动物的生理、生活习性等,并本着爱惜动物、善待动物的理念来饲养管理。同时,饲养管理人员应具有饲养动物知识及很强的责任心,严格按照操作规程操作。

2. 畜禽养殖场的区划及设施条件要求

畜禽养殖场应分为生活管理区、生产区及粪污处理区,生产区和生活管理区相对隔离,生产区在生活区的常年主导风向的下风向,粪便污水处理设施和畜禽尸体焚烧炉设在生活管理区、生产区的下风向或侧风向处。畜禽养殖场

内净道与污道分开。场地水质良好、水源充足。圈舍的空间应满足相应的畜禽饲养密度,并保持一个良好的清洁卫生状态。地面应防止打滑,所有圈舍、通道、围栏没有造成畜禽伤害的尖锐突出物,墙角、破损的铁栏或机器不会伤害畜禽,设有防寒避暑的设施。

畜禽养殖场应建在地势平坦、干燥、交通方便、背风向阳、排水良好的地方。畜禽养殖场周围3 000 米无大型化工厂、矿厂或其他畜牧污染源,距离学校、公共场所、居民居住区不少于1 000 米,距离交通干线不少于500 米。畜禽养殖场建筑整体布局合理,便于防火和防疫。

3. 饲料和饮水要求

养殖者应购买符合饲养标准要求的或经饲料产品认证的企业生产的饲料。畜禽养殖场保存好饲料原料标签,以作为饲料来源和饲料成分的证据,并保证所有购买的饲料原料能追溯到供应商。动物源性饲料应是获得了生产企业安全卫生合格证的产品。自制配合饲料的畜禽养殖场应保存相应产品的饲料配方,涉及自制饲料的相关人员应具有相关资质(如资格证书、学历证明、培训证明等)或受专业人员的指导。在自制配合饲料中不能直接添加兽药和其他禁用药品。允许添加的兽药制成药物饲料添加剂并经过审批后方可添加。加药饲料应标识清晰,分开储藏,并制定药物残留处理程序。

畜禽饮用水质符合 GB 5749 生活饮用水卫生标准的规定。畜禽能获得足够的饮用水。饮水设施坚固且不漏水,并保持清洁。

用药要求畜禽养殖场只能使用经农业部批准、在农业部注册过的兽药,并严格遵守药物使用说明书的规定,确保对药物实行有效的管理。使用有休药期规定的兽药,应能向购买者或者屠宰者提供准确、真实的用药记录,确保畜禽及其产品在用药期、休药期内不被用于食品消费。

畜禽养殖者不得在饲料和动物饮用水中添加激素类药品和国务院兽医行政管理部门规定的其他禁用药品;不得将原料药直接添加到饲料及动物饮用水中或直接饲喂;畜禽养殖场不得将人用药品用于动物;不得使用激素和治疗用药物作为促生长剂。畜禽养殖场应定期开展对违禁药物的检测。检测应由独立的、具有资质的实验室进行。当药物残留超过最大残留限值时,应启动纠偏计划。药物的储藏应符合使用说明书的要求。所有药物储藏在原有的容器中,并附带原有的标签,过期药物被清晰标识和分开处理。

四、动物的运输要求

做好动物运输及管理,对于掌握动物的流通规律,防止流通环节疫病发

生、趋利避害、减少损失、增加收入有着重要的意义。做好动物运输前的检疫和消毒工作,然后再选择适当的运输工具和合理的装载方法。由于我国各地的自然地理、交通路程、季节等条件的不同以及动物种类、大小、习性的差异,常采用各种不同运输方式。不论采用何种方式,都应备足途中所需的药品、器具等,并携带好检疫证明和有关单据。目前,畜禽的运输方式主要有公路运输、铁路运输、水上运输和空中运输。

动物在运输前应当禁食一段时间,最后一次饲喂到装车的时间间隔不得低于6小时,同时为保证动物从运输应激中得到恢复,应当在屠宰前有2~3小时的休息时间(顾宪红,2005)。在运输动物尤其是长途运输时,运输者必须预先考虑到动物在途中可能受到的痛苦和不安。制订好运输计划、拟定运输路线;选定沿途喂食、饮水、补充饲料、处理病畜禽和清除粪便的适当地点,根据气候变化等特点配备防雨设备,携带饲养、清洁和照明等必需的用品,以及消毒和急救药品和临时特需的用具等。在出发前还需要考虑不用外力帮助动物能否自己上车;在运输途中动物如果一直站立,它能否承受自己的体重,运输的时间是多少;运输工具是否合适;动物在运输途中是否能得到令人满意的呵护等,以做好适当的应对措施。另外,要对负责运输的人员进行一定的培训,在运输途中要对动物进行照料和检查。运输时间方面,要选择恰当的运输时间,高温天气容易造成动物在运输途中的高死亡率。在途时间要尽可能地缩短,运输时间不应超过8小时,超过8小时的,必须将动物卸下活动一段时间。长途运输,要定时喂食、饮水,一般上午8~9点喂食、饮水1次,中午喂水1次,下午3~4点喂食、饮水1次,热天要多喂水。

五、动物的屠宰要求

动物福利除了强调“善养”,还应重视“善宰”。为了确保动物在屠宰时受到的惊吓和伤痛最小。屠宰时要有兽医在场监督,屠宰工人必须具备熟练的技术和专业知识,经过国家有关部门的认证,并进行一定的培训。屠宰动物时必须先将动物致昏,在很短的时间内放血。欧盟强烈要求在屠宰时采用危害分析与关键控制点体系来衡量和检测屠宰过程。危害分析与关键控制点(HACCP)主要应用在肉类加工厂,并建议在致昏、放血、噪声、悬挂和电刺5个关键控制点进行控制。

第二节　环境福利

环境福利指的是动物生活的环境条件，如温度、湿度、光照、气流、噪声等。这些条件对动物的健康生长起着非常重要的作用。不同的动物，同一种动物的不同生长时期对环境条件的要求是不同的，要针对具体情况对不同动物和不同的生长时期提供适宜的环境条件，以满足动物的环境福利要求，使动物健康生长。

一、温度

在影响动物福利的各种环境因素中，温度是最重要的因素。幼小动物由于被毛稀少，保持体温能力差，温度对它们的影响比成年动物大。成年禽类被毛较多，被毛能较好保持体温，因此它们能耐较低的温度。

低温对鸡也有不良影响。饲养在寒冷环境下的畜禽比饲养在温暖环境下的畜禽需要更多的热量。随着环境温度降低，动物咳嗽、腹泻、咬尾和啄毛频率增加。动物不愿受到日晒雨淋，当动物在户外活动时需要遮阳棚。同样，动物也不喜欢风吹，当有风时它们会寻找避风的棚子；如果是群体，它们会挤在一起避风取暖。动物的这种行为是天生的。有垫草的地面有助于维持体温平衡，畜禽都喜欢在有垫草的地面上休息，这对幼小畜禽来说更为重要，垫草有利于幼小畜禽保持体温。在18～21℃时它们喜欢睡在有垫草的地面上，而在25～27℃时，它们喜欢睡在水泥地面上，这样它们才会保持体温恒定。对较大的畜禽，地面上是否有垫草则不是那么重要，只有当环境温度低时，地面上才应该铺有垫草。

当环境温度高于畜禽等温区温度时，需要散发多余的热量。如果环境温度达到等温区温度上限时，畜禽不能及时散发过多热量则会导致体温升高。在这种环境下，畜禽的行为会发生改变，如表现出活动减少、改变躺卧方式。畜禽在高温时采食量减少，生长速度减慢，性成熟推迟。幼龄动物在温度较低的情况下，增重慢、死亡率高。

二、湿度

空气相对湿度是表示空气潮湿程度的物理量，即空气中水汽含量的多少。湿度高低对鸡的福利有很大影响，高湿对鸡体温调节不利，不管温度高还是低；低湿会导致鸡烦躁不安。在适当的温度条件下，湿度对鸡的福利影响较小。当高温、高湿时，鸡通过皮肤散热的能力差，致使体温升高而引发热应激。另外，当湿度高时，鸡容易患细菌、寄生虫病，饲料、垫料易发霉，鸡易感染黄曲霉病。低温、高湿时，鸡非蒸发散热增加，致使体温降低而引起冷应激。湿度过低时，鸡皮肤和黏膜易干裂，降低机体的抗病能力，特别是空气相对湿度在40%以下时，鸡易发生呼吸道疾病。湿度过低还会使家禽羽毛生长发育不良、家畜皮毛干裂无光泽，导致家畜皮肤粗糙、家禽啄羽。

三、光照

光照对动物福利影响主要体现在光照周期、光照强度和光源波长3个方面，其中家禽受光照的影响要大于其他动物。

1. 光照周期

光照周期影响畜禽的行为活动。鸡对光照周期很敏感，光照周期影响鸡的性成熟。研究表明，在8小时光照和16小时黑暗的周期节律下，鸡性成熟较晚；在16小时光照和8小时黑暗的光照周期下，鸡性成熟较早。延长光照时间能增加蛋鸡的产蛋数。

2. 光照强度

光照强度对不同动物的影响不同。

3. 光源和波长

家畜对光颜色分辨能力差。家禽同其他鸟类一样，具有发育完善的辨色视力，它们对光谱的感应范围要比人类宽。可以看到紫外波长范围内的变化。

四、气流

动物的生活离不开空气，空气质量的优劣对动物健康有着极为重要的影响。自然环境中空气在一定条件下形成各种各样的气流，对动物福利有不同影响，气流速度是影响动物福利特别是畜禽福利的一个重要因素。低温下，气流速度过快会使畜禽体温下降，对畜禽造成寒冷应激，导致畜禽挤成一堆。出乎意料的气流，特别是畜禽舍内夜间的“贼风”更应视为不利因素，因为它对畜禽健康更有害（Srheepens 等，1991）。畜禽舍内气流在0.01～0.05米/秒时，表明舍内通风不良；当畜禽舍内气流大于0.4米/秒时，表明气流过快。在寒冷季节里，舍内气流速度应在0.1～0.2米/秒，在炎热季节里气流速度可适当加大。寒冷气流对雏鸡的影响比成年鸡的影响大，因为雏鸡身体的体积、表

面积较小。雏鸡处在气流过快的环境下，很容易引起健康问题。

不利的气流会影响鸡的行为。在炎热夏季雏鸡休息时头部对着风，但是遇上冷气流则是鸡的尾部对着风，这样可以减少热量损失。雏鸡遇上直接对吹的风会挤在一起；对体温降低的最典型反应就是鸡躺在舍内能避风的那边。在鸡舍内用电扇时，应避免风直对着鸡吹，特别是雏鸡。

五、空气质量

对动物的健康和生产有不良影响的气体称为有害气体。粪尿、饲料、呼吸、垫草的发酵或腐败，经常会分解出氨气、硫化氢、二氧化碳、一氧化碳等有毒气体。

六、噪声

噪声可来自外界环境、舍内动物及设备等。舍外的飞机声、车辆声属于环境噪声。动物本身能产生很大的噪声，特别是群体兴奋和打斗时，在采食时也容易产生很大噪声。动物自身产生的噪声，在采食、打斗时可高达 70 分贝以上。高水平噪声对动物是一种不良的刺激，对动物健康有害，对动物福利也有不良影响。家禽对噪声更敏感，雏鸡突然听到大的噪声，开始表现出紧张，继而躁动、奔跑，最后躺在地上不动惊吓而死。

第三节　卫生福利

一、提供营养全面的饲料

对普通饲养动物来说，一般配合饲料的营养基本上足够了，但有时会因为某些原因造成某种营养物质的缺乏，而导致动物免疫力的降低。根据木桶理论，某种必需的营养物质缺乏时，即使其他营养成分足够甚至过多，也不能满足机体的需要。

二、免疫接种

免疫是降低动物易感性最简便的措施，目的是使接种鸡群产生针对饲养场重要病原体的主动免疫力。免疫主要是针对病毒性疾病的，因为尚没有任何药物可有效控制病毒病。用于生长和其他疾病免疫的营养物质就相应减

少,因此导致抵抗力实际上是降低了。要根据实际情况制订合理的免疫程序。

三、环境卫生

良好的环境卫生是动物健康生长的基本条件,消毒工作是防止传染病发生的重要环节,也是做好各种疾病免疫的基础和前提。由于饲养户传统观念严重,多以经验办事,影响技术推广,平时不注意做好疾病的综合性防疫工作,把疾病防治寄希望于好的疫苗和药物上,不愿意或舍不得在疾病预防上下功夫。尤其在消毒方面,门前消毒池形同虚设,饮水消毒、带动物消毒浓度多以估计为准。因此,在动物饲养实际工作中,消毒工作要制度化、经常化,不仅要做好饲养各个环节的消毒,而且要坚持做好动物消毒。

第四节　行为福利

动物行为能一定程度反映动物机体对环境的适应情况,是动物福利评价的重要指标。养鸡生产中鸡的行为忽然改变经常是人工介入的预警信号。如果鸡能够正常采食和饮水,并均匀地分布于整个鸡舍,说明环境条件正确,适合它们的年龄和需求。感到寒冷的鸡通常会表现得十分懒惰,或深藏于垫料之中,或互相拥挤在一起,或躲在柱子和饲喂器后面躲避它们所感到的凉风。

饲养管理人员应该了解每天不同时间段湿度与温度之间的关系,这是整个饲养周期对生产性能产生巨大影响并影响肉鸡群生长和成活率的问题,在这种情况下,如果空气相对湿度超过80%,饲养人员就不应该再开启冷却系统。鸡通过张嘴喘气来散发热量,如果空气中湿度饱和,较高的空气相对湿度,鸡体温就会开始过高,从而出现热应激。

第五节　心理福利

研究表明,曾经被认为人类才会有的心理和情感问题、情感痛苦、精神疾病、情感虐待等心理问题,动物也都能体验到(Broom等,1991)。因此,我们要减轻动物遭受恐惧和焦虑的痛苦。首先,饲养人员要固定,尽量避免外来人员参观。其次,饲养人员不粗暴对待动物,不大声吆喝或鞭打,动物栖息时,禁止人为制造一些响动,以免造成动物惊群。最后,饲养场内不要饲养犬、猫等其他动物,并防止周围其他动物进入饲养场,定期灭鼠和驱除蚊蝇。

第九章　养鸡福利损害的表现与后果

影响家禽福利的主要因素有禽舍的建筑与设施、环境控制条件、饲养方式、饲料与营养、饲养管理、运输与屠宰前准备，以及饲养管理人员的经验与技巧等；这些因素对动物自身的健康和福利状况产生了不同程度的影响。按照家禽生活所需可以分为环境福利条件和非环境福利条件，环境福利条件包括禽舍的建筑与设施和环境控制条件，其余条件为非环境福利条件。

第一节 生物环境福利损害的表现与后果

自20世纪中期,为了提高生产效率,降低饲养成本,家禽生产的饲养规模和饲养密度越来越大,出现了家禽笼养的高度集约化的密集饲养方式。笼养鸡群饲养密度大、活动空间受到限制,从而造成家禽心理的紧张和焦躁不安,带来了一系列的动物福利问题,严重违背了动物福利的要求。已经证实,笼养鸡比平养鸡的恐惧感增强。与厚垫草舍饲方法比较,由于笼养鸡不能啄理羽毛和受到金属笼的磨损,羽毛容易受到损害。此外由于缺乏活动,笼养鸡比其他自由饲养方法的鸡骨骼健康容易受到损害。为避免笼养降低肉鸡胸肉产量和减少胸囊肿发生,人们又逐渐探索出笼养和散养结合的方式,即1周龄前采用笼养,然后转为地面平养。地面平养和网上饲养可以在一定程度上满足家禽正常的表达自己的天性行为需要,但从满足动物行为需要上来看,散养是一种最为体现动物福利的饲养方式,自由散养即让鸡群在自然环境中活动、觅食、人工饲喂,夜间鸡群回鸡舍栖息的饲养方式。散养更加符合肉鸡的自然和生理需要,使它可以根据生理需要与各自脾性全天候自由饮食与活动,不再受到人为的约束,同时散养相应地扩充了肉鸡的活动空间和场所,运动量和光照时间明显增加,但是自由散养的家禽群体太大,容易接触各种环境刺激物,容易受恶劣气候的影响,增加了家禽的恐惧感,同时老龄骨折发生频率高。

一、不同环境富集材料对肉鸡福利指标的影响

环境富集指在单调的环境中,提供必要的环境刺激,促使畜禽表达其种属内典型的行为和心理活动,从而使该畜禽的心理和生理都达到健康状态。增加环境的富集性是一种改善家禽福利的常用方法,使单调的饲养环境变得更加丰富,可以提供刺激鸡表达自然行为的机会。在鸡舍中添加一些没有生命的环境富集材料是增加环境富集性的一种方法。例如,添加栖架和沙粒,为不同活动提供不同的场所、玩具等。

(一)栖架

栖息是野生家禽的一种正常的行为,提供栖架使家禽表达这种正常的行为需要,从而增强家禽福利。在瑞典早自1993年起就强制饲养者在家禽饲养的笼子中设置栖架。

为肉鸡提供栖架来改善肉鸡福利,此外设置栖架还可以降低羽毛的损伤,

减少足趾的损伤等，增加腿骨的硬度，提高骨密度等，改善骨骼的完整，降低了抓捕和加工的时候腿断裂的危险等。但是也有报道称给家禽提供栖架，在改善腿病方面效果不是很明显；同时可能会引起胸骨异常，而且由于粪便蓄积可能引起栖架下面的卫生问题。

(二)沙粒

家禽都有天然的觅食行为，沙浴是禽类在自然条件下的主要的行为系统之一。沙浴的功能是去掉羽毛上的脂质，保养羽毛，而羽毛状况直接影响家禽福利水平。但在现代商业饲养系统中这种行为被严重地束缚了，家禽无法获得适合的物质供其从事寻食和沙浴行为，与高发率的啄羽行为是有直接关联的。很多的试验证明，提供寻食物质能减少啄羽的发生；家禽舍内以沙粒作为垫料时，要比在木屑中表达更多的觅食和沙浴行为。

(三)其他富集材料

增添彩球、颜色丰富的塑料瓶、带子或在墙壁上绘图可以减少鸡的恐惧害怕行为等。有人研究发现：给肉鸡提供古典音乐降低了肉鸡恐惧感，增加了采食的时间。白颜色的带子容易引起家禽的啄咬的兴趣，从而减少啄羽的发生，早期给鸡栏中饲养的白来航鸡提供秸秆可以减少啄羽的发生。有人发现为雄火鸡提供啄咬的物体显著降低了翅膀和尾部羽毛的损伤，减少了火鸡的啄斗行为，同时减少了因为啄羽而造成的淘汰鸡。

二、不同福利条件对肉鸡生产性能的影响

动物福利要和商品生产相挂钩，同时动物的生产性能也可以反映福利水平的高低。动物健康状况直接和动物福利相关，疾病是福利恶化的最直接的体现，身体损伤则是最明显的痛苦源。此外，动物的生产过程中，如果不能正常地发育和繁殖，或者是动物的寿命比正常寿命短，也说明了动物的福利状况受到了负面影响。肉鸡生产中伴随动物生产体系的巨大变化所出现的猝死症、流行病暴发及环境疾病等人为病都是动物福利恶化的最直接表达。生产中造成异常声响，引起家禽恐惧严重影响家禽福利，从而影响其生产性能。报道动物福利低下可能引起动物异常，导致能量大量消耗，从而导致采食量增加，而饲料转化效率降低。

(一)不同饲养方式对肉鸡生产性能的影响

与其他饲养方式比较而言，笼养方式极大地提高了家禽的生产效率，减少了争食现象，同时鸡体与粪便不接触，可有效地控制白痢和球虫病蔓延，不需

垫料,减少垫料开支,减少舍内粉尘。转群和出栏时抓鸡方便,鸡舍易于清扫,使生产者获取了丰厚的利润。也有人认为笼养方式设备成本投入高,易产生腿病及胸囊肿等问题,因而目前使用不广泛。

地面平养由于垫料与粪便结合发酵容易产生热量,可增加室温,对鸡抵抗寒冷有益;垫料中微生物的活动可产生维生素 B_{12},这是肉子鸡不可缺少的营养物质之一,肉鸡活动时扒翻垫料,可从垫料中摄取维生素 B_{12}。此外对鸡舍建筑设备要求不高,可以节约投资,降低成本,适合专业户采用。鸡群在松软的垫料上活动,腿部疾病和胸部囊肿发生率低,肉鸡上市合格率高。但是地面平养同时也需要大量垫料,更多的占地面积。同时,鸡舍易潮湿,如果垫料处理不及时,氨气浓度会超标,这将影响肉鸡的生长发育,并易暴发疾病,甚至造成大批死亡。潮湿而较薄的垫料还容易造成肉鸡胸部囊肿,此外使用过的垫料难于处理,且常常成为传染源,易发生鸡白痢及球虫病等。

网上饲养的鸡群与地面垫料、粪便等污物隔离,粪便能及时清理,大大改善舍内卫生状况,利于改善鸡舍环境,增强鸡健康,有利于避免和预防球虫病、呼吸道疾病等的发生,提高肉鸡成活率,减少药物残留。与地面平养相比,网上平养可改善肉鸡的屠宰性能,显著增加半净膛率。与地面平养相比,网上平养可显著改善肉鸡1周龄的体增重,全期料肉比降低,死亡率显著降低。孔祥武在不同季节用肉子鸡进行地面平养与板条网养,结果发现地面平养与板养在前1周对肉鸡生长没有影响,但3周龄以后,板养生长速度快于地面平养,料肉比也降低了,饲养效益高于地面平养。同时网上平养的缺点也很明显,网上饲养肉鸡胸囊肿、腿病发生率显著高于地面平养,不能满足肉鸡表达觅食和沙浴等天然的必需行为需要。

虽然传统饲养方式饲养的肉鸡所产的鸡肉仍然大面积地支配着肉鸡市场,但是随着消费者动物福利意识的加强以及对更高肉质的追求,自由散养的肉鸡越来越受人们欢迎。散养肉鸡的生长发育良好,鸡群活泼健康,肉质特别好,外观紧凑,羽毛光泽,不易发生啄癖,提高了机体的抵抗力。但是散养提高发生各种疾病的发生率,引起同类抢食和遭遇捕食兽害。

(二)不同环境富集材料对肉鸡生产性能的影响

提供栖架可以提高家禽成活率,增加地板的使用年限,增加体增重,提高饲料利用率,降低不舒适度和恐惧感,改善健康状况等。但对于蛋鸡,提供栖架可能引起蛋鸡生产中的裂痕蛋的增加,增加管理人员检查鸡群时的困难性。此外,家禽消耗各种不同的食物,除了昆虫、谷物之外还包括少量的沙粒(主

要成分是碳酸钙和硅酸钙)。沙粒可以促进家禽的消化,同时也是生成骨骼结构的必需物质。此外增加饲槽和水槽之间的距离,或者在饲槽和水槽之间设置障碍物增大了家禽的活动量,改善了肉鸡的肉质,同时提高家禽存活率。

(三)环境条件不适产生应激

环境条件不适产生应激主要是指家禽饲养过程中的温度、湿度以及光照、有害气体等因素所引起的应激反应,其中温度是最重要的环境因素。在大规模的集约化饲养条件下,由于饲养密度过大,通风设施不完备,夏季高温地区比较容易出现鸡的热应激。当环境温度达到32℃时,鸡的体温开始上升并超过正常体温,自身直肠、背部羽毛、胸部皮肤温度升高,生理功能趋于紊乱;当环境温度达到45℃时,则会出现热休克,甚至死亡。在热应激作用下,鸡的交感神经兴奋,肾上腺髓质分泌功能增强,呼吸加快、心率加快、心搏增强、血流加速从而造成体温升高,消化酶活性下降,采食量下降,鸡的生长减慢,同时还影响到鸡的胴体品质。此外,温度还影响免疫机能,高温应激会导致家禽的免疫性能下降,鸡的死亡率升高。除了热应激,由于温度过低而形成的冷应激对家禽的危害也很大。低温对家禽生长前期增重和饲料转化效率没有显著影响,但低温影响死亡率。低温环境下刚出生的雏禽易聚堆,行动不灵活,同时采食与饮水都会受到影响,尤其是0~7天死亡率随温度降低明显升高。

鸡由于体温高,代谢旺盛,皮肤不具汗腺等特点,因而高温对鸡的影响尤为显著。高温导致鸡的新陈代谢和生理机能发生改变,蛋鸡最佳生产的温度是18~24℃,超出这个范围,随温度升高,生产性能下降。热应激对鸡福利的影响主要表现在以下方面:

1. 热应激对采食福利的影响

家禽保持相对稳定的体温是借助新陈代谢产热以及从环境中获取热量或向环境中散热量而实现的,其中包含生理、生化、物理和行为姿势的热调节机制。在持续高温期,机体由于加强散热和抑制产热过程维持基础代谢需要的能量降低,因此摄食中枢的兴奋性降低,导致采食量下降。一般认为随温度升高,采食量下降,但并非直线,环境温度越高,采食量下降幅度越大。

2. 对生产性能福利的影响

高温袭击时身体要求散热,这便引起一系列的生理反应。这些反应需要能量,能量只能来源于蛋白质、碳水化合物的分解。能量用于应激便不能用于生产,因此,在应激状态下常见生长受到抑制。

蛋鸡热应激时产蛋率下降,蛋形变小,蛋壳表面粗糙变薄、变脆,破蛋率上

升，种蛋受精率下降，鸡体重下降，死亡率上升等。一般认为在10～30℃的环境温度，蛋鸡的生产力无明显变化，而30℃以上的高温环境，是蛋鸡不能长久忍受的。

高温使蛋壳质量下降，出现粗糙和半透明斑条的蛋壳表面，粗糙随月龄的增长而加剧。碳酸钙为蛋壳的主要成分，子宫中碳酸酐酶（CA）的活性会影响用于形成蛋壳的碳酸离子数量，蛋壳质量优良的鸡，子宫中CA活性较高。但使母鸡处于32.2℃下，所产蛋无论蛋壳光滑或粗糙，蛋壳厚度下降，32.2℃时较21.1℃时下降11%。

夏季因温度上升，蛋内各种酶活性增加，它分解蛋成分的作用加强，使蛋质指标（哈夫单位）下降。此外，因鸡排出软便和水样粪便增加，泄殖腔周围黏附粪便的鸡增多，污脏蛋增加。

热应激时，产蛋率下降，蛋形变小，可能是因采食减少，能量、蛋白质、矿物质和维生素等摄入不足所致。高温也能减少通过卵泡的血流量而直接使产蛋量下降。高温下体重减轻，体脂大量丢失，使得含脂很多的蛋黄变小，比蛋白减少更严重。故蛋重减轻与不能合成足够的卵黄脂类有关。热应激时，甲状腺分泌减少，也引起产蛋量和蛋壳质量下降。炎热季节喂甲状腺蛋白能提高产蛋量和蛋的比重。

热应激使蛋壳质量下降，是因为热应激时血液流向外周，子宫腺血流量相应减少，伴随血钙水平的下降，共同影响形成蛋壳的原料来源。

3. 高温对鸡行为福利的影响

鸡无汗腺，不能通过出汗来散发体热，因此鸡很怕热。当鸡舍内的温度超过28℃时，鸡体散热出现困难，体温上升，为及时散失热量，蛋鸡会减少运动，常呈蹲伏状，或将翅膀悬挂于身体两侧站着，以此扩大体表面积，增加散热。随后进行热性深呼吸（喘），排出体内的热量。因此，喘息是炎热时家禽散热的主要方式。

4. 湿度对家禽福利的影响

湿度和温度一样对家禽非常重要，尤其是炎热季节高湿和高温结合而共同发生作用时易抑制家禽呼吸，导致体热无法散失，饮水量增加，采食量显著减少，生产性能大大下降，滋生微生物，导致禽群发病。此外，湿度对家禽的影响还表现在高湿使垫料水分增加，导致垫料容易发酵，使得舍内氨气浓度升高，而且垫料容易结块，家禽脚垫发生率显著升高，影响家禽行走。高湿在高温条件下对肉鸡影响较大，在低温条件下对肉鸡的不利影响程度较低。

第二节　营养福利损害的表现与后果

在家禽的饲养过程中因为饲料营养不均衡，某些营养元素缺乏或是饲料气味、颜色等因素突然改变都会造成家禽的营养应激反应。最常见的家禽营养应激是由于更换饲料引起的，因为家禽在不同的生长发育阶段，对营养的需求不同，需根据不同的发育阶段更换饲料。由于饲料成分（包括饲料原料、营养水平、适口性等）的变化，改变了饲料的营养和适口性，从而影响家禽采食量，导致应激的发生，若饲料的绝对量不足或养分成分不均衡，也会引起营养应激。

当家禽体内的某种营养物质无法维持正常的生理及生产需要时，家禽一般会发生营养性疾病。经常发生的营养缺乏症有蛋白质缺乏症、维生素缺乏症和无机盐缺乏症。常见营养不足导致家禽福利损害有以下几种表现：

一、营养摄入不足对家禽健康福利的影响

饲料配比不合理，维生素、微量元素或蛋白质含量不足；长时间投料不足，家禽采食不到需要的营养元素；各种应激条件下，如：发生疾病，接种疫苗，惊吓过度，气温异常，湿度过高。在这些情况下，家禽食欲下降，采食量明显减少，若时间过长，就会发生营养代谢性疾病。

营养摄入不足导致家禽发生一系列健康福利问题：

（一）群体发病

在集约饲养条件下，特别是饲养失误或管理不当造成的营养代谢病，常呈群发性，同舍或不同禽舍的家禽同时或相继发病，表现相同或相似的临床症状。

（二）起病缓慢

营养代谢病的发生一般要经历化学紊乱、病理学改变及临床异常3个阶段。从病因作用至呈现临床症状常需数周、数月乃至更长时间。

（三）常以营养不良和生产性能低下为主症

营养代谢病常影响动物的生长、发育、成熟等生理过程，而表现为生长停滞、发育不良、消瘦、贫血、异嗜、体温低下等营养不良征候群，产蛋、产肉减少等。

(四)多种营养物质同时缺乏

在慢性消化疾病、慢性消耗性疾病等营养性衰竭症中，缺乏的不仅是蛋白质，其他营养物质如铁、维生素等也显不足。

二、消化吸收不良对家禽健康福利的影响

家禽在发生消化道疾病如嗉囊阻塞、坏死性肠炎、病毒性肝炎时，不但营养消耗增加，而且消化、吸收、代谢都出现障碍，如果不能及时得到纠正，更容易发生营养代谢性疾病。

消化吸收不良最终导致家禽营养摄入不足，导致后果见上述一问题。

三、物质代谢失调与家禽健康福利

家禽体内营养物质间的关系十分复杂，除了各营养物质独特的特殊作用外，还可以通过转化、协同、拮抗等作用，相互调节，维持平衡，如：钙、磷、镁的吸收，必须有维生素 D 参与，缺少了维生素 D，即使饲料中不缺乏钙、磷、镁，机体也会因难以吸收、转化而造成无机盐缺乏；磷和钙之间相互制约，磷过少，钙就难以沉积；若饲料中钙过多，就会影响铜、锰、锌、镁的吸收和利用。

(一)维生素不足或过量对家禽健康福利的影响

1. 维生素的营养特性

维生素是家禽、特禽的各种生理机能所必需的一类低分子有机化合物。对调节和控制禽体代谢、提高禽类的生产性能和饲料的利用率起着十分重要的作用。目前饲料中添加的维生素至少有 15 种，可分为脂溶性维生素和水溶性维生素两大类，即维生素 A、维生素 D、维生素 K、维生素 E、维生素 B_1、维生素 B_2、维生素 B_6、维生素 B_{12}、烟酸、泛酸、胆碱、叶酸、生物素、维生素 C 等。有多种维生素是辅酶或辅基的组成部分，参与机体的各种代谢。

各种青绿饲料中含有丰富的维生素，在粗放饲养条件下，由于禽类能采食到大量青绿饲料，对维生素一般不会缺乏。但随着养禽生产规模的大幅度提高，特别是商品蛋鸡、肉鸡、肉鸭、肉鸽、鹌鹑、鹧鸪等禽类饲养方式的工厂化、集约化，这些禽类脱离了阳光、土壤和青绿饲料等自然营养和环境条件，仅仅依靠饲料中的营养来源是不能满足禽类需要的，另一方面集约化生产条件下的禽类又尤其易出现维生素缺乏的情况。高密度现代化的家禽和特禽生产可产生许多应激，增加了禽类对维生素的需要量，而且在正常情况下，禽类又较其他动物对维生素需要量高，因此必须补充工业化生产的维生素。

2. 维生素缺乏对禽类的影响

在养禽生产中,任何一种维生素缺乏或添加不足都会导致禽体代谢紊乱,引发各种病症。如维生素 A 添加不足或缺乏,雏禽会出现生长停滞、消瘦、羽毛蓬乱,严重缺乏的雏禽会出现运动失调的现象;产蛋鸡则会出现产蛋率和孵化率下降,鸡蛋内血斑的发生率和严重程度增加的症状。缺乏维生素 E,可引起雏禽脑软化症,青年禽渗出性素质以及青年禽、成年禽肌肉坏死。雏禽和青年禽缺乏如胆碱、烟酸、维生素 B_6、生物素、叶酸等其中的任何一种维生素都会造成胫骨短粗症。缺乏胆碱,会引起禽类脂肪肝综合征。缺乏叶酸还可引起贫血、白细胞减少、羽毛脱色、颈椎麻痹、种蛋胚胎死亡率高、母鸡的产蛋率下降。

在生产实践中,由于饲料来源广泛,在加工、运输、储藏以及饲料成分和环境条件改变时,都可能会造成饲料中的维生素含量部分损失。如在加工颗粒饲料过程中,一些维生素遇热氧化分解,破坏了其活性;若饲料中有粉螨,可降低禽类对维生素 A 和维生素 D 的吸收量;含霉菌毒素的饲料,则增加了对脂溶性维生素和其他维生素(如生物素、叶酸)的需要量。

有研究证明,添加略高于饲养标准的维生素能够使禽类达到最佳的免疫状态。当前使用的玉米——豆粕型日粮,特别要注意添加维生素 A、维生素 D_3、维生素 E、维生素 K、核黄素(维生素 B_2)、烟酸、泛酸、维生素 B_{12} 和胆碱。对于笼养禽类需添加比地面平养禽类更多的维生素 K 和 B 族维生素。在夏季,添加 B 族维生素、维生素 C 和维生素 E 能缓解禽类的热应激。此外,添加 B 族维生素和维生素 C 还可以提高肉子鸡的生长速度,提高蛋鸡的产蛋量、蛋重以及蛋壳的质量。添加维生素 E 还具有提高免疫力、降低死亡率的作用。但是,需要提醒的是市场出售的“禽用多维素”中不包含氯化胆碱和维生素 C,如果禽类需要还应另外添加。

3. 维生素添加过量对家禽健康福利产生的不良后果

维生素如果添加过量或长期超量饲喂也会产生不良的后果。尤其是某些脂溶性维生素不能添加过量。实践证明,维生素 A、维生素 D 和维生素 K_3 过量对禽类有毒性作用。如维生素 A 的添加量超过正常量 50 倍以上,鸡会表现精神抑郁、步态不稳、采食量下降,以至完全拒食。有研究报道,过量的维生素 A 会引起雏鸡、雏鸭胫骨的骨骼生长板变窄。如果饲料日粮中维生素 D 水平高达 400 万国际单位/千克饲料或更高水平时,可引起肾小管营养不良性钙化而使肾脏受到损伤;中等程度的维生素 D 过量,可使产蛋禽蛋壳表面石灰

质样丘结发生率增加,从而影响禽蛋的品质。因此,添加这类维生素时,切忌过量。

(二)矿物质不足或过量对家禽健康福利的影响

1. *矿物质的营养特性*

矿物质是构成禽体组织和细胞的重要成分。它参与调节体液渗透的恒定、活化消化酶、维持血液的酸碱平衡和神经、肌肉的正常兴奋性,还有助于机体内其他营养物质的吸收利用。因此,对禽类的生长发育、繁殖和营养代谢等都有很重要的作用。

禽类饲料中的矿物质元素可分为两大类。一类是常量元素,它们是钙、磷、镁、钾、钠、硫、氯。其中钙、磷是形成骨骼的最重要的矿物质元素,在养禽生产中也极易缺乏。另一类是微量元素,目前多数学者公认的必需微量元素有铁、铜、锌、钴、锰、碘、硒、氟、钼、铬、镍、钒、锡、硅等14种。在禽类饲料日粮中需要补充的微量元素主要有锰、铁、铜、钴、碘、硒等,它们是禽类机体的生命元素,对于集约化饲养的禽类而言,这些微量元素甚至比维生素更具有依赖性。

2. *矿物质不足或过量对家禽健康福利产生的不良后果*

矿物质元素在禽类体内是不能相互转化或代替的,如果饲料中矿物质不足或缺乏时,会影响禽类的正常生长发育和繁殖,并降低饲料的利用率。例如缺乏钙、磷,雏禽表现为发育不良、骨质疏松、龙骨弯曲,易发生佝偻病,成年禽会发生骨软症,产蛋禽缺钙会产薄壳蛋或软壳蛋。缺锌的雏禽表现为食欲不振、生长迟缓、羽毛生长不良、跖骨粗短、关节肿大;产蛋禽表现为性成熟推迟,产蛋量减少,孵化率降低、死胚较多。而缺硒的雏禽表现为生长发育受阻、脂肪消化不良,并且还会发生白肌病、渗出性素质、心包积液以及胰腺萎缩并发生纤维化病变。饲料日粮中若锰缺乏或不足,会使成年禽体重减轻、产蛋率和孵化率下降;还会使雏禽骨骼发育不良,患骨短粗症,运动失调,生长受阻。

然而,矿物质元素添加过量也会产生不良的后果。如高钙饲料日粮饲喂8~20周龄小母鸡会引起肾脏病变和内脏型痛风。对于微量元素若添加不当更易发生中毒。如硒过量会使禽类生长受阻,性成熟推迟,羽毛蓬松。有资料表明,产蛋鸡饲料日粮中硒含量超过5毫克/千克饲料,会使孵化率降低,胚胎出现异常。产蛋母鸡日粮中锌含量过高,可引起母鸡换羽以及产蛋量急剧下降。摄取过量的铜也可引起禽肌胃异常,如果饲料日粮中添加2 000毫克/千克饲料的铜,就会导致禽类肌胃糜烂、角质层下出血。因此,禽类饲料日粮中

的矿物质元素必须按照营养标准合理地添加，以防止不足或过量。

四、饲养方式改变与家禽健康福利的关系

家禽的饲养方式一般可分为笼养、地面平养、网上平养和放养4种。

（一）笼养

笼养家禽饲料营养供给全面合理，家禽运动较少，从而表现出较快的生长速度，在数量上能够满足消费需求。其优点：一是可以大幅度提高单位建筑面积的饲养密度；二是可以实行雌雄分开饲养，充分利用不同性别家禽的生长特性，提高饲料转化率，并使上市时家禽胴体重的规格更趋一致，增加经济收入；三是笼养限制了幼禽的活动，降低了能量消耗，使达到相同体重的家禽生产周期缩短12%、饲料消耗降低13%；四是家禽不与粪便接触，球虫等疾病减少；五是笼养便于机械化操作，可提高劳动生产率，有利于科学管理，获得最佳的经济效益。笼养家禽的主要缺点是家禽笼设备一次性投资较大，胸囊肿和腿病发生率较高。

（二）地面平养

地面平养又称厚垫料地面平养，是直接在水泥地面上铺设厚5～10厘米垫料，垫料要求柔软、吸水性好、清洁、干燥，如软木刨花、稻壳、切碎麦秸等。因家禽的种类、日龄、个体大小有差异，饲养密度不同，一般个体越大，单位面积饲养数量越少。地面平养的优点：一是由于垫料与粪便结合发酵产生热量，可增加室温，对家禽抗寒有好处；二是垫料中微生物可产生维生素B_{12}，这是家禽必需的营养物质之一，家禽在扒翻垫料时可从中摄取维生素B_{12}；三是厚垫料饲养方式对家禽舍设备要求较低，可降低成本，适合专业养殖户采用；四是家禽在松软的垫料上活动可有效降低腿部疾病和胸部囊肿的发生率，使家禽上市合格率提高。地面平养的缺点：一是家禽直接接触粪便，易发生球虫、白痢等疾病；二是增加了劳动强度，降低了生产效率；三是占地面积较大，垫料来源不易解决，处理垫料也较困难，会加重环境污染。

（三）网上平养

网上平养是在距地面约60厘米高度处搭设网架，材料以金属、竹木等为主，网架上再用金属、塑料或竹木等制成网、栅片，家禽群在网、栅片上生活，粪便可通过网眼或栅条间隙落到地面，在一个饲养期结束，家禽出栏后进行清除。网眼或栅缝的大小以家禽粪便能落下而家禽爪不能进入为宜。网上平养同时可配备自动供水、给料、清粪等机械设备。网上平养的优点：一是家禽与

粪便不接触，降低球虫等疾病的发生率；二是家禽粪便干燥，舍内空气新鲜；三是家禽机体周围的环境条件均匀一致；四是取材容易，造价便宜，特别适合缺乏垫料的地区采用；五是便于机械化作业，节省劳动力。其缺点是腿疾和胸部囊肿病的发生率比地面平养要高。

（四）放养

放养即放牧饲养，以鸡为例，室内饲养 4～5 周后，气温适宜，即可在果园、林地、山地或牧草地放牧；8 周后，白天可完全放牧，搭建鸡棚或简易鸡舍过夜。晚上补食 1 次精饲料，保证鸡生长发育所需营养，放牧时要注意鸡群的饮水和栖息，可节省不少精饲料，降低生产成本。放养的优点：一是家禽可呼吸新鲜空气，运动量大，可采食部分草叶、草籽、腐殖土、昆虫等自然饲料，增强家禽机体的抵抗力、激活免疫调节机制，减少预防性兽药使用量。二是从体形外貌上看，放养家禽体形紧凑，鸡冠鲜红，羽毛光亮，缘、胫等部位着色较深，为橘黄色或青黑色；胸腿肌肉纤维紧实，胸骨坚硬，有弹性，肌肉中合成和沉积的香味物质较多，鸡肉口感和风味更鲜美。缺点：一般放养范围大，不易看守，且放养地形复杂，常引发危险，因此饲养量不宜过大，一般是数百只为一群；由于放养饲养期长，家禽生长发育缓慢，脚部肉垫磨损大，相对较硬且粗糙，影响肉品质量。

不同饲养方式的优势各不相同，各有利弊。在家禽生产中，要努力探寻合理的饲养方式，提高家禽健康福利水平，以提高家禽的生产性能。

五、营养搭配不合理

用大量的动物内脏、肉屑、鱼粉、豌豆等富含蛋白质和核蛋白的饲料饲喂家禽，代谢产生的过多的尿酸盐会沉积在内脏器官，引起痛风；长期饲喂高能量饲料，能量摄入过多，导致脂肪在肝脏内沉积过多，会引起产蛋禽脂肪肝综合征；青年家禽脂肪沉积过多，会引起脂肪肝肾综合征。

1. 蛋白质缺乏或过量对禽类健康福利的影响

（1）蛋白质的营养特性　蛋白质是一类含氮的有机化合物，是构成家禽、特禽体内各组织器官必需的营养物质。在生命活动过程中起着决定性作用，是一切生命的物质基础。蛋白质也是家禽、特禽饲料日粮中最重要的营养物质，其营养作用是其他营养物质不可替代的。

蛋白质是由 20 多种氨基酸组合而成的，分为必需氨基酸和非必需氨基酸。其中有 13 种为必需氨基酸，即蛋氨酸、赖氨酸、胱氨酸、色氨酸、苯丙氨

酸、酪氨酸、亮氨酸、异亮氨酸、苏氨酸、缬氨酸以及生长禽尚需的组氨酸和精氨酸,雏禽还需要的甘氨酸。所谓必需氨基酸就是在禽体内不能合成或合成速度及数量不能满足需要,必须由饲料来供给的氨基酸。任何一种必需氨基酸不足,均可影响禽对饲料蛋白质的利用率,尤其是一般谷物饲料中蛋氨酸、赖氨酸、色氨酸较少,它们的缺乏往往会影响其他氨基酸的利用率。在集约化养禽生产中,常以玉米、豆粕饲料作为主要日粮,再加入适量的蛋氨酸,使饲料中的氨基酸达到平衡,可以明显提高禽类的生产性能。有试验表明,产蛋鸡饲喂含蛋白质 14%、添加 0.1% 蛋氨酸的饲料日粮与不加蛋氨酸的含蛋白质 16% 饲料日粮的生产效果一致。

(2)蛋白质不足或过量对家禽生产福利造成的不良后果　在养禽生产中,饲料中的蛋白质不足或过量,都会对家禽产生不良的影响。如果禽类饲料日粮中蛋白质不足,禽体内合成的蛋白质就少,禽生长发育迟缓、产蛋率下降。当合成的蛋白质少于分解的蛋白质时就会引起蛋白质代谢的负平衡,禽就会体重下降、消瘦,产蛋禽停止产蛋,同时还会破坏肝脏和其他器官合成某些激素和酶的作用,使机体代谢紊乱,影响血浆蛋白、球蛋白和血红蛋白的形成而引起贫血。血液中免疫球蛋白减少,则容易引发各种传染病和寄生虫病,导致免疫失败。据有关资料表明,动物性蛋白质饲料不足,鸡对蛔虫的抵抗力降低;若充足时,抵抗力则较强。此外,如果饲料中增加钙和赖氨酸的含量可减少虫体的数量并缩短其体长。

同样,某种必需氨基酸的缺乏也会对禽类产生不良影响。饲料日粮中赖氨酸的缺乏,会引起禽生长迟缓,古铜色火鸡还会引起色素的沉积减少。精氨酸缺乏引起雏禽呈现明显羽毛蓬乱,翅膀羽毛向上翻卷。蛋氨酸缺乏会使禽类胆碱或维生素 B_2 缺乏加剧。

相反,如果饲料日粮中蛋白质过量,也会增加禽类肝脏和肾脏的负担,由于含硫蛋白质被降解,释放出的氮转化为尿酸,引起血液尿酸含量增高,机体内尿酸盐大量沉积,引起蛋白质代谢障碍——痛风病。此外,饲料中蛋白质供给过多,还会造成浪费,增加养禽的成本。同时,排出的粪氮、尿氮还会污染环境并引发多种疾病。因此,在配制饲料日粮时,应根据禽的种类、日龄、产蛋率等情况来决定家禽对蛋白质的需要量。

2. 碳水化合物和脂肪类物质与家禽营养福利

(1)碳水化合物的营养特性及其合理应用与家禽健康福利的关系　碳水化合物是一类含碳、氢、氧 3 种元素的有机物,它是禽类饲料日粮中代谢能的

基本来源。按照饲料分析，碳水化合物可分为无氮浸出物和粗纤维两部分。无氮浸出物主要成分为糖和淀粉，对禽类有营养作用，消化率很高，容易被禽类吸收利用。而粗纤维的主要成分是纤维素、半纤维素和木质素，由于禽类消化道没有分解纤维素的活性酶，因此，对粗纤维的消化率很低。碳水化合物的最终产物是葡萄糖，被吸收到血液后，输送到各个组织进行生物氧化反应并产生热能，用来维持生命机能活动和体温，有少量转变成糖原储存在肝脏和肌肉中，剩余的则转化为脂肪储存于体内。所以，肉用禽类在育肥期间应饲喂富含淀粉的饲料，但是对于产蛋禽要严加控制配比量，否则会造成大量的脂肪在肝脏沉积而产生脂肪变性，引发脂肪肝病。

在饲料日粮中，如果粗纤维过多，会影响其他营养物质的消化吸收，造成禽类生长发育不良和机体消瘦。但粗纤维含量很低时，有人对鸡进行饲喂试验，结果表明，鸡的羽毛生长不良，并会出现啄羽、啄肛现象，适当增加粗纤维含量时，可防止啄癖的发生。对于禽类饲料日粮中粗纤维的含量，据有关资料介绍，幼雏鸡为2.5%～3.0%，青年鸡、蛋鸡、种鸡、雏鸭、雏鹅则为3.0%～4.5%，成年鸭为5%～6%，而成年鹅则以7%～9%为宜。

(2) 脂肪的营养特性及其合理利用对家禽健康福利的影响　脂肪是禽类很重要的营养物质，广泛存在于动物体内。根据分子结构可分为真脂肪和类脂质2类。真脂肪又称中性脂肪，即甘油三酯，是动物机体的主要脂类物质。类脂质主要包括磷脂、糖脂、固醇及类固醇、脂肪酸等。饲料中的脂肪除油料籽实(大豆、菜籽等)及米糠外，大多数饲料中含量较低。脂肪是含能量最高的营养物质，而且在禽体内利用率高，在体内氧化所释放的能量是同等的碳水化合物或蛋白质的2.25倍，同时它又是必需营养素亚油酸和花生四烯酸的来源。雏禽的饲料日粮中如果缺乏这些脂肪酸会导致生长不良和引起脂肪肝。产蛋禽缺乏必需脂肪酸时，则导致产蛋率、蛋重和孵化率均降低。但是，饲料日粮中脂肪过多则会引起禽类食欲不振、消化不良，尤其影响禽类对钠、钙等金属元素的吸收利用。同时，饲料中脂肪含量高时，脂类物质特别是不饱和脂肪酸易氧化酸败，使饲料不易保存；在酸败过程中产生的活性过氧化合物会破坏维生素A、维生素D、维生素E和水溶性维生素的活性，并降低氨基酸的利用率。

虽然脂肪的能量比蛋白质和碳水化合物高，但饲料中的蛋白质和碳水化合物有一部分会转化为脂肪。因此，除肉用禽育肥外，其他禽一般不必另外在饲料中添加脂肪物质。在配制禽类饲料时应注意粗脂肪的含量，不可过多，也

不能过少，通常占饲料中干物质的3%，最高不能超过5%。

第三节 行为福利损害的表现与后果

现代家禽生产的集约化程度越来越高，家禽面临的福利问题也愈来愈严峻。高密度饲养、不当管理、环境恶化造成家禽行为异常和身体伤害，免疫抵抗力低下，甚至导致烈性传染病的暴发。这不仅影响了家禽自身的福利，也极大地降低了经济效益。然而，欧盟等发达国家已经制定了相关动物福利法规。解决家禽的福利问题需要从饲养方式、日常管理、环境控制、疾病防治、运输和屠宰等方面进行综合治理。降低饲养密度，采用富集型鸡笼，有条件的放弃笼养采用自由放养等生产方式，以满足家禽的行为需要。

一、规模化密集饲养对蛋鸡健康及福利的影响

自20世纪50年代以来，笼养的饲养方式被广泛推广，直至现在，笼养在许多国家一直是蛋鸡生产的主要饲养模式。笼养具有提高效率、节约饲养成本的优点，在收蛋、粪便处理、减少饲料浪费、维持适当的环境温度、检查每只鸡的状况等方面都有着散养鸡无可比拟的优势，可以简化饲养管理操作，节省平养过程中的大量垫草开支，而且便于疫病防控。正因为笼养具有这么多优点，美国产蛋鸡的笼养数量达到95%以上，其他养殖大国亦如此。蛋鸡笼养的集约化程度很高，它的福利问题也成为公众的首要关注对象。随着社会的发展，笼养方式越来越受到质疑，也遭到了欧洲许多国家动物权利保护组织或动物福利及有关人士的反对。

蛋鸡在笼内不能正常地伸展或拍打翅膀，不能转身，不能啄理自己的羽毛。蛋鸡的笼养密度一般为16~25只/米^2，多则达到45只/米^2，所以每只鸡所占的空间很小，不能正常地活动。

蛋鸡始终站卧于倾斜的铁丝网板上，没有褥草，也没有泥沙可供沙浴，始终处于无奈的状态中。

笼内没有栖架可供夜间休息，也没有安静的窝供它们产蛋，不能正常表达它们的本能行为。

在许多情况下，最多可有5只鸡挤在400厘米^{2}的笼内；长期限制性的运动缺乏，导致蛋鸡的骨骼变得十分脆弱；鸡体损伤，鸡的头、颈、身体、翅膀、趾或其他部位有时被笼子绊住易引起损伤。倾斜板能引起脚趾变形，网眼可造

成羽毛脱落。

无处不在的红螨。采食系统和笼子等设备为红螨提供了庇护所,即使进行不同批次鸡的清洗也不能彻底消灭它们。农场主们有可能恢复使用化学的手段来保证家禽和工作人员的安全,但这样会导致鸡蛋中化学物残留。

二、家禽运输前至屠宰前的应激

(一)运输前的限饲应激

运输前的限饲应激是指在捕捉、装车前对家禽进行禁食、禁水的处理,从而对家禽造成一种应激反应。运输前的限饲应包括从移去饲料到屠宰前的整个过程中(包括移去饲料后在鸡舍的时间、运输时间以及在屠宰车间等待的时间)。现在大部分家禽在运输前都进行限饲的处理,以此来减少运输过程中家禽排出的粪便和屠宰过程中家禽肠道内容物外泄对屠体的污染。荷兰的研究人员指出家禽在捕捉装箱前最少有 5 小时的禁食时间,再加上 2 ~ 3 小时的捕捉时间,2 小时的运输时间和 1 小时存放时间,总的来说限饲时间是 10 ~ 11 小时。有的研究认为实际操作过程中,限饲时间可能会更长。

长时间的限饲会造成家禽体重下降迅速,大大地降低家禽的屠宰率,影响经济效益。Nijdam 做了家禽运输前限饲和运输前不限饲体重损失的比较,结果表明,家禽限饲运输后体重损失每小时 0. 42% ,大约比不限饲运输的家禽体重损失每小时多 0. 3% 。

运输前的限饲应激影响家禽的代谢水平和肉质。限饲应激影响家禽代谢过程,使机体从合成代谢转变成分解代谢,从脂合成转变成脂分解,并且降低新陈代谢率。由于限饲时间过长,家禽机体能量代谢加强,并通过糖酵解作用补充能量,使得宰后肌肉中糖原和乳酸含量变化,从而影响肉品质。

限饲还会改变家禽血液指标的含量。研究认为,限饲 3 小时后家禽的血糖浓度快速降低,16 小时后到达一个新的水平并保持恒定,血清中 CORT 含量上升,游离脂肪酸浓度增大,T3 循环浓度降低。而且,限饲还会诱导家禽的行为与生理发生改变,意味着家禽可能处于应激状态中。

(二)运输应激

运输应激是指在家禽运输过程中的颠簸、冷热刺激、拥挤、噪声和家禽对陌生个体与环境的恐惧等应激源的综合作用下,家禽机体产生本能的适应性和防御性反应,是影响家禽生产的重要应激因素之一。目前在我国的家禽商业化生产系统中,饲养场地与屠宰加工地点不在一起,因此几乎所有的家禽一

生中至少需要经历1次的运输，少则几千米，多的需要若干小时的路程。大部分家禽通过公路进行运输，也有一些是采用空运或海运的方式。运输程序、运输工具和运输环境的不同，都会导致家禽在运输过程中产生不同的应激反应。运输应激条件下，家禽往往表现为呼吸、心跳加速，恐惧不安，性情急躁，体内的营养、水分大量消耗，并最终影响家禽的生产性能、肉质品质和福利水平。

运输应激常会造成家禽体重损失严重，受伤率提高和生产性能的下降，严重时甚至发生大批量死亡。大量统计显示，运输过程中肉鸡的平均死亡率和受伤率分别为0.46%和2.2%。而产蛋鸡的死亡率和受伤率最高可达25%和30%，且在运输后表现出产蛋率下降或停止产蛋。

运输应激使家禽机体能量代谢加强（尤其是在长时间的限饲条件下），并通过糖酵解作用补充能量，使得宰后肌肉中糖原和乳酸含量变化，从而影响肉品质。家禽在运输后肌肉乳酸的含量升高，其pH比未经运输的家禽下降得更快。过低的pH通过影响肌肉蛋白质变性，进而影响肉质的嫩度、滴水损失、肉色等。但也有人认为运输应激对家禽的肉品质影响不大。

运输应激影响家禽机体的内分泌与代谢水平。由于运输应激激活了下丘脑—垂体—肾上腺皮质轴（HPA）的活性，家禽血清中肾上腺皮质酮含量升高，使家禽表现出显著的急性应激生理反应。例如，异嗜细胞/淋巴细胞比率（H/L）和CORT含量都升高，并且运输时间越长，值越高，意味着应激越强烈。Mitchell等人也发现在运输过程中，随着车内温度、湿度及二氧化碳分压（PCO2）的升高，肉鸡血清中异嗜性粒细胞数量增加，淋巴细胞数量减少，H/L显著升高，这与开产蛋鸡的研究结果一致。但也有研究结果显示肉鸡和开产蛋鸡血浆皮质酮含量在短时间运输后显著上升，但随运输时间的增加又降至运输前水平，其主要原因可能是肉子鸡在长时间的运输过程中产生了适应性。

运输应激还会影响家禽的心理活动与行为。运输应激属于一种综合性应激因素，在这种多应激方式下家禽可能会产生行为障碍，并随应激源刺激时间的延长，其行为表现由兴奋、焦虑状态转为抑制、抑郁。Cheng的研究表明，运输后家禽在觅食、采食和饮水等行为方面有很大的变化，表现为觅食行为减少，饮水行为增多。运输后鸡的紧张性静止不动时间显著增长，意味着鸡处于极大的恐惧应激中。

运输应激也会增加食品安全的风险。弯曲杆菌（Campy lobacter）是一种重要的食源性病原菌，本属菌有胎儿弯曲杆菌、痰液弯曲杆菌和粪弯曲杆菌3

种。弯曲杆菌可引起人类急性肠炎、格林巴利综合征、反应性关节炎、Reiter's综合征等多种疾病。近年来有研究发现，运输应激可造成肉鸡盲肠及粪便中弯曲杆菌数量增加，使肉鸡屠体受弯曲杆菌污染的风险加大，对肉品质安全和公众健康构成潜在的危害。在运输前禁食和运输后休息可以降低肉鸡粪便中弯曲杆菌的数量，其机制尚不清楚。

(三)由屠宰前休息引起的应激

家禽到达屠宰厂后一般并不马上宰杀，而是要静止休息一段时间，在这期间家禽一般是禁食但不禁水。我们把运输车辆到达屠宰厂到开始屠宰这一段持续的时间称为宰前休息时间。家禽的宰前休息是为了让家禽的生理代谢水平先恢复到较接近于运输前的水平，这时屠宰对家禽来说最适宜。

宰前休息时间是影响肉品质的一重要因素，同时也是体现动物福利的一个方面。研究发现运输之后休息的猪，血浆皮质醇和葡萄糖含量下降，肌肉损伤程度变小，并且可以防止 PSE(苍白、松软、渗出性)肉和 DFD(干燥、坚硬、色暗)肉等异常肉的产生。张林、岳洪源等通过研究不同运输时间(45 分和180 分)和宰前休息时间(45 分和 180 分)两因素两水平的交互作用，发现运输应激会引起肉子鸡血浆皮质酮含量升高，使机体处于较强的应激状态中，但运输后较长时间的休息则有助于降低肉子鸡的应激水平，缓解肌肉品质的下降。其中休息时间对肉鸡的肉色影响显著，宰前休息时间的长短对肉鸡肉质无显著性影响。

但这也并不意味着休息时间越长对家禽的肉质与福利就越好。因为家禽在经历长时间的运输后，体能消耗严重，长时间的休息(伴随禁食)会加速家禽的体重下降，甚至造成死亡率上升。家禽休息时处于一个狭小的空间内，密度大，湿度高，拥挤情况严重，因此长时间的休息还会造成家禽的热应激和外部损伤。Warriss 研究了宰前不同休息时间(1 小时，2 小时，3 小时，4 小时)对肉鸡体温和糖原储存的影响，结果表明随着休息时间延长，肉鸡的体温逐渐升高，而且大多数的体温升高都发生在前 1 小时内。在研究英国家禽宰前生产损失时，Warris 建议在通风条件较差、没有出现环境适应条件下，宰前休息时间要最好低于 2 小时。在适应环境条件下，Quinn 建议宰前休息时间应在 2 ~ 4 小时。

(四)由屠宰前吊挂引起的应激

家禽在屠宰前的吊挂过程中，所经历的挣扎、拍翅、鸣叫、恐惧等一系列的心理和生理的变化，可能引起家禽的吊挂应激。家禽的屠宰与其他肉质产品

动物不同,因为活鸡在屠宰前要将双脚倒挂在钩子上,整个鸡体倒置。家禽被吊挂在生产线上依次通过电击水域是常见的家禽屠宰生产流程,也是商业屠宰不可避免的一部分。

宰前吊挂应激影响家禽肉质、血液指标和福利状况,并对其造成一定程度的应激损害。在吊挂时家禽反应强烈,它们会挣扎、拍翅,从而大大地降低了家禽的福利和肉品质。

第四节　社交与心理福利损害的表现与后果

饲养管理者对家禽的常规处置技术影响着家禽的社交活动福利,正常情况下,家禽常规处置技术包括雏禽时期的断喙和断趾。这些处置技术主要有利于饲养管理者对家禽的管理,并没有从福利角度考虑家禽之间的交流与处置后对家禽的影响后果。另外,为了延长种禽的种用价值,缩短家禽自然换羽时间,而采取应激比较大的人工换羽方法,对种禽进行强制换羽。这些技术操作增加了饲养管理者的经济效益,但是对家禽的社交和心理福利都造成了不同程度的损害。

一、断喙和断趾对蛋鸡福利的影响

啄斗是鸡的一种生物学特性,如啄去身上的脏物,从尾脂腺啄取油脂涂在羽毛上,为争夺地盘和采食空间或争夺配偶也要进行激烈的战斗。自然状态下,战败鸡只要俯首逃跑就可以免受攻击。因此,很少有鸡被啄死。但困在笼中的笼养鸡的许多行为都不能进行,一旦发现异物就会引起好奇心去啄它,而红色和血腥会进一步激发鸡的啄欲,形成啄癖,导致鸡群伤亡率上升。鸡的啄癖的发生与 PMEL 17 基因的变异有关。现代蛋鸡生产中,为防止鸡发生啄癖,常在雏鸡 9 ~ 10 日龄时对鸡进行断喙,即把喙切除 1/2 左右。虽然已经有很多种断喙方法,但是当提及怎样进行断喙可以减少疼痛时,却有不少争论。科学上已证实鸡的喙极其敏感,断喙能引起极大的疼痛和终生的行为损失,喙的残根康复后形成肿块。行为研究显示,这些断喙鸡不能正常地采食、饮水和梳羽。因此,鸡所展现的行为紊乱与慢性疼痛和压抑有关。

断喙应该有选择地加以应用,必须预防或减少未来行为的不适带给鸡群的伤害。当鸡群已经发生自相啄食现象时,断喙可以作为一种治疗的手段。如果已经决定对鸡进行断喙,那么,如何减少对鸡群行为和生产的长时间的影

响是必须考虑的重要因素之一。

断趾也是家禽生产中常用的一种方法。在生产中去除母鸡的中趾以减少蛋壳的破损率;而对种公鸡进行去爪是为了防止种鸡对其他鸡的伤害。如果方法和操作得当,对种鸡去一个趾不会引起其慢性疼痛。若断趾严重地破坏了神经,易发展成为神经瘤,也会引起急性或慢性疼痛。

二、强制换羽对蛋鸡福利的影响

换羽是禽类的一种自然现象,鸡换羽时一般都停止产蛋,自然换羽由于不一致,持续时间长达3~4个月。过去的几十年间,人们常通过人工换羽的方法来缩短鸡的换羽周期,即生产者通过限制采食、饮水和减少光照来加快完成这一过程,使下一个产蛋周期早一些到来,这会对动物产生很大的应激。

人工换羽的方法包括限饲、光照周期的改变、日粮成分(如钙、碘、硫、锌)的控制以及使用影响神经内分泌的药品。这些方法都可以导致产蛋期的突然停止,并伴有体重下降和羽毛脱落。生产中最常用的方法是停止饲喂,因为这种方法非常有效,而且可以减少饲养成本。不幸的是,在停止饲喂后期会引起应激激素的升高和家禽行为的改变。因此,在任何可能的情况下,必须尽量减少停饲期。

第十章 蛋鸡福利养殖目标管理

随着对动物福利状态的关注，近年来蛋鸡生产方式发生了改变，尤其是在欧洲。欧盟规定，至2012年全面禁止采用传统的蛋鸡笼养生产方式，推广采用大笼饲养、自由散养、棚舍平养和有机饲养等家禽福利较好的饲养模式。大笼饲养要求每只产蛋鸡所占笼底面积不少于750厘米^2，有产蛋巢、垫草和适当的栖架。自由散养要求与舍内饲养相同。此外，产蛋鸡应有充分的舍外接触空气的时间，最大饲养密度为4只/米^2。棚舍平养要求产蛋鸡在舍内地面（板）上饲养，可多层地板式饲养，养殖密度不超过9只/米^2，在此种养殖方式下，产蛋鸡可在不同层的层架上自由来回跳动，层架一般不超过4层。有机饲养要求产蛋鸡自由散养，按照特殊规则进行饲养，饲喂有机饲料，限制兽医处理和兽药使用。

第一节　蛋鸡福利研究进展

一、动物福利对蛋鸡养殖业的冲击

随着动物福利研究的逐渐深入,越来越多的动物福利问题摆在了人们的面前,也受到了大多数人的关注。近年来,在蛋鸡养殖生产中所涉及的动物福利问题也一点点地呈现在了养殖者的面前。蛋鸡的养殖到了不得不改革的时候。

欧盟还规定从2005年开始,市场上出售的鸡蛋必须在标签上注明是放养蛋鸡所产的鸡蛋还是笼养蛋鸡所产的鸡蛋。德国蛋鸡饲养方式比较先进,领先于欧盟制定的规程,德国所有产蛋鸡早在2009年年底就已经淘汰传统的笼养方式。荷兰早已采用德国的Kle-ingnuppenhalnmgsystem型养殖方式,由于荷兰是德国的主要鸡蛋供应国,所以荷兰本土的鸡蛋生产商对德国鸡蛋市场的发展趋势和需求反应很快。在奥地利,传统的蛋鸡笼养方式早已在2008年年底被禁止。在美国,加利福尼亚州已经通过法律于2015年禁止完全笼养方式。

2014年在挪威召开的第十四届欧洲家禽会议上,福利问题成为重点交流话题之一,会议议题中涉及家禽福利与育种、家禽骨骼发育与福利、饲养条件对蛋鸡生产和福利的影响等内容。我国也在中国农业国际合作促进会中成立了动物福利国际合作委员会,我国农业部于2010年启动实施了公益性行业(农业)科研专项"畜禽福利养殖关键技术体系研究与示范",开展了我国畜禽福利关键技术的前瞻研究,为畜禽福利化生产了积累经验。由此可见,改善家禽福利状况势在必行。

二、蛋鸡福利研究进展

(一)蛋鸡福利相关法律法规

1974年欧共体通过了其第一个动物福利方面(屠宰前致晕)的立法(74/577/EEC)。

1999年6月17日,欧洲颁布了《关于拟订保护欧盟蛋鸡养殖模式的重大变革和原因分析蛋鸡的最低标准的理事会指令》(99/74/EC),宣布将用13年的准备期来彻底废除蛋鸡的传统笼养模式。这一强制性禁令,已经于2012年1月1日生效。该指令要求在2012年1月1日废止传统的笼养模式,而必须采用富集型鸡笼(enrichedcages)或非笼养模式(non-cagesystems)等,并对不同饲养模式的饲养设施与条件做出了详细的规定。

2005年世界动物卫生组织颁布了其第一个动物福利(主要是关于动物的

运输与屠宰等)的全球性指导方针。据报道,2015 年美国加利福尼亚州有 930 项法律涉及养鸡场福利问题。

我国政府一直很重视动物保护方面的法制建设。1988 年我国颁布《实验动物管理条例》,1989 年我国颁布《野生动物保护法》,与发达国家相比,我国的动物福利保护还存在一定的差距。2014 年中国首部动物福利标准《农场动物福利要求 猪》颁布,针对禽类的标准也陆续出台。

(二)蛋鸡福利评价体系的建立

20 世纪末期,欧美发达国家针对不同家禽种类,依据不同家禽福利指标,建立了多种家禽福利评价体系,主要分为四大类:家禽需求指数评价体系,如 TGI－35 体系(澳大利亚)、TGI－200 体系(德国);基于临床观察及生产指标的因素分析评价体系;禽舍基础设施及系统评价体系;危害分析与关键控制点评价体系。

(三)新型养殖方式的使用

1. 替代型笼具的使用

传统的笼养由于养殖密度大,空间狭小,限制了鸡的行为,导致蛋鸡的福利受到影响。20 世纪 70 年代开始,人们在传统养殖笼具的基础上,研制出了符合动物福利要求的新型蛋鸡笼(也称为装配型鸡笼或富集型鸡笼),并且在 20 世纪 80 年代进行了进一步的改革。新型的笼具装配了产蛋箱、栖架、垫料、沙浴槽或磨爪垫等,且按照规定必须为鸡提供 750 厘米^2/只以上的底网面积,以便鸡活动并且表达一些舒适行为。

2. 多层散养系统的使用

此种养殖方式设置多层采食和栖息平台,因此与平养相比,提高了饲养密度,节约了建筑成本,但是也提高了一部分设备的投资。其内部设有多根栖杆,以满足鸡的栖高习性。设有多层采食平台,鸡可以在多层采食平台进行采食、饮水。每层采食平台下部均设有粪污传送带,及时将上层平台鸡产生的粪承接和传送到鸡舍内,以保证鸡舍内的环境质量。采食平台设置有一定的坡度,鸡蛋可以沿坡度滚出,以利于窝外蛋的收集,有的鸡舍还会在地面铺设垫料,以满足鸡觅食、沙浴的习性。

3. 舍外自由散养系统

舍外自由散养系统在国内较为常见,如果园散养、林下散养、山地散养、滩区散养等。散养模式下,鸡活动范围广,可接受自然阳光和空气。同时,还可以采食天然动、植物饲料,鸡活动时间长,饲料种类多,肉蛋品质都得到一定的

改善。但此种方式可控性差，生产效率低，管理的难度也大，推广起来有一定的难度。

4. 荷兰圆盘系统的福利化蛋鸡养殖模式

圆盘系统的福利化蛋鸡养殖模式是荷兰瓦格林根大学研究开发的一种养殖系统。内部配备有采食、饮水和活动区，设置有产蛋箱、栖架。还有带透明屋顶的舍外活动区、放牧区，种植有人工草坪。这是一种新型的养殖方式，在禽舍设计上，充分考虑到了蛋鸡的福利要求，同时还考虑到了用地及人工等多方面需求，是目前较推崇的一种养殖方式。

（四）福利化养殖中被禁止的养殖方法

1. 禁止断喙

在蛋鸡生产中，为了防止啄癖和减少饲料浪费，笼养蛋鸡生产中多采用断喙的方法，此法对蛋鸡造成了一定的伤害。德国在2016年逐步禁止断喙和禁止宰杀雄性蛋鸡雏。荷兰也在2018年实施一系列新的福利规定，包括禁止断啄等。

2. 改变人工强制换羽的方法

蛋鸡生产末期，人工强制换羽是利用母鸡第二个产蛋年的有效方法。但人工强制换羽时所采用的方法如化学法、激素法以及饥饿法等，都在一定程度上损害了鸡的健康和福利，今后将会采取一系列的替代方法。如Bigger等研究发现，饲喂麦麸、玉米、玉米麸或者3种料混合的饲料能有效促进蛋鸡换羽，并且能增加蛋鸡对沙门菌的抵抗力，提高成活率。这种应激小且非断料的换羽方法体现了动物福利的主张，被越来越多的人所关注。

3. 运输方式的改变

传统的运输方式，由于转运笼中装鸡数量较多，运输时间长，运输过程中没有水、料的添加等原因，给鸡群造成了极强的应激。因此，欧盟对运输的车辆做出了特别要求，运输超过8小时的车辆上必须安装机械通风设备等。

4. 人道屠宰动物福利要求

善待活着的动物，减少死亡的痛苦。国际上比较认可的福利宰杀工艺主要有电击法、二氧化碳法、颈部脱臼法。有研究表明，运用二氧化碳气晕比电晕可减少家禽损失，提高肉品质。但家禽对二氧化碳会产生逃避反应，这非常不利于家禽的福利，因此在动物安乐死时，注入的二氧化碳中通常加入不同浓度的惰性气体，如氩气、氮气等。有研究表明，采用两相气体系统即在开始鸡处于含有40%二氧化碳、30%氮气的环境中60秒，然后处于80%二氧化碳和

空气的安乐死环境中，这样的系统有益于动物福利和胴体质量，该系统已被商业化使用。

第二节　蛋鸡育雏期目标管理要点

雏鸡阶段是养鸡生产中最难养的一个阶段，同时此阶段也是为后期养殖管理打基础的阶段，所以做好此阶段的管理对提高整体养殖经济效益是至关重要的。

雏鸡难养的主要原因是其特殊的生理特点，了解雏鸡的生理特点，才能合理安排生产，提高育雏期末成活率及提高雏鸡的质量。

一、雏鸡的生理特点

1. 体温调节机能不完善

初生雏鸡自体产热能力差，对低温抵抗力也差。雏鸡体表微布绒毛，对机体的保温能力很差，而且刚出壳的雏鸡体温低于成年鸡1～3℃，至10日龄后体温才接近于成年鸡体温。雏鸡的体温调节能力很差，到3周龄左右才逐步发育完善，新羽长成后，体温调节能力趋于正常。所以，雏鸡阶段一定要做好禽舍的加温工作，育雏期温度的适宜和稳定对雏鸡质量和成活率影响很大。

2. 神经敏感、胆小易惊

雏鸡的敏感性很强，对于环境的变化易发生反应，会影响雏鸡的生长发育；同时雏鸡对于饲料营养成分的变化也很敏感，尤其对于饲料成分营养缺乏或含有有毒元素反应敏感。因此，在育雏阶段尤其强调环境的安静及饲养条件的稳定。

3. 消化力弱

雏鸡消化器官还没有发育完全，消化道容积较小，消化液分泌量少且消化酶分泌不足，对于食物的储存及消化吸收能力都很弱，所以雏鸡的饲喂应做到"少量多次"。同时雏鸡肌胃的研磨能力差，对于粒度过大的饲料消化能力弱，要求雏鸡饲料中粗纤维含量不能过高，还要注意饲料的粒度。

4. 抗病力差

雏鸡阶段易患鸡白痢、大肠杆菌病、法氏囊病、球虫病及慢性呼吸道疾病等。雏鸡的免疫机能较差，约10日龄才开始产生自身抗体，而且较少，出壳后母源抗体水平逐渐减少，至3周龄左右降至最低，所以10～21日龄为雏鸡饲养的危险期，雏鸡对各种疾病和不良环境的抵抗力弱，对饲料中各种营养物质

缺乏或有毒药物的过量反应敏感。因此,育雏阶段要严格控制环境卫生,并做好疾病防疫工作。

5. 自卫能力差

雏鸡跑动速度慢,喙较软,对外界动物的侵害缺乏防御能力,易受到伤害,生产中要做好禽舍的密闭工作,尤其注意防鼠、猫、狗、蛇等。

6. 生长速度快、代谢旺盛

雏鸡阶段是鸡生长发育速度最快的一个阶段。蛋用雏鸡正常出壳体重在38克左右,6周龄末体重增重可达440克左右,以后随着日龄的增长逐渐减慢生长速度。雏鸡代谢旺盛,心跳快。雏鸡每小时单位体重的产热量为成年鸡的2倍。就单位体重计,雏鸡对各种营养物质的吸收利用超过成年鸡。因此,在育雏期要确保饲料和饮水的供应,同时要保证良好的空气质量。

7. 群居性

雏鸡的群居性很强,喜欢集群。生产中要注意防止扎堆,同时尽量不要让雏鸡单独离群饲养。

8. 羽毛生长更新速度快

后备鸡羽毛生长极为迅速,共脱换4次羽毛,分别在4~5周龄、7~8周龄、12~13周龄和18~20周龄。羽毛中蛋白质含量为80%~82%,为肉中蛋白质含量的4~5倍。因此,雏鸡日粮中蛋白质(尤其是含硫氨基酸)水平要高。

9. 模仿能力强

雏鸡具有良好的模仿学习能力,雏鸡群内如果某一个体表现出某种行为,其他的雏鸡就会模仿。如雏鸡的采食、饮水行为就是如此,而啄癖行为也会被模仿。

10. 印记行为

出壳后的雏鸡对于第一次见到的实物能够留下长久的记忆,这种现象称为印记。雏鸡产生印记时期的范围在出壳后9~10小时和33~36小时,之后由于雏鸡发生惊恐行为,印记能力减弱。

二、雏鸡对环境的要求

(一)合适的温度是育雏成败的关键

雏鸡对温度敏感,育雏温度过高过低,不仅对雏鸡生长发育不利,而且会使雏鸡死亡率上升,在低温下还可以使耗料量增加,适宜的高温可促使雏鸡体内蛋黄进一步吸收,也可使雏鸡发育健壮、生长整齐。育雏温度包括育雏器的温度和舍内温度。舍温一般低于育雏器的温度,育雏室内不同位置的环境温

度有高、中、低的区分,这样一方面可促使空气对流,另一方面也可以使雏鸡根据自己的生理需要自由选择适合自己所要求的温度。最初育雏温度可控制在33~35℃,以后每周下降2~3℃,直到18℃脱温。具体给温方案见表10-1。

表10-1 育雏的适宜温度

周龄	1	2	3	4	5~6
育雏器温度(℃)	35~34	34~31	31~28	27~25	25~20
育雏室温度(℃)	24	24~21	21~18	18	18

育雏器的温度是指鸡背高处的温度值,测温时要求距离热源50厘米,用保温伞育雏时,将温度计挂在保温伞边缘即可。立体育雏,要将温度计挂在笼内热源区底网上。随着雏鸡的生长,其体温调节能力逐渐加强,生理机能逐步完善,如体温升高、羽毛更换、神经系统发育健全、抵抗力增加等。因此,育雏期间必须根据雏鸡周龄的大小、鸡群大小、外界环境状况等对温度进行调节。

育雏温度是否适宜除查看温度计外,也可观察雏鸡行为表现,即做到"看雏施温"。温度过高时,雏鸡远离热源,张口喘气,呼吸频率加快,两翅张开下垂,频频喝水,采食减少;温度过低时,雏鸡集中在热源附近,扎堆,活动少,毛竖起,夜间睡眠不安,常发出叫声;温度适宜时,雏鸡均匀地分布在育雏器内,活泼好动、食欲良好,羽毛光滑、整齐、丰满。

整个育雏期间供温应适宜、平稳,切忌忽高忽低。随着鸡龄增加,温度应逐渐降低,但降温不能突然,每周下降2~3 ℃,即每天下降0.5 ℃左右,不能一次降2~3 ℃。

(二)不能忽视相对湿度对雏鸡的影响

在一般正常情况下,相对湿度不像温度那样要求严格,在极端情况下或与其他因素共同发生作用时,可能对雏鸡造成很大危害。需严格控制舍内湿度。

通常,由于雏鸡饲养密度大,鸡的饮水、排便及呼吸都会散发水汽,因而育雏室内空气的湿度一般不会太低。但在雏鸡10日龄前因舍内温度高、雏鸡的饮水量及采食量小,禽舍内较干燥,应将舍内相对湿度控制在60%~70%。随着雏鸡日龄增加,鸡的饮水量、采食量、排粪量相应增加,空气湿度增大,此时相对湿度应控制在55%~65%。到14~60日龄是球虫病易发期,应注意保持舍内干燥,防止球虫病发生。

雏鸡舍内可使用的加湿的方法有:室内挂湿帘,火炉上放水桶产生水汽,直接在地面上洒水,如果水中添加消毒剂可对鸡舍和雏鸡进行喷雾等。有人试验,

不加湿组与加湿添加消毒剂组,10 日龄雏鸡成活率分别为94.2%和98.3%。

雏鸡舍防止湿度过高采取的措施:定时清除粪便,勤换、勤晒垫草,饮水器不漏水,注意做好通风换气工作,适当减小饲养密度。

(三)重视通风换气

雏鸡虽小,但生长快,代谢旺盛,氧气需要量大,排出的二氧化碳也多,育雏阶段饲养密度较大,考虑保温等因素有时不能及时清粪,粪中的含氮物分解而产生氨气等有害气体,影响鸡群健康。因此,在育雏期一定要注意合理通风,以便为雏鸡提供新鲜空气,排除舍内有害气体,并保证舍温分布均匀,调节湿度。

一般室内二氧化碳的浓度不得高于0.5%(正常含量为0.3%),氨气浓度不应高于0.002%,否则大量的氨气被鸡吸收能使中枢神经系统受到强烈刺激,而导致呼吸道发病,饲料报酬降低,性成熟延迟,抵抗力下降,死亡率增加。开放式鸡舍主要通过开关门窗来换气;密闭式鸡舍,主要靠动力通风换气。通风时应尽量避免冷空气直接吹入,可用布帘或过道的方法缓解气流。在生产中一定要解决好通风和保温的关系。

通风换气要根据鸡的日龄、体重、季节及温度变化灵活掌握。为解决通风与保温的矛盾,一般在通风前可适当提高舍温2℃左右,冬季通风应避免在早晚气温低时进行,通风时不要让气流流向鸡群,对1周龄内的雏鸡更应小心谨慎。1周后的雏鸡可逐渐加大通风量,尤其在天气不很冷时,应每隔2~3小时进行通风换气一次,这样可提高雏鸡对温度变化的适应能力。目前,有育雏专用电热风机和燃油热风机,可以在标准温度恒定的前提下促进空气流动。

(四)要有合理的光照

光照包括自然光照和人工光照。0~6周龄育雏期遵循的光照原则是:光照时间应逐渐减少,至一定时间保持恒定,光照强度只能降低不能增加。

1~3日龄每天光照时间23~24小时。4~14日龄每天光照17~19小时,3周龄开始将光照时间逐步缩短至每日光照15小时,一直到6周龄育雏结束。1周龄时为了让雏鸡尽早熟悉料槽、饮水器和舍内环境,可采用25~30勒的较强光照外,其余都为弱光(15~20勒)。具体应用中可按每15米^{2}的鸡舍在1周龄时用40瓦灯泡悬挂于2米高的位置。2周龄开始换用25瓦灯泡。人工光照一般采用白炽灯,其功率以25~60瓦为宜。

开放舍由于受自然光照影响大,所以要根据不同的出雏时间制订不同的光照方案。在我国4月15日至9月1日孵出的雏鸡,整个育雏育成期直接利

用自然光照即可,不需补充人工光照。而从9月1日至第二年4月15日孵出的雏鸡,因生长阶段后半期正处在自然光照逐渐延长时期,因此需要补充人工光照。一般可采取以下两种方案:

恒定光照法(密闭式鸡舍采用)。由于密闭式鸡舍不受外界自然光照的影响,可以采用恒定的光照程序:1～3日龄每天光照时间为23～24小时,从4日龄开始,到19周龄,恒定为8～9小时,20～24周每周增加1小时,25～30周每周增加0.5小时,直至每天光照时间达16小时为止,最多不超过17小时,以后保持恒定。

渐减法(开放式鸡舍采用)。针对9月1日至第二年4月15日孵出的雏鸡采用。方法是:查出本批雏鸡20周龄时的自然光照时间,再加上7小时,作为出壳3天后采用的光照时间,以后每周减少20分。到20周龄时正好与自然光照长短一致。21周龄开始每周逐渐增加光照时间至16小时。

自然光照法(开放式鸡舍采用)。针对每年4月15日至9月1日孵出的雏鸡。由于其生长后半期自然光照处于逐渐缩短时期,只要每天光照时间不超过10小时,就不必补充人工光照。到21周龄后每周逐渐增加光照时间至16小时。

(五)确保饲养密度适宜

单位面积饲养的雏鸡数即饲养密度。它与雏鸡的正常发育和健康有关。密度大,不但室内二氧化碳、氨气、硫化氢等有害气体增加,空气湿度增高,垫草潮湿,而且雏鸡活动受到限制,易发生啄癖。饲喂时易出现采食不均匀,导致雏鸡生长发育不良,鸡群整齐度差,发病率和死亡率增加。密度过小,房舍设备不能充分利用,饲养成本提高,同时也存在保温困难的问题,影响经济效益。生产实践中应根据房舍结构、饲养方式、雏鸡品种的不同,确定合理的饲养密度。适宜的饲养密度如表10－2。

表10－2　0～6周龄雏鸡饲养适宜密度(只/米^2)

周龄	地面平养		笼养		网上平养
	轻型蛋鸡	中型蛋鸡	轻型蛋鸡	中型蛋鸡	
1～2	25～30	30～26	60～50	55～45	40
3～4	28～20	25～18	45～35	40～30	30
5～6	16～12	15～12	30～25	25～20	25

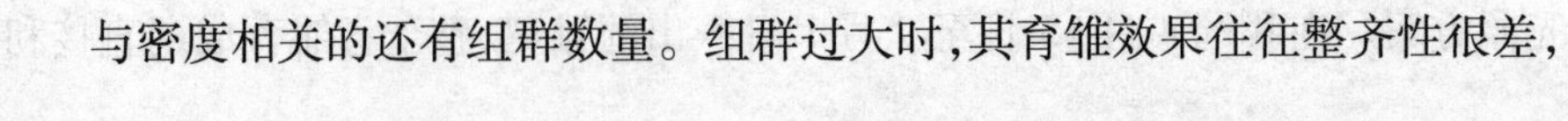

与密度相关的还有组群数量。组群过大时,其育雏效果往往整齐性很差,

死亡率也高。育雏组数按育雏器定，平养条件下一般以300～400只一群，最多不超过500只一群。实行强弱分开，公母分群饲养，方便管理，提高经济效益。

三、雏鸡的饲养要点

（一）饲喂

1. 雏鸡的饮水

先饮水后“开食”是育雏的基本原则之一。

（1）初饮　雏鸡进入鸡舍后的第一次饮水，称初饮。雏鸡的初饮对雏鸡非常重要，因为雏鸡从出壳到进入鸡舍要经历较长时间，体内容易缺水，尽快喂水可以补充雏鸡生理所需水分，先饮水可促进排尽胎粪和体内剩余卵黄的吸收，也有利于增进食欲。另外，育雏室温度较高，空气干燥，雏鸡呼吸和排泄时会散失大量水分，也需要靠饮水来补充水分以维持体内水代谢的平衡，防止脱水死亡。因此，饮水是育雏的关键。雏鸡运送到育雏室并安置后就应开始初饮。

雏鸡的初饮水温接近室温（23℃左右），不宜喂自来水，可饮凉白开水或将自来水提前放育雏舍预热几小时后饮用。雏鸡的初饮水中，通常每升加入0.1克高锰酸钾，以利于消毒饮水和清洗胃肠，促进小鸡胎粪的排出。经过长途运输的雏鸡，饮水中可加入5%的葡萄糖或蔗糖、多维素或电解质，以帮助雏鸡消除疲劳，尽快恢复体力，加快体内有害物质的排泄。为便于雏鸡取暖、饮水和采食，饮水器应安放在热源附近。

为使所有雏鸡都能尽早饮水，将舍内的所有光源打开，以便雏鸡适应环境。必要时应对雏鸡加以诱导，即用手轻握雏鸡身体，食指轻按头部，使喙进入水中，稍停片刻，即可松“开食”指，雏鸡仰头将水咽下，经过个别诱导，鸡会很快互相效仿，以至普遍饮水。开饮时，还应特别注意防止雏鸡因长时间缺水而引起暴饮。

（2）正常饮水　雏鸡初饮后就应不间断（饮水免疫前的短暂停水除外）供应饮水，切忌断水。因为雏鸡损失水分，轻者影响生长发育，损失10%的水分就会发生严重紊乱，损失20%就会死亡。

第一周，应将饮水器与盛料器间隔码放在热源附近，避开角落放置。平养时饮水器放在热源附近的围栏中，立体笼养时，放在笼内饮水。饮水器应保持清洁，每天洗刷2～3次，最少用0.01%高锰酸钾消毒1次，供水系统应经常检查，去除污垢，保证饮水质量卫生。饮水器数量要充足，保证每只鸡有足够

的占有位,绝不允许发生饮水器空干现象。一般每只雏鸡保持2厘米左右的占有水槽位置。这1周内饮水水温应保持在16~20℃,冬季尤其应注意水温。为补充营养,增加抵抗疾病的能力,饮水中也可添加1%~5%葡萄糖,或适量的复合维生素,或0.02%~0.03%高锰酸钾。

第二周开始可饮用自来水,但饮水始终要保持充足,不间断,质量清洁,达到人用饮水标准。饮水器每天至少要洗刷1次,并用0.1%新洁尔灭溶液消毒1次。笼养时第二周开始训练在笼外水槽中饮水,水槽高度应随日龄增大而调整;平面育雏时10日龄后应随着日龄增大而调整饮水器高度,一般饮水器水盘边缘高度与雏鸡背在一平面上。为便于雏鸡及时饮水,饮水器一般应均匀分布于育雏舍或笼内,并尽量靠近光源,避开角落放置,让饮水器的四周都能供鸡饮水。饮水器的大小或数量也应随雏鸡日龄的增加而调整。一般2~6周龄保证每只鸡都能饮到水的前提是保持每只鸡占有2.2~2.5厘米的水槽。

需要密切注意的是:雏鸡的饮水量忽然发生变化,往往是鸡群出现问题的信号,比如鸡群饮水量突然增加,而且采食量减少,可能是球虫病、传染性法氏囊病等发生,或饲料中盐分过高等。雏鸡各周龄饮水量见表10-3。

表10-3 100只雏鸡的饮水量

	1周龄	2周龄	3周龄	4周龄	5周龄	6周龄
饮水量(升/天)	2.0~2.5	3.8~4.0	4.0~5.0	5.0~6.0	7.0~7.4	8.0~8.6

2. 喂料

(1)"开食" 雏鸡出壳后第一次喂料,称"开食"。雏鸡的"开食"对雏鸡也非常重要。"开食"时间要适宜,原则上要等到鸡群羽毛干后并能站立活动,或有1/3~1/2雏鸡有求食行为时"开食"为宜,一般"开食"时间在喂水后1~2小时进行。过早过晚"开食"对雏鸡都不利,过早"开食"因雏鸡胃肠功能尚不健全,对饲料消化能力差,因而会影响胃肠道的发育;过晚"开食"因雏鸡不能及时得到营养,雏鸡将消耗自身的营养物质,而影响生长发育。

"开食"时,为使雏鸡较易发现饲料,应增大光照强度。"开食"盘必须和饮水器间隔放置,以保证每只鸡都可以采食到饲料。

"开食"料要求新鲜,颗粒大小适中,营养丰富,易于啄食和消化,常用玉米、小米、全价颗粒料、破碎料等,这些"开食"料最好先用开水烫软,吸水膨胀后再喂,经1~3天后改喂配合日粮。大群养鸡场也有的直接使用雏鸡配合料。"开食"料用开水烫软后直接撒在"开食"盘(或已消毒的牛皮纸、深色塑

料布)上,让鸡自由采食。当一只鸡开始啄食时,其他鸡也纷纷效仿,全群很快就能学会自动吃料、饮水。有条件的鸡场或专业户可采用人工诱食的方法,让鸡群尽快吃上饲料。“开食”器具应与饮水器交替间隔,均匀地码放在热源附近。“开食”料要供应充足。

判断雏鸡是否吃到料可检查雏鸡的嗉囊,若没有吃到料,则雏鸡嗉囊发瘪,反之则嗉囊膨大,在生产中对长时间不能采食的雏鸡,要加以诱导,即用手轻轻撞击料盘,诱使雏鸡尽快“开食”。

(2)雏鸡的饲喂　“开食”后,让鸡自由采食。为了便于雏鸡采食,第一周1~3天内用浅料盘喂料,50~60只雏鸡一个平底塑料盘即可;或直接将料撒在塑料布或纸上,4~7天逐渐改用料槽或料桶喂配合饲料,1周后撤除“开食”器具。

雏鸡的饮水器和喂食器应间隔放置,均匀分布,使雏鸡在任何位置离水、料都不超过2米。育雏期,要保证每只雏鸡占有5厘米左右的食槽。

笼养时第二周开始训练在笼外采食,平面育雏时1周后可逐步改用料桶喂料。料桶或料槽高度和数量应随日龄增大而调整。以料桶底盘边缘或料槽边缘与鸡背在同一水平线上为宜。喂料器具应保持清洁卫生,每天应清理1~2次。饲料应满足雏鸡的营养需要,卫生质量应达标,禁喂发霉、变质饲料。雏鸡每天喂料量依品种、日粮的能量水平、鸡龄大小、喂料方法和鸡群健康状况等不同而异。生产中饲养员应每日测定饲料消耗量,如发现饲料消耗量减少或连续几天不变,这说明鸡群生病或饲料质量变差了。此时应立即查明原因,采取有效的措施,保证鸡群正常生长发育。

喂料时应坚持做到“定时、少喂、勤添、八成饱”的原则,这样既可促进雏鸡的食欲,也可防止暴食。一般1日龄喂2~3次,每天喂5~6次;2周龄每天喂5~6次;3~4周龄每天喂4~5次。2~7日龄每次喂料应在20~30分内吃完,减少饲料浪费。喂料时间要相对固定,不要轻易变动。

四、雏鸡的管理要点

1. 做好日常管理

育雏是一项细致的工作,做好以下日常管理工作非常重要。

(1)观察鸡群　只有对雏鸡的一切变化情况了解,才能及时分析起因,采取对应的措施,改善管理,以便提高育雏成活率,减少损失。

1)观察鸡群的采食饮水情况　通过对鸡群给料反应,采食的速度、争抢的程度以及饮水情况等方面进行观察,以了解雏鸡的健康状况。如发现采食

量突然减少,可能是饲料质量下降、饲料品种或喂料方法突然改变、饲料腐败变质或有异味、育雏温度不正常、饮水不充足、饲料中长期缺乏沙砾或鸡群发生疾病等原因;如鸡群饮水过量,常常是因为育雏温度过高,育雏室相对湿度过低,或鸡群发生球虫病、传染性法氏囊病等,也可能是饲料中使用了劣质咸鱼粉,使饲料中食盐含量过高所致。这时应及时查找原因,以免造成大的损失。

2)观察雏鸡的精神状况　及时剔除鸡群中的病、弱雏,把其单独饲养或淘汰。病、弱雏常表现为离群闭眼呆立、羽毛蓬松不洁、翅膀下垂、呼吸有声等。

3)观察雏鸡的粪便情况　看粪便颜色、形状是否正常,以便判定鸡群是否健康或饲料的质量是否发生变化。雏鸡正常的粪便是:刚出壳、尚未采食的雏鸡排出的胎粪为白色或深绿色稀薄液体,采食后便排圆柱形或条形棕褐色粪便,粪便表面常有白色尿酸盐沉积。有时早晨单独排出的盲肠内粪便呈黄棕色糊状,这也属于正常粪便。病理状态下的粪便有以下几种情况:发生传染病时,雏鸡排出黄白色、黄绿色附有黏液、血液等的恶臭稀便,发生鸡白痢时,粪便中尿酸盐成分增加,排出白色糊状或石灰浆样的稀便,发生肠球虫病时排出呈棕红色的血便。

4)观察鸡群的行为　观察鸡群有没有恶癖,如啄羽、啄肛、啄趾及其他异食现象,检查有无瘫痪鸡、软脚鸡等,以便及时判断日粮中的营养是否平衡等。

(2)定期称重　为了掌握雏鸡的发育情况,应定期随机抽测5%~10%的雏鸡体重,与本品种标准体重比较,如果有明显差别,应及时修订饲养管理措施。

(3)及时分群　通过称重可以了解鸡群的整齐度情况。鸡群整齐度即用进入平均体重±10%范围内的鸡数占全群鸡数的百分比来表示。整齐度小于70%时应按体重大小分群饲养。

在育雏期间,每天喂料、匀料、加水、清洁饮水器或水槽、料槽,打扫卫生、擦拭灯泡,检查记录温度、湿度,挑选鸡、消毒、观察鸡群等管理的操作时间应固定不变,减少因随意变更对鸡造成的应激,促进其生长发育。

2. 做好卫生防疫管理

为鸡提供一个相对"与世隔绝"的生存环境,即均匀有效的抗体水平,这是疾病防控的精髓,也是构建新型生物安全体系的核心。这种方式投入少,效率高,适合中国绝大多数的普通蛋鸡养殖户。均匀有效的抗体水平不但保证

鸡群的健康,能够抵御外在各种细菌、病毒等的干扰和侵害,而且能够确保鸡群高产、稳产。鸡群要产生均匀有效的抗体水平,还需要有较好的环境条件。因为,刚出壳的雏鸡免疫器官发育不成熟,免疫应答很缓慢,虽然有母源抗体的保护,但随着日龄的增长,要经过母抗保护期、抗体临界期、抗体上升期及抗体平稳期4个阶段。在抗体临界期,母源抗体基本消失,而疫苗抗体还达不到保护值,这段时间,如果管理不当,就会造成疾病的感染。因此,即使采用最合理的免疫程序,执行最精细的免疫操作,也不能避免免疫空白期的出现。因此,日常管理中要做到隔离饲养、加强空舍消毒、重视带鸡消毒及落实微生物检测4个环节。

目前还没有一个标准免疫程序能适合所有地区和所有养禽场,不同地区或养禽场应根据当地疫病流行特点和生产实际情况制定科学可行的免疫程序。制定和调整免疫程序应遵循以下方法和程序:掌握威胁本地区或养禽场传染病的种类及其分布特点;了解疫苗的免疫学特性;充分利用免疫监测结果;对每种疫苗而言,并不是免疫接种次数越多,获得的免疫效果就越好,因为抗原刺激机体产生的免疫反应是有一定限度的;加强免疫抑制性疫病的监测,避免免疫失败。

具体来说,育雏要实行"全进全出"制。这样可避免鸡之间的交叉感染,也为饲养管理带来了方便。育雏结束,鸡群转舍后要对育雏舍进行彻底消毒,并空舍2~3周,以切断病原菌循环感染的机会;要制定严格的消毒制度,育雏期间必须定期对育雏舍和周围环境进行消毒,消毒时,必须两种以上化学成分不同的消毒剂轮换使用,以免病菌产生耐药性而降低消毒效果;要搞好饮水卫生,定期清洗饮水器并消毒,消毒时,可把浓度为0.05%~0.1%的高锰酸钾溶液注入清洗以后的饮水器让鸡饮用即可,这样既可以消毒饮水器,也能对鸡肠道起到消毒作用;要做好疫病的预防工作,防疫必须按照防疫程序认真执行,注意的问题是防疫不能和消毒同时进行,否则防疫效果会降低。

3. 做好弱雏复壮工作

在规模化饲养条件下,育雏过程中难免会出现部分弱雏。如果能够及时处理则能够提高鸡群成活率和群体均匀度。

(1)将弱雏隔离　观察鸡群时发现弱雏要及时挑拣出来放置到专门的弱雏笼(或圈)内,防止弱雏在大群内被踩踏、挤压而伤亡。弱雏在大群内的采食和饮水也受影响。因此,及时发现和隔离是关键。

(2)注意弱雏的保温　将弱雏笼设在靠近热源的地方或在笼内增加加热

设备,使其笼内温度要比正常温度标准高出 1～2℃,这样有助于减少雏鸡的体温散失和体内营养消耗,促进康复。

(3)加强弱雏的营养供应　对于挑拣出的弱雏不仅要供给足够的饲料,还应该在饮水中添加适量的葡萄糖、复合维生素、口服补液盐等,增加营养的摄入,促进其恢复。

(4)对症处理　通过合适的途径给予疾病的预防和治疗,以促进康复,对于有外伤的个体还应对伤口进行消毒。对于已经失去治疗价值的个体要及时进行无害化处理。

4. 减少雏鸡的意外伤亡

除因为疾病造成的死亡外,其他各种原因引起的雏鸡伤亡都属于意外伤亡。

(1)防止野生动物伤害　雏鸡缺乏对敌害的防卫和躲避能力,老鼠、鼬、鹰、猫、狗、蛇都会对它们造成伤害。因此,育雏室的密闭效果要好,任何缝隙和孔洞都要提前堵塞严实,门窗要罩有金属网,防止这些能够伤害雏鸡的其他动物进入育雏室。育雏人员要经常在育雏室内巡视,防止野生动物进入室内伤害雏鸡。10 日龄前夜间必须要有值班人员定时在育雏室内走动,在照明管理方面必须注意不能有照明死角。

(2)减少挤堆造成的死伤　雏鸡休息的时候喜欢相互靠近,当育雏室温度过低、有贼风、雏鸡受到惊吓时都会引起雏鸡挤堆,被压在下面的雏鸡可能会出现窒息死亡或伤残,绒毛上沾有水雾的则在水雾蒸发后会造成雏鸡感冒。育雏人员要经常性地观察雏鸡的表现,一旦有挤堆现象要立即查明原因并采取措施。

(3)防止中毒　育雏期间造成雏鸡中毒的原因主要有一氧化碳中毒、饲料毒素中毒和药物中毒 3 种:一氧化碳中毒主要出现在使用煤火炉加热的育雏室内,如果不注意煤烟的排放就可能造成煤气中毒;第二种情况主要是饲料被杀虫剂、毒鼠药污染或饲料原料发霉造成的;第三种情况有药物使用剂量过大、药物与饲料混合不均匀。

(4)其他　笼养时防止雏鸡的腿脚被底网孔夹住、头颈被网片连接缝挂住等。

5. 做好日常记录

为了总结经验,搞好下批次的育雏工作,每批次育雏都要认真记录,在育雏结束后,系统分析。记录主要项目有温度、湿度、光照时数与通风换气情况;

鸡的存栏只数，死亡淘汰数及其原因；饲料的饲喂量与鸡的采食、饮水情况；免疫接种、投药等。

第三节　蛋鸡育成期目标管理要点

一、育成鸡的生理特点

1. 育成鸡的适应性增强

育成鸡的羽毛已经发育完全，对低温的抵抗力增加了，所以育成舍不需要加温设备；育成鸡对外界环境变化的适应能力提高了，对应激的反应敏感性下降了；进入育成期，鸡的消化机能已经健全，对饲料的适应、利用能力增强；免疫器官逐渐发育成熟，鸡的生理防御机能加强，对疾病的抵抗力增强。

2. 育成鸡羽毛更换频繁

育成期阶段，蛋鸡的羽毛要更换2次，换羽会造成很大的生理消耗。因此，换羽期间要注意营养的供给，尤其是要保证足够的蛋白质，如含硫氨基酸等。另外，换羽期密度不宜过大，以免影响正常生长。

3. 体重和骨骼生长旺盛

育成鸡生长发育迅速，体重增加快，器官发育显著，育成期的绝对增重是鸡一生中最快的；13周龄后鸡体脂肪增多，如不加以控制会引起鸡过肥，影响生产性能发挥；育成阶段鸡体骨骼发育加快，鸡对钙的沉积能力加强。

4. 生殖系统发育迅速

育成鸡在12周龄以后性腺开始快速发育，到16～17周龄时接近性成熟。一般育成鸡的性成熟要早于体成熟，而在体成熟前，育成蛋鸡的生产性能并不好。因此，这一阶段既要保证骨骼和肌肉的充分发育，又要适度限制生殖器官的发育并防止过肥，可通过控制光照和饲料，使性成熟与体成熟趋于一致，将有助于提高其生产性能。

二、育成鸡的培育目标

1. 群体发育均匀度高

实践证明，育成鸡发育整齐度越高，在性成熟后的生产性能越好。尤其是16周龄或17周龄鸡群发育的整齐度是衡量育成鸡群培育效果的重要指标。这个时期鸡群内至少有80%的个体体重在平均标准体重±10%的范围内。

2. 体重发育适宜

性成熟时体重的大小会影响鸡群开产日龄的早晚、初期蛋重的大小、产蛋

高峰持续时间和产蛋期的死淘率。在育成前期鸡的体重可以适当高于推荐标准,育成后期则控制在标准体重范围的中上限之间。体重小会明显影响鸡群的产蛋性能。有人通过统计发现,蛋鸡育成结束时的体重每小于标准体重50克,全期产蛋量少6枚左右。

3. 性成熟期控制适当

性成熟早会使早期蛋重偏小、脱肛发生较多、产蛋高峰持续时间短,产蛋期死淘率偏高。性成熟晚会缩短鸡群的产蛋时期,产蛋量也比正常少。一般在生产中把19~20周龄作为育成期向产蛋期转换的时间。

三、育成鸡对环境的要求

1. 育成鸡对温度的要求

蛋鸡进入育成期后,自身对低温的耐受力增强,15~28℃的温度对于育成鸡是非常适宜的。需要注意的是冬季应尽量使舍温不低于10℃,夏季不超过30℃。温度控制要注意相对恒定,不能忽高忽低。

2. 育成初期的脱温管理

如果鸡群6周龄育雏结束时处于冬季的低温季节,需要认真做好脱温工作。至少在10周龄前,舍内温度不能低于15℃。

3. 育成鸡光照管理

鸡在10~12周龄时生殖器官开始发育,此时光照时间的长短影响性成熟的早晚。育成鸡若在较长或渐长的光照下,性成熟提前,反之性成熟推迟。育成期的光照要求是:育成前期每天以不超过12小时为宜、育成后期(12周龄后)每天8~9小时,强度为5~10勒为最好。

(1)固定短光照方案　育成期内每天的光照为8~10小时,或育成前期每天光照为10小时,育成后期为8小时。这种方案用在密闭鸡舍,在有窗鸡舍内使用的时候需要在早、晚进行遮光。

(2)逐渐缩短光照时间　一般在有窗鸡舍使用。育成初期(10周龄前)每天光照时间15小时,以后逐渐缩短,18周龄时控制在每天12小时以内。

4. 育成鸡对通风的要求

通风的目的是促进舍内外空气的交换,保持舍内良好的空气质量。由于鸡群生活过程中不断消耗氧气和排出二氧化碳,鸡粪被微生物分解后产生氨气和硫化氢气体,脱落的毛屑和空气中的粉尘都会在舍内积聚,不注意通风就会导致空气质量恶化而影响鸡的健康。

四、育成鸡的饲养要点

1. 育成鸡的营养

育成鸡饲料中粗蛋白质含量，从7~20周龄应逐渐减少，以6周龄前为19%，7~14周龄为16%，15~18周龄为14%进行分段饲养。通过采用低水平营养控制鸡的早熟、早产和体重过大，这对于以后产蛋阶段的总蛋重、产蛋持久性都有利。育成期饲料中矿物质含量要充足，钙、磷比例应保持在(1.2~1.5):1。同时，饲料中各种维生素及微量元素比例要适当。为改善育成鸡的消化机能，地面平养每100只鸡每周喂0.2~0.3千克沙砾。

2. 青绿饲料的使用

平养的育成鸡每天可以使用适量的青绿饲料，一般在非喂料时间撒在运动场地面或网床上让鸡啄食。青绿饲料的用量可占配合饲料用量的20%~30%。使用青绿饲料最好是多种搭配。合理使用能够促进羽毛生产、减少啄癖。

3. 采食和饮水

随着鸡龄的增加，要增大育成鸡的采食和饮水位置，并使料槽和水槽高度保持在鸡背水平位置上。

4. 喂饲次数

育成前期为了促进鸡的生长，每天喂饲2~3次；育成后期每天喂饲1~2次。一般是随周龄增大，喂饲次数减少。需要注意的是，喂饲次数是根据鸡的发育情况和喂饲量及喂饲方式而定。体重和体格发育落后则可增加喂饲量和次数，体重发育偏快则减少喂饲量和次数。

5. 抽测体重以调整喂饲量

育成鸡每天喂料量的多少要根据鸡体重发育情况而定，每周或间隔1周称重一次，计算平均体重，与标准体重对比，确定下周饲喂量。如果实际体重与标准体重相差幅度在5%以内可以按照推荐量标准喂饲，如果低于标准体重5%则下周喂饲量在标准喂饲量的基础上适当增减。

6. 提高育成鸡的发育均匀度

由于育成鸡的均匀度直接影响以后的产蛋性能，因此，提高育成鸡均匀度是管理的关键环节。

(1)合理分群和调群　在育成鸡的饲养管理过程中，要根据体重进行合理分群，把体重过大和过小的鸡分别集中放置在若干笼内或圈内，使不同区域内的鸡笼或小圈内的鸡体重相似。以后各周需要通过检查体重，及时调整。

(2)根据体重调整喂饲量　体重适中的鸡群按照标准喂饲量提供饲料。体重过大的鸡群则应该适当降低喂饲量,体重过小的鸡群则适当提高喂饲量。这样使大体重的鸡群生长速度减慢、小体重的鸡群体重生长加快。

(3)保证均匀采食　只有保证均匀采食,才能达到均匀度高的育成目标。在育成阶段要求有足够的采食位置,而且投料速度要快。这样才能使全群同时吃到饲料。

五、育成鸡的管理要点

1. 做好换料管理

雏鸡料和育成料在营养成分上有较大差别,转入育成舍后不能突然换料,而应有一个适应过程,具体方法见表 10 - 4。

表 10 - 4　育成鸡增加换料法

方法	育雏料 + 育成料	饲喂时间(周龄)
1	2/3 + 1/3	2
	1/2 + 1/2	2
	1/3 + 2/3	2 ~ 3
2	2/3 + 1/3	3
	1/3 + 2/3	4
3	1/2 + 1/2	5 ~ 6

第一种方法比较细致,常在雏鸡和饲料种类成分变化较大的情况下使用;第二种方法介于二者之间,适用范围广;第三种方法比较粗,一般在成年鸡和饲料种类成分变化较小时采用。

2. 及时调整鸡群

转入育成舍后,要检查鸡群,可将体小、伤残、发育差的鸡捉出另行饲养和处理。

3. 加强日常管理

日常管理是生产中的常规性工作,必须认真、仔细地完成,这样才能保证机体的正常生长发育,提高鸡群体重整齐度。日常工作程序见表 10 - 5。

表 10－5　育雏、育成期主要工作程序

鸡的日龄		工作内容	备注
1	1	接雏，育雏工作开始	
2	42～49	第一次调整饲料配方。先脱温，后转群	
3	50～56	公母分群，强弱分群	
4	98～105	第二次调整饲料配方	
5	119～126	驱虫、灭虱，转入产蛋舍	
6	126～140	第三次调整饲料配方，增加光照	
7	140	总结育雏、育成期工作	

4. 做好日常工作记录

记录日常生产动态变化数据。

第四节　蛋鸡预产阶段目标管理要点

一、预产阶段鸡的生理特点

预产阶段是指 18～22 周龄的时期，包含了育成末期和产蛋初期。在生产上这个时期是鸡生殖器官快速发育的阶段，也是病死率比较高的时期，这个阶段的饲养管理方法对后期产蛋性能影响比较大。

1. 生殖器官快速发育

进入 14 周龄后卵巢和输卵管的体积、重量开始出现较快的增加，17 周龄后其增长速度更快，19 周龄时大部分鸡的生殖系统发育接近成熟。

2. 骨钙沉积加快

在 18～20 周龄期间骨的重量增加 15～20 克，其中有 4～5 克为髓质钙。髓骨钙沉积不足，则产蛋高峰期常诱发笼养鸡产蛋疲劳综合征等问题。

3. 体重快速增加

预产阶段平均每只鸡体重增加 350 克左右，这一时期体重的增加对以后产蛋高峰持续期的维持是十分关键的。体重增加少会表现为高峰持续期短，高峰后死淘率上升。体重增加过多则可能造成腹腔脂肪沉积偏多，也不利于高产。

4. 采食量增加

如 17 周龄末鸡群的平均日采食量为 80 克，之后每只鸡每天的采食量逐

周递增3~5克。在这个时期不能再限制喂料量，让鸡群开始自由采食。

5. 鸡群自身生理应激

18周龄前后鸡体内的促卵泡素、促黄体素开始大量分泌，刺激卵泡生长，使卵巢的重量和体积迅速增大。同时大、中卵泡中又分泌大量的雌激素、孕激素，刺激输卵管的生长。耻骨间距的扩大、肛门的松弛等，为产蛋做准备。心脏、肝脏的重量也明显增加；在接近性成熟时由于雌激素的影响法氏囊逐渐萎缩，开产后消失，其免疫作用也消失。

二、预产阶段鸡的饲养要点

1. 使用预产期饲料

为了适应鸡体重、生殖器官的生长和髓骨钙的沉积需要，在18周龄开始使用预产期饲料，其中粗蛋白质的含量为15.5%~16.5%、钙含量为2.2%左右，复合维生素的添加量应与产蛋鸡饲料相同或略高。饲料能量水平为11.6兆焦/千克左右。当产蛋率达20%以上时完全换用产蛋期饲料。

2. 喂饲要求

预产阶段鸡的采食量明显增大，而且要逐渐适应产蛋期的喂饲要求，日喂饲次数可确定为2次或3次。每天喂饲3次时，第一次喂料应在早上光照开始后2小时进行，最后一次在晚上光照停止前3小时进行，中间加1次。喂料量以早、晚2次为主。

三、预产阶段鸡的管理要点

（一）预产期环境条件控制

1. 温度

鸡群最适应的温度是13~28℃，应尽量把温度保持在这个范围内。

2. 湿度

相对湿度保持在65%左右即可。

3. 通风

保持良好的空气质量，以人进去鸡舍后无不良感觉为宜。

4. 光照

参考育成期光照管理要求，逐周递增光照时间。光照的增加幅度不宜太大，否则会诱发鸡群在初产时的脱肛。

（二）开产前免疫接种

根据免疫计划在17~19周龄，需要接种新城疫+传染性支气管炎二联疫苗、新城疫+传染性支气管炎+减蛋综合征三联疫苗、传染性喉气管炎+禽痘二联疫苗,禽流感疫苗。本阶段免疫接种效果对产蛋期间鸡群的健康影响很大。

(三)坚持严格的消毒

按照要求定期进行带鸡消毒和舍外环境消毒,生产工具也应定期消毒。保持良好的环境卫生,舍内走道、鸡舍门口,要每天清扫,窗户、灯泡应根据情况及时擦拭。粪便、垃圾按要求清运、堆放。

(四)加强开产前管理

开产前的小母鸡体重要增加400~500克,从16周龄开始,小母鸡逐渐性成熟。针对开产前小母鸡的生理特点,此期应注意以下管理要点。

1. 补钙

蛋壳形成时需要大量的钙,其中约有25%的钙来自骨骼,75%来自饲料。当饲料中钙不足时,母鸡会利用骨骼及肌肉中的钙,这样易造成笼养蛋鸡疲劳症。所以在开产前10天或当鸡群见第一枚蛋时,将育成鸡料含钙量由1%提高到2%,其中至少有1/2的钙以颗粒状石灰石或贝壳粒供给,也可另放一些矿物质于料槽中任由开产母鸡采食,直到鸡群产蛋率达5%时,再将生长饲料改换为产蛋饲粮。应注意的是,不能过早补钙,早补反而不利于钙质在鸡骨骼中的沉积。

2. 体重与光照

鸡群体重达到标准后,则应每周延长光照0.5~1小时,直至增加到14~16小时后恒定不变,但不能超过17小时。

3. 自由采食

一只新母鸡在第一个产蛋年中所产蛋的总重量为其自身重的8~10倍,而其自身体重还要增长25%。为此,它必须采食约为其体重20倍的饲料。所以,鸡群在开始产蛋时应自由采食,并一直维持到产蛋高峰及高峰后2周。此外,由生长饲粮改换为产蛋饲料要与开产前增加光照相配合,一般在增加光照后改换饲料。

第五节 蛋鸡产蛋期目标管理要点

一、产蛋鸡对环境的要求

1. 温度的管理

温度对鸡的生长、产蛋、蛋重、蛋壳品质及饲料转化率都有明显影响。鸡

无汗腺，通过蒸发散发热量有限，只有依靠呼吸散热。所以，高温对鸡极为不利，当环境温度高于37.8℃时，鸡有发生热衰竭的危险，超过40℃，鸡很难存活。虽然成年鸡有厚实的羽毛，皮下脂肪也会形成良好的隔热层，使它能忍受较低的温度，但此时饲料转化率、产蛋量等都有所下降。

产蛋鸡的生产适宜温度是13～25℃，最佳温度是18～23℃，相对来讲，冷应激比热应激的影响小。在较高环境温度下，在25℃以上，其产蛋蛋重就开始降低；27℃时产蛋数、蛋重降低，而且蛋壳厚度迅速降低，同时死亡率增加；达37.5℃时产蛋量急剧下降；温度在43℃以上，超过3小时母鸡就会死亡。温度升高、蛋重下降的同时采食量也会下降，温度在20～30℃时，每升高1℃，采食量下降1%～1.5%；温度在32～38℃，每升高1℃，采食量下降5%。相对来讲鸡比较耐寒，蛋鸡在低温时采食量会增加，一般在5～10℃时采食量最高，在0℃以下时采食量也减少，体重减轻，产蛋量下降。因此，在寒冷的冬季，当温度降到5℃以下时就要采取保暖措施，以减少冷应激，减少不必要的经济损失。生产中应尽量使环境温度控制在8～24℃。舍温要保持平稳，不应突然变化，忽高忽低，更不应有贼风侵入。冬季注意保温，夏季要防暑降温。

降低热应激的措施：

(1)调整饲料配方 ①一般情况下，可将日粮中的蛋白质含量提高2%～3%；在日粮中加入1%～2%的植物油，增加日粮中的能量，改善适口性；同时在日粮中添加适量的维生素C、维生素E、维生素K、生物素、碳酸氢钠等添加剂，增强鸡群的抗高温能力，同时提高钙的含量，可以达到4%，以减轻蛋的破损率。②鸡舍建筑结构方面可以在鸡舍屋顶上加盖隔热层；密闭鸡舍在建筑方面对墙壁的隔热标准要求较高，可达到较好的隔热效果。还可以将外墙和屋顶涂成白色，或覆盖其他物质以达到反射热量和阻隔热量的目的。③加强通风。可增加鸡舍内空气流量和流速，通过对流降温。通风时要逐渐将门窗、卷帘打开。④降低舍内温度。除增加通风外，可在舍内放置冰块，也可让饲养人员在中午气温高时，用清洁井水直接对鸡舍地面、墙壁四周喷洒，或用消毒喷雾器带鸡喷雾降温，以水雾来吸收舍内热量，缓解舍内高温。带鸡喷雾时应距鸡体60～80厘米或将喷雾器喷嘴朝上喷洒，让水雾自由下落在鸡体上。“湿帘－风机”降温系统可使外界的温度高、湿度低的空气通过“水帘”装置变为温度低、湿度高的空气，一般可使舍温降低3～5℃（此法在夏季多雨或比较湿润的地方效果不显著）；开放式鸡舍还可以在阳面悬挂湿布帘或湿麻袋。⑤保证饮水供应。要保持鸡舍内持续供水，饮水要清洁凉爽，水温在10～

13℃为宜。舍内气温较高时，可在饮水中加入适量的维生素C、口服补液盐，以增强机体对高温环境的适应能力。同时饲养员每天要认真检查鸡舍内的饮水设备，是否有断水、堵水、漏水等现象，确保每只鸡随时都能饮到水。⑥其他措施。降低饲养密度；喂料尽可能避开气温高的时段，可在早、晚天气凉爽时饲喂，饲喂时要少加勤添，多匀料，刺激鸡群增加食欲，增大采食量，确保机体正常代谢和产蛋所需的营养；及时清粪，鸡舍每天要清扫2次，保持舍内清洁卫生，尤其要将舍内鸡粪及时清洁干净。⑦注意事项。在用水进行降温时，首先要水源充足。如果水不能循环使用，要有通畅的排水系统，还应有足够的水压。另外，降温设施在舍温高于27℃，相对湿度低于80%时才能启用。

（2）减少冷应激的方法　①加强饲养管理。在保证鸡群采食到全价饲料的基础上，提高日粮代谢能的水平。早上开灯后，要尽快喂鸡，晚上关灯前要把鸡喂饱，以缩短鸡群在夜间空腹的时间。在入冬以前修整鸡舍，在保证适当通风的情况下封好门窗，以增加鸡舍的保暖性能，防止冷风直吹鸡体。在条件允许的情况下，可以采用地下烟道或地面烟道取暖，也可采用煤炉加温的方法。②减少鸡体热量的散发。勤换垫料，尤其是饮水器周围的垫料。防止鸡伏于潮湿垫料上；检查饮水系统，防止漏水打湿鸡体。

2. 湿度的管理

一般情况下，湿度对鸡的影响与温度共同发生作用。表现在高温或低温时，高湿度的影响最大。在高温、高湿环境中，鸡采食量减少、饮水量增加，生产水平下降，鸡体难以耐受，易使病原微生物繁殖，导致鸡群发病。低温、高湿环境，鸡体热量损失较多，加剧了低温对鸡体的刺激，易使鸡体受凉，用于维持所需要的饲料消耗也会增加。

产蛋鸡在适宜的温度范围内，鸡体能适应的相对湿度是40%～72%，最佳相对湿度应为60%～65%。如果舍内相对湿度低于40%，鸡羽毛凌乱，皮肤干燥，空气中尘埃飞扬，会诱发呼吸道疾病。若高于72%，鸡羽毛粘连，关节炎也会增多。

3. 通风的管理

由于鸡舍内厌氧菌分解粪便和饲料、垫草中的含氮物产生氨气，鸡体呼吸产生二氧化碳，还有空气的各种灰尘和微生物。当这些有害气体和灰尘、微生物含量超标时，会影响鸡体健康，使产蛋量下降。所以，鸡舍内通风的目的在于减少空气中有害气体、灰尘和微生物含量，使舍内保持空气清新，供给鸡群充足的氧气，同时也能调节鸡舍内的温度，降低湿度。

(1)通风要领　进气口与排气口设置要合理,气流能均匀流进全舍而无贼风。即使在严寒季节也要进行低流量或间隙通风。进气口要能调节方位与大小,天冷时进入鸡舍的气流应由上而下,不能直接吹到鸡身上。

(2)通风量　鸡的体重愈大,外界气温愈高,通风量也愈高,反之则低。具体根据鸡舍内外温差来调节通风量与气流的大小。气流速度夏季不能低于0.5米/秒,冬季不能高于0.2米/秒。

4. 光照管理

此时光照管理的要点是,中途不得减少光照时间,目的是增加产蛋率。产蛋期一般是用渐增或不变的光照,但每天不得少于17小时的光照。产蛋鸡对光照时间非常敏感,只能增加或维持,不能减少。一般从21周龄开产开始,每天给鸡光照13~14小时,以后每周增加30分,一直增加到16小时为止,以维持产蛋高峰。产蛋高峰明显下降时,还可以在每天16小时光照的基础上再增加0.5~1小时。

一般开放式鸡舍都需要用人工光照补充日照时间的不足。在生产中多采用不论哪个季节都把早晨5点到晚上9点定为光照时间,即每天早晨5点开灯,日出后关灯,日落后开灯,21点关灯。同时白天如果舍内光照强度过低,也必须开灯以增加光照。

密闭式鸡舍充分利用人工光照,不需要随日照的增减变更来补充光照时间,简单易行,效果也能保证。

鸡舍内光照强度,应控制在一定范围内,不宜过大或过小,太大会多耗电,增加生产成本,鸡群也易受惊,易疲劳,产蛋持续性会受到影响,还容易产生啄肛、啄羽等恶癖。光照强度太低,不利于鸡群采食,达不到光照的预期目的。一般产蛋鸡的适宜光照强度在鸡头部为15~20勒。

控制光照应注意的几点问题:

补充照明要求电源可靠,电压稳定,亮度不可随意变动,定时开、关。灯泡设置要合理,分布要均匀,不要有暗区。多层笼养鸡舍必须使下层鸡获得规定照度方可。灯泡之间距离为3米,灯与地面距离为2米,两排灯泡要交错排列。靠墙灯泡,灯与墙距离为1.5米。安装灯泡以40~60瓦白炽灯为宜,且用“井”字形或伞形灯罩。使用灯罩可增加照度50%。灯泡要定期清擦,每周至少擦1次,用节能灯代替白炽灯,可降低费用。要随时更换坏灯泡。

二、产蛋鸡的饲养

(一)产蛋鸡的营养需要

进入产蛋期,鸡群在生理上有很大变化,在生长中出现了“三快”,即蛋重增长快,产蛋率增长快,体重增长快,因此在产蛋期对蛋鸡的饲养必须围绕这“三快”进行。饲料配制要合理,饲料中能量应达到 11.55~11.76 兆焦,粗蛋白质达到 17.5% 左右,尽量选用适口性好的原料以增加采食,尽量减少棉粕、菜籽粕等杂粕的应用。在合理调整饲料的同时,添加高能蛋白质或高能油脂。为减少应激,增强体质,在饮水中可以添加速溶电解多维。

1. 能量需要

产蛋鸡对能量的需要包括维持需要和生产需要。影响维持需要的因素主要有鸡的体重、活动量、环境温度的高低等。体重大、活动多、环境温度过高过低,维持需要的能量就越多。生产需要指产蛋需要,产蛋水平越高生产需要越大。据研究,产蛋对能量需要的总量有 2/3 是用于维持需要,1/3 用于产蛋。鸡每天从饲料中摄取的能量首先要满足维持需要,然后才能满足其产蛋需要。因此,饲养产蛋鸡必须在维持需要水平上下功夫,否则鸡就不产蛋或产蛋较少。

2. 蛋白质需要

产蛋鸡对蛋白质的需要不仅要从数量上考虑,也要从质量上注意。体重 1.8 千克的母鸡,每天维持需要 3 克左右蛋白质,产 1 枚蛋需要 6.5 克蛋白质,当产蛋率 100% 时,维持和产蛋的饲料中蛋白质的利用率为 57%,故每天共需 17 克左右蛋白质。从蛋白质需要量剖析来看,有 2/3 用于产蛋,1/3 用于维持。可见饲料中所提供的蛋白质主要是用于形成鸡蛋,如果不足,产蛋量会下降。

蛋白质质量的需要实质上是指对必需氨基酸种类和数量的需要,也就是氨基酸是否平衡。在配合产蛋鸡日粮时,只计算粗蛋白质水平是否达到了标准远远不够,还必须计算各种主要必需氨基酸的数量是否达到标准,例如蛋氨酸、赖氨酸、胱氨酸等。

3. 矿物质需要

自然饲料中常常不能满足产蛋鸡对某些矿物质的需要,必须另外补加矿物质或添加剂。

钙对产蛋鸡至关重要,缺乏时,对产蛋的影响程度不亚于缺乏蛋白质造成的后果。每枚蛋壳重 6.3~6.5 克,含钙 2.2~2.3 克,若以产蛋率 70 % 计算,

则每天以蛋壳形式排出的钙1.5～1.6克。饲料中钙的利用率一般为50%，则每天应供给产蛋母鸡3～3.2克钙。骨骼是钙的储存场所，由于鸡体小，所以钙的储存量不多，当日粮中缺钙时，就会动用储存的钙维持正常生产，当长期缺钙时，则会产软壳蛋，甚至停产。

(二)产蛋鸡的饲养标准

我国产蛋鸡的饲养标准，按产蛋水平分为3个档次，各档次的能量水平相同，而粗蛋白质等营养水平，则随产蛋水平增加而增加。产蛋鸡从饲粮中摄取营养物质的多少，主要取决于采食量的多少。在能量水平相同的情况下，采食量主要受季节变化、产蛋量高低和所处的各生理阶段的影响。所以，在应用饲养标准时，应根据季节变化、所处生理阶段等进行适当调整，主要是调整粗蛋白质、氨基酸和钙的给量，见表10－6。

表10－6　产蛋鸡及种鸡主要营养标准

项目	产蛋率>80%	产蛋率80%～65%	产蛋率<5%
代谢能(兆焦/千克)	11.5	11.5	11.5
粗蛋白质(%)	16.5	15	14
蛋白能量比(克/千焦)	14.34	12.9	12.18
钙(%)	3.5	3.25	3.0
总磷(%)	0.60	0.60	0.60
有效磷(%)	0.40	0.40	0.40
食盐(%)	0.37	0.37	0.37

(三)产蛋鸡的阶段饲养

鸡在不同生理状况、产蛋情况下，对营养物质的要求不同。因此，根据鸡的年龄和产蛋水平，根据鸡的产蛋曲线和周龄，可以把产蛋鸡划分为几个阶段，不同阶段采取不同的营养水平进行饲喂，称为阶段饲养。阶段的划分一般有两种方法，即两段法和三段法，其中三阶段划分更合理，见表10－7。

表10－7　阶段划分

阶段	两段法		三段法		
周龄	18～50	51～72	18～45	45～60	61～72

在18～45周龄，产蛋率急剧上升到高峰并在高峰维持，同时鸡的生长发育仍在进行，此时体重增加主要以肌肉和骨骼为主，因此营养必须同时满足鸡

的生长和产蛋所需。所以,饲养上饲料营养物质浓度要高,要促使鸡多采食。这一时期鸡的营养和采食量决定着产蛋率上升的速度和在高峰期维持的时间长短。此期饲喂,应该以自由采食为好。

在 45 ~ 60 周龄,鸡的产蛋率缓慢下降,此时鸡的生长发育已停止,但是其体重在增加,增加的内容主要以脂肪为主。所以在饲料营养物质供应上,要在抑制采食量的条件下适当降低饲料能量浓度。

在 61 ~ 72 周龄,此期产蛋率下降速度加快,体内脂肪沉积增多,饲养上在降低饲料能量的同时对鸡进行限制饲喂,以免鸡过肥而影响产蛋。

采用三段饲养法,产蛋高峰出现早,上升快,高峰期持续时间长,产蛋量多。我国产蛋鸡的饲养标准也就是按这 3 个阶段制订的。

(四)产蛋鸡的调整饲养

产蛋鸡的营养需要受品种、体重、产蛋率、鸡舍温度、疾病、卫生状况、饲养方式、密度、饲料中能量含量以及饮水温度等诸多因素的影响,而分段饲养的营养标准只是规定鸡在标准条件下营养需要的基本原则和指标,不能全面反映可变因素对营养需要的影响。调整饲养就是根据环境条件和鸡群状况的变化,及时调整饲料配方中各种营养物质的含量,以适应鸡的生理和产蛋需要。它是解决营养性应激的重要措施,通过调整饲养可以保证鸡群健康生长,减少营养代谢病的发生,从而保证了鸡群充分发挥其遗传潜力,提高产蛋量,节约饲料,降低料蛋比,增加经济效益。它也是阶段饲养的继续。

1. 按产蛋曲线调整

按产蛋曲线调整也就是按照鸡的产蛋规律进行调整。调整方法:在鸡产蛋高峰上升期,当产蛋率还没上升到高峰时,需要提前更换为高峰期饲料,以促使产蛋率快速提高;在产蛋率下降期,当产蛋率下降后,为抑制产蛋率的下降速度,要在产蛋率下降后 1 周更换饲料。

2. 按气温变化调整

能量的需要因鸡的体重、增重、产蛋率、环境温度等不同而有变化。环境温度不同,鸡的采食量有很大变化,因而营养物质的摄入量变化也很大。鸡舍气温在 10 ~ 26℃ 条件下,鸡按照自己需要的采食量采食,超过这一范围,鸡自身的调节能力减弱,则需要进行人工调整。气温低时,鸡的采食量增多,营养物质摄入量增加,因此必须提高饲料能量水平,以抑制采食,同时降低其他营养物质浓度;气温高时,鸡的采食量下降,营养物质摄入减少,为促进采食必须降低饲料能量含量,同时增加其他营养物质浓度。

产蛋鸡的调整饲养要根据产蛋的维持需要量、增重量、产蛋量及舍温等情况，对营养需要认真计算，才能正确地执行饲养标准，并取得良好效益。

3. 按鸡群状况调节

当对鸡群采取一些管理措施或鸡群出现异常时可以进行调整饲养。在断喙前后3天，每天饲料中添加5毫克维生素K，可以减少断喙出血；断喙1周内或接种疫苗后7~10天，日粮中蛋白质含量增加1%，可以减少应激；出现啄羽、啄肛等恶癖，其营养方面的原因有：禽类日粮矿物质元素、蛋白质和氨基酸（蛋氨酸和精氨酸）水平过低会导致严重的啄羽行为；限饲、饲喂颗粒饲料均可导致啄羽率升高。饲料中添加高纤维素、低能量日粮或加喂0.5%的食盐1~2天，可以降低啄癖的发生率和啄癖的危害；在鸡群发病时，可提高日粮中营养成分，如提高蛋白质1%~2%，多种维生素提高0.02%等，可以增强鸡的体质，利于恢复体况。

调整饲养应注意的问题：调整饲养时，要注意配方的相对稳定性，一般尽量不要调整配方，这是产蛋鸡稳产的一个重要条件；调整时要以饲养标准为基础进行，偏差过大会对生产造成危害；调整后，要认真观察鸡群的产蛋情况，发现异常，要及时采取措施；调整前，要进行认真细致的计算，保证日粮中各种营养成分之间的平衡；不能为了节约而对配方进行大的调整或对饲料品种进行调换，以免影响鸡对日粮的习惯性和适口性，引起产蛋量大幅度下降。

三、产蛋鸡的管理要点

（一）观察鸡群

观察鸡群是蛋鸡饲养管理过程中既普遍又重要的工作。通过观察鸡群，及时掌握鸡群动态，以便有效地采取措施，保证鸡群的高产稳产。

1. 观察鸡群情况

观察鸡群的情况目的在于掌握鸡群的健康与食欲等状况，挑出病鸡，拣出死鸡，以及检查饲养管理条件是否符合要求。

2. 挑出病鸡

每天均应观察鸡群，发现食欲差、行动缓慢的鸡应及时挑出并进行隔离观察治疗；如发现鸡群出现死亡的鸡，且数量多，必须立即剖检，查明原因，以便及时发现鸡群是否有疾病流行。每天早晨观察粪便情况；每天夜间关灯后，静听鸡群有无呼吸道症状，如干啰音、湿啰音、咳嗽、喷嚏、甩鼻，如有发现马上挑出，隔离治疗，以防传播蔓延。

3. 挑出停产、低产鸡

停产、低产鸡一般冠小萎缩，粗糙而苍白，眼圈与喙呈黄色。主翼羽脱落，趾骨间距离变小，耻骨变粗者应淘汰。对于一些体重过轻、过肥和瘫痪、瘸腿的鸡也应及时淘汰，如发现瘫鸡较多要检查日粮中钙、磷及维生素 D_3 含量与饲料搅拌情况等。产蛋鸡与停产鸡、高产鸡与低产鸡的区别见表 10－8、表 10－9。

表 10－8 产蛋鸡与停产鸡的区别

项目	产蛋鸡	停产鸡
冠、肉垂	大而鲜红，丰满，温暖	小而皱缩，色淡或暗红色，干燥，无温暖感
肛门	大而丰满，湿润，呈椭圆形	小而皱缩，干燥，呈圆形
触摸品质	皮肤柔软细嫩，耻骨薄而有弹性	皮肤和耻骨硬而无弹性
换羽	未换羽	已换或正在换羽
色素	肛门、喙、胫已褪色	肛门、喙、胫为黄色

表 10－9 高产鸡和低产鸡的区别

项目	高产鸡	低产鸡
头部	大小适中，清秀，头顶宽	粗大，面部有较多脂肪，头过长或短
喙	稍短粗，略弯曲	细长无力或过于弯曲，形似鹰嘴
鸡冠	大、细致、红润、温暖	小、粗糙、苍白、发凉
胸部	宽而深，向前突出，胸骨长而直	发育欠佳，胸骨短而弯
体躯	背长而平，腰宽，腹部容积大	背短，腰窄，腹部容积小
尾	尾羽开展，不下垂	尾羽不正，过高，过平，下垂
皮肤	柔软有弹性，稍薄，手感良好	厚而粗，脂肪过多，发紧发硬
耻骨间距	大，可容 3 指以上	小，3 指以下
胸、耻骨间距	大，可容 4～5 指	小，3 指或以下
换羽	换羽开始迟，延续时间短	开始早，延续时间长
性情	活泼而不野，易管理	动作迟缓或过野，不易管理
各部位配合	匀称	不匀称
觅食力	强，嗉囊经常饱满	弱，嗉囊不饱满
羽毛	表现较陈旧	整齐清洁

4. 应经常观察鸡蛋的质量

应经常观察鸡蛋的质量，如蛋壳，蛋白、蛋黄浓度，蛋黄色素、血斑、肉斑等，对沙皮蛋、畸形蛋及破蛋率提高应及时分析原因，并采取相应措施。

5. 随时观察鸡的采食情况

每天应计算消耗量，发现鸡采食量下降应及时找出原因，加以解决。

（二）饲养人员要按时完成各项工作

开灯、关灯、给水、喂料、拣蛋、清粪、消毒等日常工作，都要按规定保质保量地完成。

每天必须清洗水槽，喂料时要检查饲料是否正常，有无异味、霉变等。早晨一定让鸡吃饱，否则会因上午的产蛋而影响采食量；关灯前，让鸡吃饱，不致使鸡空腹过夜。

及时清粪，保证鸡舍内环境优良。定期消毒，做好鸡舍内的卫生工作，有条件时，最好每周2次带鸡消毒，使鸡群有一个干净卫生的环境，从而使其健康得以保证，充分发挥其生产性能。

（三）拣蛋

及时拣蛋，给鸡创造一个无蛋环境，可以提高鸡的产蛋率。鸡产蛋的高峰一般在日出后的3～4小时，下午产蛋量占全天产蛋量的20%～30%，生产中应根据产蛋时间和产蛋量及时拣蛋，一般每天应拣蛋2～3次。

（四）做好记录

通过对日常管理活动中死亡数、产蛋数、产蛋量、产蛋率、蛋重、耗料、舍温、饮水等实际情况的记载，可以反映鸡群的实际生产动态和日常活动的各种情况，可以了解生产，指导生产。所以，要想管理好鸡群，就必须做好鸡群的生产记录工作。也可以通过每批鸡生产情况的汇总，绘制成各种图表，与以往生产情况进行对比，以免在今后生产中再出现同样的问题。生产记录通过日报表等形式反映出来（表10－10）。

表10－10 蛋鸡生产日报表

日期	日龄	存栏（只）	死淘（只）		产蛋数（枚）			产蛋率（%）	产蛋量（千克）	耗料量（千克）
			淘汰	死亡	完好	破损	小计			

(五)保证舍内安静

鸡舍内和鸡舍外周围要避免噪声的产生，饲养人员与工作服颜色尽可能稳定不变。杜绝老鼠、猫、狗等小动物和野鸟进入鸡舍。

(六)做好卫生防疫工作

搞好环境卫生，定期做好疾病防治、消毒及免疫接种工作。定期用2%的氢氧化钠喷洒鸡舍，门口要设消毒池；及时清除杂草，以免附着其上的致病性病原微生物感染鸡群；定期带鸡消毒；定期消毒食槽、水槽等。

第十一章　福利养鸡模式与技术

当动物福利被越来越多的人所认识到之后，动物福利专家对蛋鸡的笼养产生了异议，他们一致认为，传统的笼具对鸡的行为产生了巨大的影响，所以应该被禁止使用。2012 年，欧盟正式出台了禁令，禁止传统笼具在蛋鸡生产中的应用。蛋鸡养殖模式的改变势在必行。

目前有部分生产技术先进的地区又提出“生态养鸡”的概念，即以生态技术为核心，立体种养为特色，在相对封闭的生态系统内，把动物生产通过饲料和肥料将种植生产和动物养殖合理地结合在一起，建立良性物质循环，实现资源综合利用，注重生态环境保护和农民收入，力求综合效益最大化。

第一节　蛋鸡笼养新技术

一、笼具对蛋鸡的影响

目前,蛋鸡的养殖方式较多,依地域、饲养规模和饲养水平不同而不同。常用养殖方式,如:地面垫料平养、网上平养、放养和笼养等,其中,蛋鸡生产中,笼养方式应用最多。

蛋鸡的笼养起始于20世纪40年代的美国,我们国家是从20世纪80年代后开始大规模在蛋鸡生产中应用的。笼养的兴起,与笼养方式在蛋鸡养殖中所带来的优势是分不开的。蛋鸡的笼养具有单位面积养殖量大、鸡不与粪便直接接触、卫生条件好、饲养员劳动效率高、自动化水平高、经济效益高等优点,所以传统的笼养方式也进行了多种改革,从2层阶梯式笼养过渡到3层或4层叠层式笼养到8层叠层式笼养。这种养殖方式给一些国家尤其是发展中国家带来了较高利益,所以很受推崇,但是笼养对蛋鸡的行为和福利影响却是很大的。

1. 狭小的空间制约了鸡的活动

鸡在笼具内生活,其内部空间非常狭小,鸡正常的活动受到限制,有报道称,正常条件下,母鸡每小时会扑打翅膀2次,每5小时要飞2次。而在笼养情况下,这些都无法实现。加上笼养蛋鸡大量钙消耗在产蛋上,又不能正常接受阳光的照射,所以多出现骨质疏松,继而导致笼养蛋鸡产蛋疲劳综合征的多发。

2. 鸡的本能行为不能表达

散养条件下,鸡有许多本能行为的表现,但在笼养情况下,都不能得以表达。

(1)沙浴行为　是鸡用沙子洗澡,以清除皮肤上的污物。鸡借用头颈、脚爪、翅羽的配合,将沙子均匀地撒在羽毛和皮肤之间,使皮肤上的皮屑、污物与沙掺和在一起,然后羽毛下竖、毛肌收缩,猛然抖动全身,将沙和污物一同甩出去,达到去污的目的。而笼养不具备这种条件。

(2)栖高行为或栖高习性　鸡在晚上,喜欢在高的树枝、支架或横杆上栖息,这是鸡在被驯化前自我保护的一种方法。在笼养情况下,鸡笼内没有栖架的设置而使栖高性无法实现。

(3)就巢行为　母鸡产下几枚蛋后,就要抱孵后代,这是一种正常繁殖后

代的行为,但在笼养情况下,每次鸡产蛋后,蛋都被集中收集和管理,而笼具内又不设置垫草,母鸡不能受到蛋的刺激因而无法抱孵。这种本能行为也无法实现。

(4)暖窝行为　母鸡产蛋时,首先蹲伏一段时间,也称暖窝。并且母鸡产蛋有认窝性,即第一枚蛋产在哪里,以后母鸡都会到那个位置来产蛋。而笼养情况下,笼具内不设置垫草,母鸡正常产蛋行为不能表现。

3. 笼养鸡的刻板症

这个问题是因鸡体被拘禁而造成的。鸡的生活习性受到限制、动作受挫,试图冲出鸡笼,结果不能如愿,于是就不得不以啄食来代替,这样无休止地啄下去,久而久之形成了原点啄食症(刻板症)。在此基础上,继而发展为啄癖。

4. 断喙的影响

笼养蛋鸡极易发生啄癖,生产中为了避免母鸡之间互啄羽、啄蛋、啄趾、自啄等问题,所以,鸡出壳 1 周内就会采取断喙的方法。母鸡的上喙被切掉1/2,下喙被切掉 1/3。这个做法的另外一个目的在于减少鸡抛料所带来的饲料浪费,节约饲料。所以,目前在笼养蛋鸡生产中,这个方法被普遍使用。断喙这一工序,无疑给鸡带来了伤害。

二、新型蛋鸡笼的应用

(一)装配型鸡笼的使用

装配型鸡笼也称富集型鸡笼,这种鸡笼的设计是源于传统笼具的优点结合福利化养鸡的要求而设计制作成的一种笼具。这种鸡笼的设计,保留了笼养的基本特征,鸡生活在笼具中,单位面积养殖量较高,同时鸡粪便可通过网眼漏到地面上,鸡不与粪便直接接触,有着相对较好的卫生条件。同时这种鸡笼的设计中,也提供了一些福利化设施,如产蛋箱、栖架、沙浴槽等。根据饲养量的大小,装配型鸡笼分为小型装配笼(饲养 15 只以下)、中型装配笼(饲养 15 ~30 只)、大型装配笼(饲养 30 只以上)。

1. 大型装配型鸡笼

20 世纪 70 年代研发的第一代装配型鸡笼,为中大型鸡笼。大型富集鸡笼通常的饲养数量是每笼不超过 60 只。长度通常是传统鸡笼的 2 倍。鸡笼高度为 45 厘米,鸡笼的底面是倾斜不超过 8°,便于鸡蛋收集,其材质大都是用金属网或塑料网制成。产蛋箱一般置于鸡笼的一侧或角落,鸡蛋可以直接滚到集蛋槽内,方便收集,同时也有利于保持鸡蛋的卫生。较高的鸡笼,可以安装两层栖架。垫料区多采用自动供给系统,需要用门或金属网隔开。沙浴

槽通常放在产蛋箱上方或鸡笼后方比较低的位置。

2. 中型装配型鸡笼

每笼饲养数量为 15 ~ 30 只蛋鸡，这种鸡笼比较浅，在生产中可以把 2 个鸡笼背向放置，鸡笼高度一般不超过 45 厘米，鸡笼底面倾斜，可安装集蛋槽，底面大多数是金属网或塑料网制成的。料槽在鸡笼外部，乳头饮水器在鸡笼内部，饮水器的数量因饲养数量而异，产蛋箱在鸡笼的一侧或角落，由于鸡笼的高度有限，所以栖木通常是单层的，略微高出笼底，垫料区通常能够自动补给。

此类型鸡笼为鸡提供了产蛋箱、沙浴槽及栖架。但是这种鸡笼在养殖过程中，由于量较大，不利于饲养员的观察，鸡数量多，啄癖较难控制，所以使用起来出现了鸡健康较差、蛋品质下降等相应的问题。

3. 小型装配型鸡笼

20 世纪 80 年代，英国开始研究小型装配笼，并引入了装配型鸡笼的概念。目前装配型笼具的设计群体规模在 8 ~ 80 只鸡。与普通笼具相比，装配型笼具设置了多个活动区，为鸡提供了更大、更丰富的活动空间。传统笼养要求每只鸡所占笼底面积为 550 厘米^2，而装配型鸡笼按照规定必须为鸡提供 750 厘米^2/只以上的底网面积以便鸡活动并且表达一些舒适行为。并且笼中不仅仅是单调的铁丝网以及饮水系统，而是装配了几个生活区：产蛋区、栖息区、刨食区，每个分区有相应的设施如产蛋箱、栖杆、沙浴槽或磨爪垫供鸡使用。

（二）蛋鸡的大笼饲养

荷兰瓦格林根大学研究开发了圆盘系统的福利化蛋鸡养殖模式。这种养殖系统，类似一个圆盘，它由 1 个圆心、2 个圆环组成，它的中央是圆形的核心部位，用来收集、分类鸡蛋以及检查蛋品质。围绕中央部位的外部一环由 12 个单元组成，有 2 个用来存放鸡蛋、饲料、废弃物以及其他物品，其他 10 个单元用来供蛋鸡生活，每个单元能容纳 3 000 只鸡。在这 10 个单元中，有 5 个舍饲区，其高度为 5.5 米。鸡舍内部有饲喂、饮水、清粪系统，以及产蛋箱和栖杆，供鸡白天在此产蛋，夜晚在此栖息。与鸡舍每个毗邻的区域设有一个带透明屋顶的舍外活动区，鸡可以从鸡舍进入相邻的活动区活动。活动区内有人工草皮、透明屋顶，既能保证鸡得到充分的阳光，又能遮风挡雨，保持人工草皮的干燥。最外面的一环是放牧区，该区设有厚垫料和防鸟网，墙体为铁丝网，可以确保足够的通风量。

这种设计旨在满足未来蛋鸡在发展用地、蛋鸡福利、人工、社会、环境多方面及蛋业可持续发展的要求。

第二节 放养鸡模式

一、放养的优势及场地选择

放养鸡是指雏鸡脱温后，经过 1～2 个月的舍内培育后，放养于果园、田间、草地、山地中的饲养方式。一般选择比较开阔的山坡或丘陵地，搭建简易棚舍，白天鸡自由觅食，早晨和傍晚人工补料，晚上在禽舍休息。在南方气候比较温暖的地区，或北方的夏秋季节，放养鸡由于可以采食到一些虫和草籽，鸡肉和鸡蛋的味道比较鲜美，深受消费者的欢迎，可以卖出好价钱。目前有部分生产技术先进的地区又提出“生态养鸡”的概念，即以生态技术为核心，立体种养为特色，在相对封闭的生态系统内，把动物生产通过饲料和肥料将种植生产和动物养殖合理结合在一起，建立良性物质循环，实现资源综合利用，注重生态环境保护和农民收入，力求综合效益最大化。

一般情况下放养地区位置相对偏僻，面积大，有利于鸡群的防疫安全。鸡群在放养过程中自由活动，采食大量的杂草和野生虫蚁，既可以消灭害虫，又可以充分利用自然生态饲料，减少因集约化饲养增加的药物和能源的消耗。合理利用土地资源，同时鸡粪还田，既缓解了养殖业造成的环境严重污染，又减少了土地化肥使用量，鸡粪中含有蛋白质及其他营养物质，可作为蚯蚓、昆虫等动物的营养物质，从而为鸡提供丰富的蛋白质饲料，节约生产成本。放养的鸡优质无公害，风味独特，经济效益高。通过放养鸡可以改良土壤品质，改变目前产区单一的农业生产结构，达到种养结合，形成综合效益。放牧饲养方式生产的无公害优质肉鸡，代表了我国地方土鸡的生产方向，这对充分利用我国的自然资源，推动产业结构调整，促进农业增效、农民增收，改善农业生态环境，都将产生积极的影响。

近年来，我国很多地方利用当地资源开展规模化放养鸡生产，为市场提供高端鸡肉、鸡蛋产品，改善了产品结构，满足了不同消费群体的各自需求。

二、放养鸡品种选择

在果园或林地中放养鸡，饲养方式是自由觅食为主，补饲为辅。应选择与当地环境与气候条件相适应、适宜放牧、耐粗饲、抗病力强、体形小巧、体躯结构紧凑、反应灵敏、活泼好动、肉质细嫩、味美可口的优良地方品种。

1. 三黄鸡

一般放养三黄鸡具有很好的体形外貌，肉质也优，合乎较高消费层次的要求。该品种鸡具有三黄特点：毛为淡黄色，颈为黄色，带有土鸡特有的红点，皮肤黄色，有些个体稍淡，羽毛紧凑贴身，毛孔细小紧密。该鸡种具有土鸡典型的特征，头小，脚细，但稍高，身躯前部较窄，后躯较宽大。

2. 青脚麻鸡

青脚麻鸡体形特征可概括为“一楔”“二细”“三麻身”。“一楔”指母鸡体形像楔形，前躯紧凑，后躯圆大；“二细”指头细、脚细；“三麻身”指母鸡背羽面主要有麻黄、麻棕、麻褐 3 种颜色。公鸡颈部长短适中，头颈、背部的羽金黄色，胸羽、腹羽、尾羽及主翼羽黑色，肩羽、蓑羽枣红色。母鸡颈长短适中，头部和颈前 1/3 的羽毛呈深黄色。背部羽毛分黄、棕、褐三色，有黑色斑点，形成麻黄、麻棕、麻褐 3 种。单冠直立。胫趾短细、呈黄色。成年体重公鸡为 2 180 克，母鸡为 1 750 克。

3. 乌鸡

乌鸡不仅喙、眼、脚是乌黑的，而且皮肤、肌肉、骨头和大部分内脏也都是乌黑的。从营养价值上看，乌鸡的营养远远高于普通鸡，吃起来的口感也非常细嫩。至于药用和食疗作用，更是普通鸡所不能相比的，被人们称作“名贵食疗珍禽”。

此外如广东的清远麻鸡、惠阳鸡，江苏的狼山鸡、鹿苑鸡，浙江的仙居鸡、萧山鸡，上海的浦东鸡，河南的固始鸡，辽宁的大骨鸡，山东的寿光鸡，北京的油鸡，农大 3 号粉壳蛋鸡、漯河麻鸡、石歧杂鸡、白耳黄鸡等，都可作为放养鸡优良地方品种。

三、果园放养要点

（一）果园放养设施

1. 围网筑栏

在果园周边要有隔离设施，防止鸡到果园以外活动而走失，同时起到与外界隔离作用，有利于防病。果园四周可以建造围墙或设置篱笆，也可以选择尼龙网、镀塑铁丝网或竹围，高度 2 米以上，防止飞出。围栏面积是根据饲养数量而定，一般每亩果园放养 80 ~ 100 只。

2. 搭建鸡舍

在果树林地边，选择地势高燥的地方搭建鸡舍，要求坐北朝南，和饲养人员的住室相邻搭设，便于夜间观察鸡群。雏鸡阶段鸡舍中要有加温设施，创造

合适的环境条件。生长期的鸡白天果园活动,晚上鸡舍中过夜。鸡舍建设应尽量降低成本,北方地区要注意保温性能。鸡舍高度2.5~3.0米,四周设置栖架,方便夜间栖高休息。鸡舍大小根据饲养量多少而定,一般按每平方米饲养10~15只。

3. 喂料和饮水设备

喂料和饮水设备包括料桶、料槽、真空饮水器、水盆等。喂料用具放置在鸡舍内及鸡舍附近,饮水用具不仅放在鸡舍内及附近,在果园内也需要分散放置,以便于鸡随时饮水。为了节约饲料,需要科学选择料槽或料桶,合理控制饲喂量。由于鸡吃料时容易拥挤,应把料槽或料桶固定好,避免将料槽或料桶打翻,造成饲料浪费。料桶、料槽数量要充足,每次加料量不要过多,加到容量的1/3即可。

(二)放养规模及进雏时间

根据果园面积,每亩放养商品鸡80~100只,进雏数量按每亩100~120只。肉用柴鸡一般在每年1~7月进雏,放养期3~4个月;蛋用柴鸡1~2月育雏,4~11月放养,这段时间刚好果园牧草生长旺盛、昆虫饲料丰富、果园副产品残留多,可很好利用。

(三)果园养鸡的日常饲养管理要求

1. 合理补饲

根据野生饲料资源情况,决定补饲量的多少,如果园内杂草、昆虫比较多,鸡觅食可以吃饱,傍晚在鸡舍内的料槽中放置少量的饲料即可。如果白天吃不饱,除了傍晚饲喂以外,中午和夜间另需补饲2次。雏鸡阶段使用质量较好的全价饲料,自由采食,5周龄后可逐步换为谷物杂粮,降低饲养成本。

2. 光照管理

鸡舍外面需要悬挂若干个带罩的灯泡,夜间补充光照。目的是可以减少野生动物接近鸡舍,保证鸡群安全,同时可以引诱昆虫让鸡傍晚采食。

3. 观察鸡群

每天早晨鸡群出舍时,鸡应该争先恐后地向鸡舍外跑,如果有个别的鸡行动迟缓或待在鸡舍不愿出去,说明健康状况出现了问题,需要及时进行隔离观察,进行合理的诊断和治疗。

4. 避免不同日龄的鸡群混养

每个果园内在一个时期最好只养一批鸡,相同日龄的鸡在饲养管理和卫生防疫方面的要求一样,管理方便。如果不同日龄的鸡群混养则会相互之间

因为争斗、鸡病传播、生产措施不便于实施等影响到生产。

5. 防止农药中毒

果园为了防治病虫害需要在一定的时期喷洒农药,会对鸡群造成毒害。在选择果树品种时,应优先考虑抗病、抗虫品种,尽量减少喷药次数,减少对鸡的影响。应尽量使用低毒高效农药,或实行限区域放养。

6. 防止野生动物的危害

果园一般都在野外,可能进入果园内的野生动物很多,如黄鼠狼、老鼠、蛇、鹰、野狗等,这些野生动物对不同日龄的鸡都可能造成危害。夜间在鸡舍外面悬挂几个灯泡,使鸡舍外面通夜比较明亮。也可以在鸡舍外面搭个小棚,养几只鹅,当有动静的时候鹅会鸣叫,人员可以及时起来查看。管理人员住在鸡舍旁边也有助于防止野生动物靠近。

7. 归舍训练

黄昏归巢是禽类的生活习惯,但是个别鸡会出现找不到鸡舍、不愿回鸡舍的情况,晚上在果树上栖息。晚上鸡在鸡舍外栖息,容易受到伤害。应从小训练回舍休息。做好傍晚补饲工作,形成条件反射,能够顺利归舍。

8. 果的保护

鸡觅食力强,活动范围广,喜欢飞高栖息,啄皮啄叶,严重影响果树生长和水果品质,所以在水果生长收获期果树主干四周用竹篱笆圈好,果实采用套袋技术。

9. 做好驱虫工作

果园放牧20~30天后,就要进行第一次驱虫。第一次驱虫30天后再进行第二次驱虫。主要是驱除体内寄生蠕虫,如蛔虫、绦虫等。药物可在晚上直接口服投喂或把药片研成粉加入饲料中。第二天早晨要检查鸡粪,看是否有虫体排出。并要把鸡粪清除干净,以防鸡啄食虫体。如发现鸡粪里有成虫,第二天晚上可以同等药量再驱虫1次。

四、林地放养要点

(一)棚舍搭建

1. 场址的选择

林地养鸡的场地选择是否得当,关系到鸡的生长、卫生防疫和饲养人员的工作效率,关系到养鸡的成败和效益。

场址选择应遵循如下几项原则:既有利于防疫,又要交通方便;场地宜选在高燥、干爽、排水良好的地方;场地内要有遮阳设备,以防暴晒中暑或淋雨感

冒;场地要有水源和电源,并且圈得住,以防走失和带进病菌;避风向阳,地势较平坦、不积水的草坡。

2. 搭棚方法

棚舍设计的要求是通风、干爽、冬暖夏凉,宜坐北向南。一般棚宽4~5米,长7~9米,中间高度1.7~1.8米,两侧高0.8~0.9米。通常用由内向外油毡、稻草、薄膜三层盖顶,以防水保温。在棚顶的两侧及一头用沙土砖石把薄膜油毡压住,另一头开一个出入口,以利饲养人员及鸡群出入。棚的主要支架用铁丝分4个方向拉牢,以防暴风雨把大棚掀翻。

3. 铺设垫草

为了保暖,通常需铺垫料。垫料要求新鲜无污染、松软、干燥、吸水性强、长短粗细适中,种类有锯屑、小刨花、稻草、谷壳等,可以混合使用。使用前应将垫料暴晒,发现发霉垫草应当挑出。铺设厚度以3~5厘米为宜,要平整,距离热源最少10厘米,以防火灾发生。

4. 设置围网

放牧林地应根据管理人员的放牧水平决定是否围网。围网采用网目为2厘米×2厘米的尼龙网即可,网高1.5~2米。在放牧期间应时常巡视,发现网破了应即时修补,预防鸡走失。

(二)林地放养鸡饲料选择

林地放养的鸡由于采食林地内的青草、草籽、虫、蚯蚓等天然食物,基本上能够满足鸡体对大部分营养元素的需求。但是,对多种维生素、氨基酸等微量元素的摄取量仍存在着不充足;加之鸡的活动量大,对蛋白质、能量消耗较大,需要通过补饲来满足其营养需要。补饲应当选择优质土鸡系列全价颗粒料或混合饲料。另外,可以用山地种植的南瓜、番薯、木薯等杂粮代替部分混合饲料。

(三)及时补饲

林地放牧饲料资源不能完全满足鸡的生长需要,特别是在牧草等天然食物不足的时候,所以必须进行补饲,以提高鸡生长速度和均匀度。此外,林地中应多处放置清洁饮水供白天饮用。补饲一般傍晚收牧后进行,但在出售前1~2周,应增加补饲,限制放牧,有利于育肥增重。补饲饲料,特别是中后期的配合饲料中不能加蚕蛹、鱼粉、肉粉等动物性饲料,以免影响肉的风味。饲料中可加入适量的橘皮粉、松针粉、大蒜、生姜、茴香、桂皮、茶末等以改善肉色、肉质和增加鲜味。

五、滩区放养要点

降水量比较少的季节，在一些较大河流的两岸会出现大面积的河滩。一些没有种植农作物的地方杂草丛生，昆虫很多，尤其是在比较干旱的季节滋生大量的蝗虫，对附近的农作物也造成严重的危害。利用滩区自然饲料资源养鸡不仅可以生产大量优质的鸡肉，还可以有效控制蝗虫的发生，有效保护生态环境。

1. 放养时间和密度

中原地区一般应该考虑在进入 4 月以后放养，在其后的一段时期内滩区内的野生饲料资源丰富，特别是蝗虫逐渐增多，可以为鸡群提供充足的食物。同时，4 月以后外界气温比较高，对于 30 日龄以后的鸡可以不采取加热措施。用尼龙网围一片滩地，根据滩地内野生饲料的丰富程度每 100 米^2 可以饲养鸡 10 只左右。

2. 基本设施

用编织布或帆布搭设一个或若干个帐篷，作为饲养人员和鸡群休息的场所，也是夜间鸡群归拢的地方。在遇到大风或下雨的时候也可以作为鸡群采食、饮水和活动的场所。帐篷搭设要牢固，防止被风吹倒、吹坏。配置一个太阳能蓄电池，晚上照明用。挖一个简易的压井为鸡群提供饮水。

鸡舍也可采用塑料大棚式，一般宽 6 米，最高处 2.5 米，长度以鸡数量的多少而定。棚内地面可垫细沙，使室内干燥，每平方米养鸡 10 ~ 15 只。同时，搭建栖架，供夜间休息。

3. 放养驯导与调教

滩区面积较大，为使鸡群按时返回棚舍，避免丢失，鸡群脱温后就开始进行放养驯导与调教。早晨出舍、傍晚放归时，要给鸡一个信号。如敲盆、吹哨，时间要固定，最好 2 人配合。

下午饲养员应等候在棚舍里，及时赶走提前归舍的鸡，并控制鸡群的活动范围，直到傍晚再用同样的方法进行归舍驯导。如此反复训练几天，鸡群就能建立“吹哨—采食”“吹哨—归舍”的条件反射，无论是傍晚还是天气不好时，只要给信号，鸡都能及时召回。

4. 做好补饲与饮水

补饲定时定量，时间要固定，不可随意改动，这样可增强鸡的条件反射。夏秋季可以少补，春冬季可多补一些；30 ~ 60 日龄日补精饲料 25 克左右，每天补 1 ~ 2 次；60 日龄后，鸡生长发育迅速，饲料要有所调整，提高能量浓度，

喂量逐步增加。

供给充足的饮水。野外放养鸡的活动空间大，一般不存在争抢食物的问题。但由于野外自然水源很少，必须在鸡活动的范围内放置一些饮水器具，如每50只放一个水盆，尤其是夏季更应如此，否则，就会影响鸡的生长发育甚至造成疾病发生。

5. 夏季防暑

滩区一般缺少高大的树木，鸡群长时间处在日光直射下会发生中暑死亡。中午前后要注意选择能够遮阳的地方休息，并供给充足的饮水。没有树木的地方要考虑搭建遮阳棚、遮阳网供鸡群中午休息。

6. 夜间照明

光照可以促进鸡体新陈代谢、增进食欲，特别是冬春季节，自然光照短，必须实行人工补光。晚上10点关灯，关灯后，还应有部分光线不强的灯通宵照明，使鸡看见行走和饮水，以免引起惊群，减少应激，还可以防止野生动物在晚上靠近。在夏季夜间开灯可吸引昆虫，供鸡采食。滩区一般缺乏电力供应，可以用太阳能蓄电池照明。

7. 防止意外伤亡和丢失

鸡舍附近地段要定期下夹子捕杀黄鼠狼，晚上下夹子，翌日早晨要及时收回，防止伤着鸡。要及时收听当地天气预报，暴风雨来临前要做好鸡舍的防风、防雨、防漏工作，及时寻找天气突然变化而未归的鸡，以减少损失。

六、山地放养要点

在生态条件较好的丘陵、浅山、草坡地区，以放牧为主、辅以补饲的方式进行优质肉鸡生产，可以取得较高的经济效益。这种方式投资少，商品鸡售价高，又符合绿色食品要求，深受消费者青睐，是一项值得大力推广的绿色养殖实用技术。

(一)放养前的准备工作

1. 场地选择

山地放养必须远离住宅区、工矿区和主干道路，环境僻静安宁、空气洁净。最好在地势相对平坦、不积水的草山、草坡放养，旁边应有树林、果园，以便鸡群在中午前后到树荫下乘凉。还要有一片比较开阔的地带进行补饲，让鸡自由啄食。

2. 搭建棚舍

在放养区找一背风向阳的平地，用油毡、帆布、毛竹等搭建简易鸡舍，要求

坐北朝南,也可建成塑料大棚。棚舍能保温、挡风、遮雨、不积水即可。棚舍一般宽4~5米,长7~9米,中间高度1.7~1.8米,两侧高0.8~0.9米。覆盖层通常用3层,由外向内分别为油毡、稻草、塑料薄膜。对棚的主要支架用铁丝分4个方向拉牢,以防暴风雨把大棚掀翻。

3. 清棚和消毒

每一批肉鸡出栏以后,应对鸡棚进行彻底清扫,将粪便、垫草清理出去,更换地面表层土。对棚内用具先用3%~5%的来苏儿水溶液进行喷雾和浸泡消毒,对饲养过鸡的草山草坡道路也应先在地面上撒一层熟石灰,然后进行喷洒消毒。无污染的草山、草坡,实行游牧饲养。

4. 铺设垫草

为了保暖,通常需铺设垫料。垫料要求新鲜无污染,松软,干燥,吸水性强,长短粗细适中,种类有锯屑、刨花、稻草、谷壳等,也可以混合使用。使用前应将垫料暴晒,发现发霉垫草应当挑出。铺设厚度以3~5厘米为宜。要求平整。育雏阶段如用火炉加热,垫料距离火炉最少10厘米,以防火灾发生。

5. 放养规模和季节

放养规模以每群1 500~2 000只为宜,规模太大不便管理,规模太小则效益低,放养密度以每亩山地150羽左右为宜,采用"全进全出"制。放养的适宜季节为晚春到中秋,其他时间气温低,虫、草减少,不适合放养。

6. 放养方法

3~4周龄前与普通育雏一样,选一保温性能较好的房间进行人工育雏,脱温后再转移到山上放养。为尽早让小鸡养成上山觅食的习惯,从脱温转入山上开始,每天上午进行上山引导训练。一般要2人配合,一人在前边吹哨开道并抛撒颗粒饲料,让鸡跟随哄抢,另一人在后用竹竿驱赶,直到全部上山。为强化效果,每天中午可以在山上吹哨补饲1次,同时饲养员应坚持在棚舍及时赶走提前归舍的鸡,并控制鸡群活动范围。傍晚再用同样的方法进行归舍训导。每天归舍后要进行最后一次补饲,形成条件反射。如此训练5~7天,鸡群就建立起条件反射。

(二)培育好雏鸡

雏鸡阶段不同的季节需要保温的时间长短不同,大量时间在育雏室度过,后期天气好时适当进行放养训练。雏鸡入舍后适时饮水与"开食",给予雏鸡适宜的环境条件,注意分群,加强巡查。

(三)加强生长期的饲养管理

30日龄到上市前15天。此期的特点是鸡生长速度快,食欲旺盛,采食量不断增加。这时主要形成骨架和内脏。饲养目的是使鸡体得到充分的发育和羽毛丰满,为后期的育肥打下基础。饲养方式以放牧结合补饲。

(四)做好育肥期的饲养管理

育肥期一般为15~20天。此期的饲养要点是促进鸡体内脂肪的沉积,增加肉鸡的肥度,改善肉质和羽毛的光泽度。在饲养管理上应注意以下几点:

1. 更换饲料

育肥期要提高日粮的代谢能,相对降低蛋白质含量。能量水平一般要求达到12.54兆焦/千克,粗蛋白质在15%左右即可。

2. 搞好放牧育肥

让鸡多采食昆虫、嫩草、树叶、草根等野生资源,节约饲料,提高肉质风味,使上市鸡的外观、肉质更适应消费者的要求。但在进入育肥期应减少鸡的活动范围,相应地缩小活动场地,目的是减少鸡的运动,利于育肥。

3. 重视杀虫、灭鼠和清洁消毒工作

老鼠既偷吃饲料、惊扰鸡群,又是疾病传播的媒介。苍蝇、蚊子也是传播病源的媒介。所以要求每月毒杀老鼠2~3次(要注意收回毒鼠、药物)。要经常施药喷杀蚊子、苍蝇,育肥期间,棚舍内外环境、饲槽、工具要经常清洁和消毒,以防引入病原,要有针对性地做好药物的预防工作,提高育肥鸡的成活率。

(五)提高上市鸡销售价格的技术措施

1. 保证上市鸡色泽的措施

不同的地区、不同的人对鸡皮颜色喜欢程度不一样,我国大多数人喜欢鸡皮具有黄色。在商品肉鸡饲养后期,应喂黄玉米或添加黄色素饲料添加剂,使屠体显黄色。

2. 防止皮肤损伤

在饲养后期,出栏抓鸡、运输途中、屠宰时都要注意防止碰撞、挤压,以免造成皮下瘀血和皮肤挂伤。

3. 尽早出栏

保证肉的质量。随着日龄的增加,肉质细嫩多汁的程度也越来越差。另外在饲养后期,屠宰或上市前10天停止饲喂会影响鸡肉味道的药物或饲料。

七、场地放养要点

(一)环境管理要点

1. 温度管理

放养鸡群白天大部分时间在放养场地内活动,夜间或大风雨雪天气则在鸡舍内饲养。在温度管理方面要考虑室外和室内两个方面的管理。

(1)室外温度管理　在10～30℃的环境温度内鸡群都能够适应,需要注意的是防止夏季酷暑和冬季严寒对鸡群造成的不良影响以及温度突然下降造成的应激。夏季如果在树林或果园内放养鸡群,由于浓密的树荫能够为鸡群提供避暑场所,高温的危害相对较小;而在缺少高大树木的放养场地,为了防暑,可以在鸡舍附近的场地内搭设几个简易棚子,让鸡群在高温的时段能够在棚下阴凉处休息。

要关注天气变化,气温突然下降时要注意采取保暖措施,遇到天气变化(尤其是遇到恶劣性气候)要提早把鸡群收回鸡舍。

(2)室内温度管理　鸡舍要有冬季防寒、夏季防暑的基本功能。一般要求鸡舍在夏季要安装风扇用于加强通风;冬季要把北面的窗户用草帘遮挡起来减少寒风的直接侵袭,地面要铺设厚约10厘米的干燥垫草(如麦秸、稻草、树叶等)。

2. 光照管理

鸡舍内需要安装灯泡,用于补充光照,光照时间按照产蛋鸡的要求执行。鸡舍外面需要悬挂若干个带罩的灯泡,夜间补充光照。目的是可以减少野生动物接近鸡舍,保证鸡群安全,同时可以引诱昆虫让鸡傍晚采食。

3. 湿度控制

适宜的相对湿度对鸡群的健康及生产性能发挥都有重要作用。

(1)鸡舍内湿度控制　无论哪个季节,鸡舍内都要尽量保持干燥,潮湿容易造成霉菌、细菌和寄生虫病的多发,也容易造成羽毛的脏污和不完整,蛋壳表面也容易被污染。防止舍内潮湿的措施包括:合理放置饮水器,防止供水系统漏水,防止屋顶漏雨,室内地面要比室外高出30厘米以上,室外排水通畅,定期清理鸡舍内的垫料等。

(2)室外湿度控制　放养场地内湿度高容易引起寄生虫病,也容易造成蛋壳表面脏污。由于室外场地的湿度主要受降水的影响,从管理角度看主要是做好鸡舍附近场地的排水设施,减少雨后积水问题。

4. 鸡舍通风管理

鸡舍内要安装风扇在夏季用于通风降温,其他季节当鸡群到室外活动的时候也要进行通风换气和除湿。

(二)饲喂和饮水管理

1. 合理补饲

根据野生饲料资源情况,决定补饲量的多少,如果园内杂草、昆虫比较多,鸡觅食可以吃饱,傍晚在鸡舍内的料槽中放置少量的饲料即可。如果白天吃不饱,则需要早、晚补饲2次。一般情况下在野生饲料资源比较充足的时期,每只产蛋鸡每天补饲混合型饲料60克左右;在冬季和早春野生饲料资源较少的时期每只产蛋鸡每天补饲85克左右。

产蛋鸡的混合型饲料搭配可以参考如下比例:碎玉米40%、碎小麦25%、豆粕20%、菜籽粕4%、棉仁粕4%、石粉6%、骨粉(或磷酸氢钙)0.66%、食盐0.3%、复合维生素添加剂0.04%。

2. 矿物质饲料的补饲

在鸡舍内和附近要放置若干个盆子,盆内用石灰石粒或贝壳粒与食盐、复合微量元素添加剂混合,让鸡自由采食。三者的比例为95:3.5:1.5。

3. 饮水管理

使用真空饮水器为鸡群提供饮水。鸡舍内按照50只鸡一个饮水器(容量5升)均匀放置。鸡舍附近的活动场所按80只鸡一个饮水器(容量5升)、离鸡舍较远的地方间隔30米放置一个容量5升的饮水器。

饮水器内的水在夏季每天更换添加1次,其他季节每2天更换添加1次。经常观察以保持饮水的干净和足够。

冬季外界气温低,饮水器主要放置在鸡舍内和鸡舍附近,每天早晨要向饮水器内添加35℃左右的温水,保证鸡群能够随时喝到水。晚上要将饮水器内的剩水倒掉以防止水在水器内结冰。如果白天温度也在-4℃以下则需要多添加几次饮水,每次添加的量约为水器容量的40%左右。

(三)卫生防疫管理

1. 免疫接种

放养鸡群同样需要通过免疫接种途径预防病毒性传染病。鸡群在10~135日龄期间需要接种新城疫、禽流感、减蛋综合征、传染性喉气管炎等疫苗,以保证鸡群在产蛋期间能够有效抵御这些病原的侵袭。

产蛋期间如果需要接种新城疫-传染性支气管炎疫苗则可以采用饮水免

疫的方法，在头天晚上将饮水器从鸡舍取出刷洗干净，翌日早晨放鸡之前将疫苗与饮水混合后让鸡群饮用后再放鸡。疫苗水的用量按照每只鸡 50～80 毫升提供，注意增加饮水器数量，保证鸡群均匀饮用疫苗水。

2. 细菌性疾病的防治

细菌性疾病主要通过使用药物进行防治，放养鸡群容易感染的细菌性疾病包括大肠杆菌病、沙门菌病等。可以定期使用具有抗菌消炎、清热解毒作用的中草药作为预防性措施，既可以有效控制疾病的发生，又可以避免使用化学药物造成的残留。

3. 做好驱虫工作

鸡群开始放牧 20～30 天后，就要进行第一次驱虫。第一次驱虫 30 天后再进行第二次驱虫。主要是驱除体内寄生蠕虫，如蛔虫、绦虫等。药物可在晚上直接口服投喂或把药片研成粉加入饲料中。第二天早晨要检查鸡粪，看是否有虫体排出。并要把鸡粪清除干净，以防鸡啄食虫体。如发现鸡粪里有成虫，翌日晚上可以同等药量驱虫 1 次。

(四) 鸡蛋收集与管理

1. 产蛋窝的设置

在鸡舍内、鸡群活动场地内需要设置和安放产蛋箱，让鸡群在产蛋箱内产蛋，以减少蛋的丢失和保持蛋壳表面的干净。

产蛋箱的制作方法很多，一般用木条和木板制作，每个产蛋箱分两层，每层设置 5 个产蛋窝。每个产蛋窝的参考规格：宽 30 厘米、深 50 厘米、高 40 厘米。窝内铺一些干燥柔软的树叶、麦秸或锯末等垫料。

鸡舍内产蛋箱的放置位置应该贴墙，减少阳光的直接照射。放养场地内产蛋窝应该放置在光线不太强的地方，因为鸡喜欢在光线弱、安静的环境内产蛋。而且，放养场地内的产蛋箱还要采取防雨雪和大风的措施。

在山沟内放养蛋鸡的时候，也可以在崖壁上距沟底 0.5～1.7 米的地方挖一些深度约 50 厘米、宽度 30 厘米、高度 40 厘米的窝，窝内铺些干净的细沙或干燥的稻壳、刨花，让鸡在这些窝内产蛋。高度超过 1.7 米会影响人员收蛋，也影响鸡到那么高的地方产蛋。

在林地或果园内放养柴蛋鸡的时候也可以在场地内用砖和混凝土砌设产蛋窝，产蛋窝的朝向最好向东，用石棉瓦做窝顶，檐部伸出约 30 厘米用于遮光和挡雨。

2. 鸡蛋的收集

放养鸡群的产蛋主要集中在上午，上午 9 ~ 12 点的产蛋量大约占当天产蛋总数的 85%，中午 12 点以后所产蛋数量很少。收集鸡蛋可以在上午 10 点、12 点，下午 2 点、5 点分 4 次进行，减少鸡蛋在产蛋窝内的停留时间。

拣蛋的时候注意观察产蛋窝内的垫料是否干净干燥，是否需要更换。注意观察蛋壳质量是否合适，有无软壳、薄壳蛋。观察蛋的表面是否脏，如果蛋壳脏则需要分析是什么原因引起的。

拣蛋的时候要注意观察产蛋窝内是否有抱窝的母鸡，如果有则要把它放到专门设置的笼内，进行醒抱处理。

3. 防止鸡蛋丢失

放养的蛋用柴鸡在比较大的范围内活动，丢蛋的现象很难避免。但是，如果采取合理的措施，能够有效减少丢蛋现象的发生。

吸引鸡到产蛋窝内产蛋，减少窝外蛋是防止丢蛋的重要措施之一。这方面的技术和管理措施有：要有足够数量的产蛋窝，至少保证 10 只鸡有 1 个产蛋窝，以减少因为争窝而造成一些鸡不在窝内产蛋；产蛋窝设置的位置要合理，在鸡群活动的范围内都要设置产蛋窝，活动集中的地方多设置几个，活动较少的地方少设置几个，产蛋窝的位置要设置在安静、光线较弱的地方；产蛋窝内要有柔软的垫草，垫草要及时更换以保持其干燥、干净和松软。

在产蛋窝的地方设立标示，在产蛋窝旁要树一个竹竿，上面绑一条彩布，如果产蛋窝旁有树木的话也可以把彩布条绑在树上，饲养员能够认准产蛋窝的位置，不至于漏收鸡蛋；产蛋窝附近的一些角落也需要注意观察，看是否有鸡在那里产蛋。

(五)其他管理要求

1. 夜间管理

傍晚的时候通过补饲让鸡群形成到鸡舍内过夜的习惯。鸡群进舍后要关闭好门窗（如果夏季需要打开窗户，则要求窗户必须用金属网罩起来），可以在鸡舍附近养狗或鹅用于夜间的警示。

一些放养鸡场的鸡群夜间不回鸡舍过夜，常常卧在树枝上休息。这种情况在 4 ~ 10 月外界气温较高的时候没有太大的影响。但是，在冬季和早春由于外界气温低，可能对在树枝上过夜的鸡会造成不良影响。鸡不愿回鸡舍过夜的原因可能有：鸡舍的安全性差，不能阻挡其他动物的进入而使鸡受害或受惊吓；鸡舍内地面垫料潮湿或没有铺垫料，也没有放置栖架，鸡卧在地上感觉

不舒服；鸡舍内没有安装灯泡或没有进行夜间补充光照和补饲，不能吸引鸡回鸡舍等。出现鸡不回舍过夜的情况要查找问题，及时解决。

夏季气温高，可以让鸡群在舍外多停留一段时间，鸡舍内灯泡要打开，在鸡舍前的树上悬挂几盏灯泡，既能够让鸡群感到安全，又可以吸引一些飞虫供鸡采食。需要让鸡群回鸡舍时，把鸡舍外的照明灯逐个关闭，鸡群就会回到比较光亮的鸡舍内。

2. 观察鸡群

每天早晨鸡群出舍时，鸡应该争先恐后地向鸡舍外跑，如果有个别的鸡行动迟缓或待在鸡舍不愿出去，说明健康状况出现了问题，需要及时进行隔离观察，进行合理的诊断和治疗。

注意观察鸡舍和鸡舍附近鸡群活动较多的地方鸡粪的情况，主要是观察鸡粪的颜色、形状、包含的杂物等，以便于及时发现问题和及早处理。

3. 分区使用场地

如果放养场地面积足够大，可以考虑将放养场地划分为若干块进行轮流使用。一块放养场地在饲养一批鸡群后，将该场地闲置半年至 1 年再使用。这样做的好处在于能够利用闲置期让场地内的植被很好地恢复，也可以在闲置期内人工种植一些牧草和作物并使其能够充分地生长发育，为下一批鸡群提供足够的野生饲料。同时，有半年以上的闲置期也有利于防止上批鸡群可能有的病原体对下批鸡群的健康造成威胁。

4. 避免不同日龄的鸡群混养

每个果园内或每个放养小区内在同一个时期最好只养一批鸡，相同日龄的鸡在饲养管理和卫生防疫方面的要求一样，管理方便。如果不同日龄的鸡群混养则相互之间因为争斗、鸡病传播、生产措施不便于实施等原因会影响到生产。

5. 防止农药中毒

在果园放养鸡群的时候，为了防治病虫害需要在一定的时期内对果树喷洒农药，如果不加以防护则可能对鸡群造成毒害。在选择果树品种时，优先考虑抗病、抗虫品种，尽量减少喷药次数，减少对鸡的影响。应尽量使用低毒高效农药，或实行限区域放养。也可以在喷药后的 1 周内将鸡群限制在鸡舍及附近场地饲养。

6. 防止野生动物的危害

鸡群放养场地一般都在野外，可能进入场地内的野生动物很多，如黄鼠

狼、老鼠、蛇、鹰、野狗等，这些野生动物对不同日龄的鸡都可能造成危害。夜间在鸡舍外面悬挂几个灯泡，使鸡舍外面通夜比较明亮。也可以在鸡舍外面搭个小棚，养几只鹅，当有动静的时候鹅会鸣叫，人员可以及时起来查看。管理人员住在鸡舍旁边也有助于防止野生动物靠近。在离鸡舍较远处可以拴养几只狗作为警戒。

白天为了防止鹰类猛禽对鸡群的危害，可以在放养场地内较高的地方竖立长竹竿，在竹竿的上端绑上彩色布条。饲养人员也要定期在放养场地内进行巡视。

八、优质肉鸡放养管理要点

常用的是国内培育的三黄鸡或麻鸡品种如江村黄鸡、温氏集团培育的新兴黄鸡或麻鸡、粤黄肉鸡、良凤花鸡、漯河麻鸡等，也可以饲养地方良种鸡如清远麻鸡、萧山鸡、固始鸡等，也有的饲养柴鸡。

（一）育雏管理

放养优质肉鸡也需要有一个育雏阶段，育雏期一般为 8 周左右，之后就可以将鸡群放养到室外场地。育雏期的饲养管理和卫生防疫要求与放养蛋鸡相同。

（二）放养时间

当育雏结束后，鸡体重发育到一定程度，能够适应放养要求就可以将鸡群放养到室外场地内，如果园、树林、山坡或山沟等。

为了保证放养优质肉鸡的肉质和风味，一般要求鸡的饲养期不少于 4 月龄。室外场地放养的时间不少于 2.5 个月。

（三）放养肉鸡的管理

1. 饲喂管理

放养初期适当补饲以使鸡群能够逐渐适应放养环境条件，之后根据野生饲料资源情况调整补饲量，在出栏前 3 周可以适当增加补饲量以促进体重的增加。

补饲主要在早、晚进行，白天主要让鸡群在放养场地内觅食。

2. 卫生防疫管理

常规的卫生防疫要求同放养蛋鸡。要求在出栏前 3～4 周内不能使用任何类型的抗生素和非营养性添加剂，以减少鸡肉中的药物和添加剂残留，保证鸡肉的质量安全。

3. 保证合适的饲养密度

放养肉鸡保持合适的饲养密度对于保证鸡羽毛的完整性非常重要,如果饲养密度偏高常常会引起鸡的互啄,可能会造成羽毛掉落或折断,甚至会出现外伤,影响肉鸡的外观品质。合适的密度对于保持群体内的整齐度也有利。

(四)肉鸡出栏管理

1. 确定合适的出栏时间

优质肉鸡合适的出栏时间应该是生长过程完成、体重几乎不再增加,肌肉发育充分,肌肉紧实,肌内脂肪沉积适当,肉内风味物质沉积充分的时候。一般在17~25周龄期间可达到此标准。同一批鸡可以同时出栏,也可以分批出栏。

2. 抓鸡管理

放养的优质肉鸡有较强的飞蹿能力,白天抓鸡很难,还会造成严重的应激反应。如果在黑暗的条件下抓鸡则相对容易。因此,抓鸡可以安排在夜间光线昏暗的时候进行,在昏暗的环境中鸡卧在原地不动,抓鸡操作容易,而且造成的惊扰相对比较轻微。如果是在白天抓鸡则早晨不要打开鸡舍的门窗并用深色布将窗户遮严使鸡舍内处于昏暗的状态,之后工作人员进入鸡舍抓鸡也相对容易些。

3. 装鸡用具

一般使用专用的塑料筐,长度约1米、宽度约0.7米、高度约0.4米,箱顶有一个可以启闭的小门,装车运输很方便。使用这种塑料筐要注意筐内装鸡的数量,减少相互挤压造成的外伤。

第三节　舍饲立体散养模式

舍饲立体散养模式是一种根据鸡本身行为习性而提出的新型饲养工艺。在充分考虑鸡的生物学特点和行为学习性的基础上,根据鸡的生理阶段,采用分段饲养管理,同时合理设计饲养笼架等设施设备,扩展鸡的活动空间,尽可能提供表现鸡天性行为的空间和配套设施,最大限度地减少异常行为发生。

这种养殖模式的核心部分是设计了适合饲养条件的,可表现鸡天性行为的立体笼架——舍饲立体散养笼具。根据鸡的就巢行为,为其提供隐蔽遮光的产蛋箱;根据鸡的栖息行为特点,设计了供鸡栖息的栖架;采用统体空间设计,增大了鸡的活动空间,可使鸡的抓痒、拍翅、抖动、走动、奔跑、产蛋前的踱步等行为完全得以表现;为配合采食、饮水等基本行为,提供了料线和水线,并

可配自动上料和饮水装置，实施节料、洁水养殖，从而使鸡表现出良好的健康状况和生产性能，符合现代集约化、工厂化、规模化鸡生产特点。

一、饲养密度的确定

舍饲立体散养模式下，根据鸡的行为需要，为最大限度地满足鸡的各种行为和方便管理人员的操作，设计的舍饲立体散养笼具有产蛋层、采食饮水层、栖息栖架区、走动（奔跑）等行为表现区等四大功能区域，采用立体散养模式，单位鸡占用面积较传统笼养占用面积大，在不考虑舍内饲喂、清粪走道等公用面积的基础上，各类鸡所占的最小面积分别为：1～2周龄，170厘米^2/只；3～4周龄，250厘米^2/只；5～6周龄，335厘米^2/只；7～14周龄，450厘米^2/只；15～20周龄及产蛋期，700厘米^2/只。

二、配套饲养设备

1. 舍饲立体散养笼具

利用它可为鸡提供舒适的生活环境和行为表达空间。根据鸡的体尺大小，舍饲立体散养笼具分为四层，每层间高50厘米，最下层与最高层为产蛋层，配置有产蛋箱，第二层与第三层为采食饮水层，四层都配置栖架，供鸡栖息。每层宽度从下至上依次为205厘米、175厘米、150厘米、120厘米，各层间设有可供鸡上下每层的梯状丝网，以扩大鸡的活动空间（见图11－1、图11－2、图11－3）。各层间设置挡粪板，以利于人工干清粪技术的实施，也可设置自动清粪履带，以减少人工劳动量。

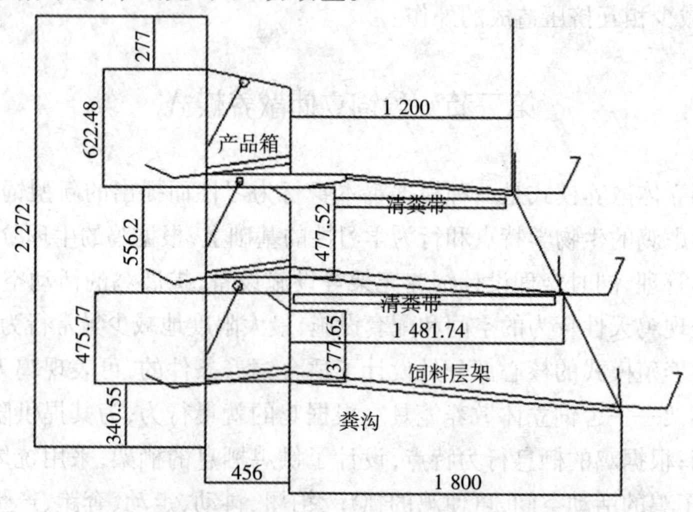

图11－1 舍饲立体散养笼具尺寸图（单位：毫米）

图 11－2　笼具背侧面

图 11－3　笼具正侧面

2. 产蛋箱配置

产蛋箱尺寸为65 厘米×30 厘米×50 厘米(长×深×高),每10 只鸡配置一个产蛋箱。

3. 水线配置

采用乳头式自动饮水器,在每个采食层各配置一个水线,每 15 厘米配一个乳头饮水器。

4. 料线配置

本设计根据饲养场财力,可采用人工上料、自动上料或链条式料线系统。每只料线长度 4. 37 厘米。

5. 清粪系统配置

采用人工或自动干清粪工艺,减少污水排放,减轻后期粪污处理的难度。

三、舍饲立体散养模式应用效果

据鸡场应用效果观察,舍饲立体散养模式及设备对鸡体表伤害较小,鸡体表羽毛较为完整光亮,而传统笼养模式对鸡体表伤害较大,鸡体表羽毛尤其是颈前、胸部羽毛脱落严重,且毛色光洁度较差。同时,笼养鸡对外来刺激的恐慌比舍饲立体散养模式饲养的鸡大。

参考文献

1. 黄炎坤,等. 家禽生产[M]. 郑州:河南科学技术出版社,2012. 8.

2. 范佳英,等. 蛋鸡养殖新概念[M]. 北京:中国农业大学出版社,2011. 1.

3. 杨柳,李保明. 蛋鸡福利化养殖模式及技术装备研究进展[J]. 农业工程学报,2015,12(23):214 – 221.

4. 童海兵,邵丹,施寿荣,等. 蛋鸡福利研究现状与展望[J]. 中国家禽,2015,5(37):1 – 5.